高速公路配套房建工程装配式钢结构技术研究与应用

付素娟 任 全 靳书庆 编著

中国建筑工业出版社

图书在版编目（CIP）数据

高速公路配套房建工程装配式钢结构技术研究与应用/付素娟，任全，靳书庆编著. — 北京：中国建筑工业出版社，2022.7（2023.9重印）

ISBN 978-7-112-27602-8

Ⅰ. ①高… Ⅱ. ①付… ②任… ③靳… Ⅲ. ①高速公路一路侧建筑物一装配式构件一钢结构一建筑施工一研究 Ⅳ. ①TU758.11

中国版本图书馆 CIP 数据核字(2022)第 118564 号

本书依托河北省交通厅科技项目“装配式钢结构房屋的应用技术研究”研究成果，同时广泛参阅了装配式钢结构建筑技术相关的专著、学术论文和施工方案。针对高速公路房建工程单体体量小、数量多、建设地点分散、建设工期紧的特点，结合当前装配式钢结构建筑装配化水平不高、配套技术种类少、技术应用不完善等技术难题，从高速公路配套房建工程装配式钢结构建筑的主体结构、围护墙、内隔墙、管线分离与内装四个系统，全面分析和阐述了适宜先进的技术类型及应用特点，并从业主方视角梳理了与传统项目建设迥然不同的项目管理思路，为高速公路配套公建建设提供了有针对性的装配化系统集成解决方案。

责任编辑：朱晓瑜
责任校对：张　颖

高速公路配套房建工程装配式钢结构技术研究与应用
付素娟　任　全　靳书庆　编著
*
中国建筑工业出版社出版、发行（北京海淀三里河路 9 号）
各地新华书店、建筑书店经销
北京红光制版公司制版
建工社（河北）印刷有限公司印刷
*
开本：787 毫米×1092 毫米　1/16　印张：14½　字数：340 千字
2022 年 8 月第一版　2023 年 9 月第二次印刷
定价：**55.00** 元
ISBN 978-7-112-27602-8
（39626）

本书编委会

前　言

高速公路对于我国社会经济发展起到非常重要的作用，所以国家加快了对高速公路工程施工建设的步伐。高速公路沿线设施中的房建工程是高速公路建设的重要组成部分，为人们提供了优质、方便、舒适的配套服务，其地位和作用不容忽视。房建工程从功能上分为服务和管理两大类，服务设施指的是为高速公路行车提供配套支持的高速公路沿线相关设施，主要包括服务区、停车区、公共汽车停靠站等；管理设施主要指的是为保证高速公路管理（包括日常、维护和运营管理等）而需要配套的设施，包括办公、居住、监控、收费、养护工区等设施。建设规模较大的房建工程主要有服务区综合楼、收费站宿办楼。

2016年，我国交通运输部发布的《关于实施绿色公路建设的指导意见》（交办公路〔2016〕93号）中提出“建设以质量优良为前提，以资源节约、生态环保、节能高效、服务提升为主要特征的绿色公路”的总体要求，对高速公路房建工程的发展指明了方向。交通运输部在《关于打造公路水运品质工程的指导意见》中明确提出了“以系统化设计为前提，以工程结构耐久性为基础，注重方案创意创新性，与自然环境相融合，深化人本化、绿色化、标准化、智慧化，奋力打造优质耐久、安全舒适、经济环保、社会认可的品质工程”的要求，对高速公路房建工程提出了创建品质工程的要求。2022年，交通运输部发布的《绿色交通“十四五”发展规划》（交规划发〔2021〕104号）中提出了深化绿色公路建设的要求，以“十四五”新开工高速公路和普通国省干线公路为重点，推进施工标准化和工业化建造，鼓励施工材料、工艺和技术创新。这都表明了我国高速公路绿色发展和建设“品质工程”的国家政策要求。

根据高速公路房建工程特点和发展需求，装配式钢结构建筑体系因建造工期短、节能环保、生产标准化、抗震性能强、空间使用率高的特点，是高速公路配套房建工程的适宜建筑体系类型，是推动高速公路房建工程建设绿色、高质量发展的一项重要举措。2013年，《国务院关于化解产能严重过剩矛盾的指导意见》（国发〔2013〕41号）文中提出，“推广钢结构在建设领域的应用，提高公共建筑和政府投资建设领域钢结构使用比例”。2017 年，住房和城乡建设部《建筑节能与绿色建筑发展“十三五”规划》文中指出，“实施建筑全产业链绿色供给行动，积极发展钢结构、现代木结构等建筑结构体系”。2017 年，住房和城乡建设部《“十三五”装配式建筑行动方案》文中指出，“加大研发力度，突破钢结构建筑在围护体系、材料性能、连接工艺等方面的技术瓶颈”。2017 年，住房和城乡建设部《建筑业发展“十三五”规划》文中指出，“大力发展装配式钢结构，引导新建公共建筑优先采用钢结构”。随着进入“十四五”时期，我国钢结构建筑技术研发与工程应用也进入了质量与水平“全面提升”的新阶段，全面推动着现代建筑业的工业化转型。

根据高速公路房建工程单体体量小、数量多、建设地点分散、建设工期紧的特点，针对当前装配式钢结构建筑装配化水平不高、配套技术种类少、技术应用不完善等技术难题，从高速公路配套房建工程装配式钢结构建筑的主体结构、围护墙、内隔墙、管线分离与内装四个系统，全面分析和阐述了适宜先进的技术类型及应用特点，并从业主方视角梳理了与传统项目建设迥然不同的项目管理思路，为高速公路配套房建建设提供了有针对性的装配化系统集成解决方案。

由于编者水平所限，书中难免存在错误或不当之处，敬请同行和读者批评与指正。

目　　录

第 1 章　绪论 …… 1

1.1　高速公路配套房建工程建设概述 …… 1

1.2　装配式钢结构建筑发展现状 …… 5

第 2 章　房建工程向工业化建造方式的转变 …… 15

2.1　高速公路房建工程现存问题及发展趋势 …… 15

2.2　服务区综合楼、宿办楼工程特点 …… 16

2.3　高速公路房建工程装配式建造技术路径 …… 21

第 3 章　装配式钢结构系统应用技术 …… 25

3.1　梁柱构件 …… 25

3.2　楼板体系 …… 39

3.3　预制楼梯 …… 47

3.4　施工技术要点 …… 57

第 4 章　外围护墙系统应用技术 …… 73

4.1　外围护墙系统存在的问题 …… 73

4.2　外围护墙体系性能要求 …… 73

4.3　外围护墙体系选型 …… 78

4.4　围护墙体构造 …… 98

4.5　外围护墙体施工技术 …… 115

4.6　外围护墙系统选用综合比较 …… 124

第 5 章　内隔墙系统应用技术 …… 128

5.1　内隔墙体系性能要求 …… 128

5.2　内隔墙体系选型 …… 129

5.3　内隔墙体构造 …… 141

5.4　内隔墙体施工技术 …… 157

5.5　内隔墙系统综合比较 …… 161

第 6 章　设备管线与内装系统应用技术 …… 164
6.1　装配式内装修概述 …… 164
6.2　装配式隔墙与墙面系统 …… 165
6.3　装配式吊顶系统 …… 174
6.4　装配式楼地面系统 …… 179
6.5　集成卫生间系统 …… 187
6.6　设备管线集约化设计 …… 196
第 7 章　高速公路装配式钢结构配套项目管理 …… 202
7.1　一体化设计管理 …… 202
7.2　构件采购管理 …… 206
7.3　施工管理 …… 210
7.4　EPC 工程总承包模式 …… 214
7.5　数字化管理 …… 216
参考文献 …… 220

第1章 绪　　论

1.1 高速公路配套房建工程建设概述

1.1.1 我国高速公路发展历程

改革开放初期，随着我国国民经济的快速发展，公路客货运输量急剧增加，公路交通拥堵问题显现出来。在此背景下，我国高速公路建设成为交通运输适应经济社会发展需要和提高公路运输能力的必然选择。我国高速公路的发展经历了起步阶段（1978～1988年）、稳步发展阶段（1989～1997年）、加快发展阶段（1998～2007年）、跨越式发展阶段（2008～2015年）、全面规范和高质量发展阶段（2016年至今）。

（1）起步阶段

1981年，国务院授权国家计委、国家经委和交通部发布我国第一个国家级干线公路网规划——《关于划定国家干线公路网的通知》（计交〔1981〕789号），确定了12射、28纵、30横组成的国道网，总规模10.92万km。

1988年10月31日，全长20.5km的沪嘉高速公路一期工程通车；11月4日，辽宁沈大高速公路沈阳至鞍山和大连至三十里堡两段共131km建成通车。自此我国高速公路实现了零的突破。

（2）稳步发展阶段

20世纪80年代末到90年代初，交通部组织编制了《国道主干线系统规划》，国道高速骨干网规划由五纵七横12条路线组成，规划里程约3.5万km。这是我国第一个涉及高速公路建设的公路网建设规划。

1993年，全国公路建设工作会议在山东济南召开，会议确定了我国公路建设将以高等级公路为重点实施战略转变，同时明确了2000年前我国公路建设的主要目标："两纵两横"（两纵为北京至珠海、同江至三亚，两横为连云港至霍尔果斯、上海至成都）国道主干线应基本以高等级公路贯通，"三个重要路段"（北京至沈阳、北京至上海和重庆至北海）力争建成通车。

1990年，沈大高速公路全线建成通车，全长371km，被誉为"神舟第一路"，标志着我国高速公路发展进入了一个新的时代。1993年，京津塘高速公路建成通车。到1997年底，相继建成成渝、广深、济青等一批具有重要意义的高速公路，我国高速公路通车里程达到4771km。

（3）加快发展阶段

1998年亚洲金融危机爆发后，政府出台了较为积极的财政政策，其中相当一部分资金投入了以高速公路为代表的基础设施，高速公路建设进度大幅加快，“五纵七横”规划中的大部分高速公路项目开工建设，总里程3.5万km，并于2007年基本完工，比原计划提前了13年。

2000年7月，交通部认真落实党中央西部大开发的重点战略部署，在四川成都召开了“西部开发交通基础设施建设工作会议”，提出加快建设“八条西部开发省际公路通道”，是西部地区连接东中部地区、西北与西南、通江达海、连接周边的重要公路通道，由四纵四横8条路线组成。

2004年12月，交通部编制了《国家高速公路网规划》，以适应未来我国经济社会发展对交通运输提出的新要求。此次国家高速公路网由7条首都放射线、9条南北纵线、18条东西横线以及若干联络线、并行线、环线组成，简称“7918网”，规划里程约8.5万km。这是我国历史上第一个国家高速公路网规划。

（4）跨越式发展阶段

2008年，为应对金融危机，贯彻落实国家“促内需、保增长”的战略部署，公路行业以国家高速公路建设为重点，进一步加快了高速公路建设步伐。

2013年，交通运输部编制了《国家公路网规划（2013年—2030年）》，解决国家高速公路网中主要通道能力不足，新的城镇人口在20万以上的城市没有连接等问题。国家公路网规划方案由国家高速公路和普通国道两个路网层次构成。国家高速公路由7条首都放射线、11条南北纵线、18条东西横线以及地区环线、并行线、联络线等组成，总里程约11.8万km，另规划远期展望线1.8万km，简称“71118网”。普通国道由12条首都放射线、47条南北纵线、60条东西横线和81条联络线组成，总里程约26.5万km。

2009年当年完成公路建设投资超过9668亿元，同比增长40%以上。同年底，高速公路里程达到6.51万km。2010年，公路建设投资历史性地突破了万亿元大关，高速公路总里程突破7万km，达到74113km。2012年，高速公路通车里程达9.6万km，首次超越美国，居世界第一。到2015年底，高速公路通车里程达12.4万km，覆盖全国97.6%的城镇人口20万以上城市。

（5）全面规范和高质量发展阶段

改革开放至今，我国公路交通运输历经了从“瓶颈制约”到“总体缓解”，再到“基本适应”“适度超前”的发展历程，公路规模总量已位居世界前列，其中高速公路里程已稳居世界第一位。

“十三五”期间，交通运输部印发《关于实施绿色公路建设的指导意见》（交办公路〔2016〕93号），明确提出建设以质量优良为前提，以资源节约、生态环保、节能高效、服务提升为主要特征的绿色公路，提出了五大建设任务，决定开展五个专项行动，推动实现公路建设健康可持续发展。先后确定了延崇高速公路等33个试点工程项目，编制《绿色公路建设技术指南》《绿色公路建设发展报告》等，初步形成一批可推广、可复制的绿色公路建设经验成果。

2016年，交通运输部发布了《关于推进公路钢结构桥梁建设的指导意见》，编印《公路常规跨径钢结构桥梁建造技术指南》，以化解钢铁行业过剩产能为契机，用提高我国钢结构桥梁的应用比例和技术水平做抓手，提升桥梁品质和耐久性，降低桥梁全寿命周期成本，促进公路建设转型升级、提质增效。

2017年，交通运输部发布了《关于推进公路水运工程应用BIM技术的指导意见》（交办公路〔2017〕205号），推进建筑信息模型技术在公路水运工程建设中的应用，加强项目信息整合，实现工程全寿命期管理信息的畅通传递，提升工程品质和投资效益，探索传统基础设施建设与新基建融合发展。

到2020年底，高速公路总里程达15.5万km，国家高速公路网主线基本建成，覆盖约99%的城镇人口20万以上城市及地级行政中心。经过四十多年的发展，我国高速公路建设取得了举世瞩目的成就。

1.1.2 高速公路配套房建工程的发展

随着高速公路的迅速发展，沿线房建工程建设需求也迅速增加，要求与高速公路同时完成并投入使用。房建设施为驾乘人员、公路管理者、服务区工作人员以及养护公区管理人员提供了优质、方便、舒适的休息或工作环境，在高速公路的发展和运行中起到了不可或缺的作用。同时，虽然房建工程在高速公路上属于附属工程，但这些设施的功能是否完善，造型是否新颖独特，都会直接影响人们对整条高速公路的印象。

（1）发展要求

2016年，交通运输部发布的《关于打造公路水运品质工程的指导意见》中对高速公路房建工程提出了建设品质工程的要求，并在《公路水运品质工程评价标准（试行）》中建立了房建工程品质工程评价指标体系。

房建工程的品质工程设计内容主要包括：

1）系统性设计。服务设施、管理设施设计应与功能系统匹配，并充分考虑远景扩展需求。收费站、养护工区、管理分中心等管理设施的房建设计中，“功能优先、经济耐用、便于管理”是第一原则，具体体现在建筑功能的发展、突破固有模式、交通流线组织、功能分区以及新技术的应用上。服务区应从策划阶段开始，充分调研所处地区的地域和文化，结合服务区主题进行系统化设计，对服务区场地规划、建筑设计、人性化配置、商业空间等，提出服务区建筑设计的新方法。

2）结构安全耐久性设计。高速公路房建工程属于人员密集场所，其安全性与耐久性是服务区设计重要关注点之一。建筑结构应满足承载力和建筑使用功能要求。建筑外墙屋面、门窗、幕墙等围护结构应满足安全耐久和防护的要求。外遮阳、太阳能设施、空调室外机位、外墙花池等外部设施应与建筑主体结构统一设计。针对以往高速公路房建质量通病，在地下工程及细部节点等方面提出具体处理措施。

3）设计标准化。相同类型房建采用标准化平面、标准化的装修装饰和建筑材料。宿舍及附属用房进行整合标准化设计，减少场地占地面积。相比传统的设计方法，标准化既能满足基本功能需求，又能保持统一的设计标准，便于采购、施工、管理，并可以提高设计的精细化程度。

4）设计方案创新性。随着人们对中国高速公路服务区的功能、性质和地位认识的提高，现有高速公路服务区已不能满足人们日益增长的服务、商业需求，在设计过程中，注重挖掘服务区的特色化、地域化潜能，推动高速公路服务区向交通生态旅游消费等复合功能型服务区转型升级，打造特色主题服务区。

5）建筑与环境相融合。设计充分考虑与当地的环境、自然、民俗、地域文化、历史相结合，整合人们的思维和精神活动，用各种设计元素系统地组织构建活动、休闲环境。融入历史文脉，整体和谐美观，功能优化实用，打破了传统设计与习惯思维，融合特征性、历史性、文化性和现代性。

6）人性化设计。收费管理设施要从员工具体使用需求角度出发，合理设置各功能用房，沿线房建从标准化设计及人性化设计出发，打造便于管理、高品质的住宿环境，提高员工的工作、生活条件。服务区是体现高速公路服务品质的重要方面，致力于打造有温度的服务驿站，让过往的司乘人员感受到服务区细致入微的关怀。完善基本服务，如休憩娱乐、物流、票务旅游信息和特色产品售卖等服务功能，对场地进行合理规划，各种车型分区停放，设置人行通道，便于规范司乘人员在场地内的活动，设置完备的无障碍系统，提供儿童乐园设施、母婴室、第三卫生间、无障碍卫生间等。

（2）建设现状

随着我国高速公路建设的快速发展，当前其沿线配套房建工程的建设越来越受到建设部门的高度重视。由于我国还没有一套完整的高速公路沿线房建设施的设计标准和规范，只是在住房和城乡建设部、自然资源部、交通运输部联合发布的《公路工程项目建设用地指标》（建标〔2011〕124 号）和交通运输部发布的《公路工程技术标准》JTG B01—2014 中对沿线房建工程的用地面积和规划设计做出了简单规定，对沿线房建工程的具体规划、技术标准和设计方法并未给出具体要求。因此，我国在沿线房建工程设计时，有时会参考一些日本的高速公路设计资料，但其房建工程的用地面积、设施布局、功能设置、建设规模及建设标准不能完全适应我国高速公路的交通特征。

我国在高速公路沿线房建工程方面的研究主要侧重于工程选址、建设规模和功能布局等方面，而对单体建设装配式新型建造方式的研究内容很少。高速公路房建工程主要采用现浇混凝土建筑，部分采用传统钢结构建筑形式，装配式建筑工程应用很少。

温立钊[1]从服务区选址原则、间距设置原则、停车场设计规模等方面开展了分析研究。服务区选址首先要服从和服务于所处高速公路的整体构造和规划布局，然后考虑服务区地理景观因素，其次考察服务区所处城区的远近大小，最后是筹划服务区建设发展和服务重点情况。根据地形、景观、区域路网、环保等规划布设停车区、服务区位置。同时，高速公路服务区的平均间距为 50km，应当提供加油、车辆修理、公共厕所、餐饮、停车、小卖部等附属设施。服务区按照用地功能粗略划分为停车场及区内道路、建筑面积、园地以及其他用地类型。停车场面积大小由泊车位数量与泊车位平均面积决定，而停车场面积又决定了服务区规模，研究表明，实际停车场为服务区总面积的 20%～30%。

苏丽[2]总结了我国高速公路收费站设计所依据的相关公路建设规范，如《公路工程项目建设用地指标》（建标〔2011〕124 号）、《公路工程技术标准》JTG B01—2014、《公路路线设计规范》JTG D20—2017、《高速公路交通工程及沿线设施设计通用规范》JTG

D80—2006，规定了收费站的用地指标、建设规模、设计交通量等设计标准。对收费站的选址原则、选址影响因素、总体规划布局，以及收费广场、收费岛、收费亭的设计要求进行了重点研究。

王靖[3]主要研究了高速公路收费站宿办综合楼（以下简称窗办楼）的建筑设计原则以及节能设计方面的相关技术措施。收费站宿办楼应具备办公、餐饮、住宿三大功能，各类功能房间规模应根据收费站的人员组合、总编数量、功能要求等确定。办公与宿舍应实行动、静分区，可竖向分区，也可水平分区。建筑规模较小时，可采用办公、食宿集中布置于一栋建筑内，利用楼层或分别设出入口的办法分开。规模较大时，如主线收费站的管理楼一般采取水平分区，即办公楼与宿舍楼相对分离，其余辅助设施应独立设置于主楼之外，避免对办公环境造成影响。对监控室、电源室、票据室、一般办公室、会议室和接待室等办公用房的房间开间、进深、使用面积，住宿用房的空间布置、单元尺寸、组合方式，厨房、餐厅的使用面积与平面布局等内容均做了实用性分析，并给出了合理建议。

张世杰[4]通过对高速公路服务区综合楼的建筑功能分析，总结了四个不同的标准单元系列，用于服务区综合服务建筑的标准化设计。重点分析了工业化建筑的类型，确定了钢框架板材结构体系，对其承重结构和围护结构的设计及所用材料进行了分析，对各类型标准单元进行了设计，并对江西省峡江服务区扩建项目进行了标准化设计实例分析。

张剑宇[5]结合上海S7公路G1503主线收费站管理用房项目，应用了一种由新型高强螺栓连接预制构件的装配式混凝土框架结构技术，阐述了其预制、连接及安装等关键工艺。该新型高强螺栓连接工艺具有缩短工期、节省费用、提高效率等优势，为高速公路配套管理用房的高效施工提供了很好的解决办法。

1.2 装配式钢结构建筑发展现状

1.2.1 国外装配式钢结构建筑发展现状

（1）政策标准

1）美国

美国建筑结构标准包括国家标准，地方政府标准（包括指南、技术文件），学、协会标准。目前和钢结构建筑相关的标准编制组织和学、协会主要有：美国联邦紧急救援署（FEMA）下属的国家地震减灾规划（NEHRP），国际规范委员会（ICC），美国土木工程师学会（ASCE），美国钢结构协会（AISC），美国钢铁协会（AISI），金属建筑制造商协会（MBMA），钢楼板协会（SDI）。其中FEMA属于官方组织，隶属于国土安全部，NEHRP颁布的许多技术资源文件在美国都被作为规范使用。ICC具有半官方半民间性质，ASCE、AISC、AISI、MBMA、SDI都属于民间组织。

由ICC颁布的《国际建筑规范》（*International Building Code*，简称IBC），是美国各州和地方的立法机构批准的法规性文件。IBC主要规定了建筑方方面面的总要求，从细节索引到其他具体规范，相当于一个其他各种规范的门户。如IBC在荷载方面的规定引用了由 ASCE 颁布的《建筑及其他结构的最小设计荷载》，在钢结构设计方面的规定引用了 AISC 颁布的《钢结构规范》和《钢结构抗震规范》。

2）欧洲

1975 年，欧洲共同体委员会为了协调欧洲各国之间技术规定的不同、消除成员国之间开展贸易时的技术壁垒，开始在土木工程领域编制一套统一的欧洲规范。一个由来自欧盟各成员国的代表组成的指导委员会负责此项工作的管理。在这样的背景下，最初版本的土木工程领域的欧洲标准在 20 世纪 80 年代问世。

1989 年，欧盟委员会和欧洲自由贸易联盟将土木工程欧洲标准项目移交给欧洲标准委员会（CEN）下设的分会欧洲建筑工程技术委员会（CEN/TC 250）负责。从此这些标准成为正式的欧洲标准（EN）。

经过前期“预标准”的编制作为准备工作，2002～2006 年，全套土木工程欧洲标准正式出版，包括 EN 1990-EN 1999（欧洲标准 0-欧洲标准 9）。其中和钢结构建筑相关的为：EN 1993-1（欧标 3）系列规范为建筑钢结构设计规范，EN 1994（欧标 4）系列规范为钢和混凝土混合结构设计规范，EN 1998（欧标 8）系列规范为建筑抗震系列设计规范。

从 2010 年开始，欧洲大范围采用本版欧洲标准，和欧洲规范相抵触的其他各成员国规范作废。本版欧洲规范在 2009～2014 年期间基本都经过了修订，出版了新的版本。

3）日本

日本钢结构标准主要包括《建筑基准法》《建筑基准法实施令》，国土交通省颁布的《告示》，及各专业学、协会出版的各种规范、指南、手册等。

其中《建筑基准法》《建筑基准法实施令》和国土交通省颁布的《告示》是具有法律效力的，相当于中国规范体系里的强制性条文，规定了对建筑结构最基础的要求，如荷载取值、什么样的建筑需要满足什么样的性能要求等。

各专业学、协会出版的各种规范、指南、手册等不具备法律效力，相当于中国规范体系里的非强制性条文。这些出版物规定了各种结构体系方方面面的技术细节，虽不是强制执行，但也具有很高的权威性。和中国结构规范不同的是，这些规范、指南、手册不仅包含设计、施工方面的直接规定，还包含如试验数据和结果、公式推导、典型算例等很详尽的内容，给使用书籍的结构工程人员提供了详实的参考资料。其中以日本建筑学会制定的规范最具权威性和代表性。

（2）产业现状

装配式建筑是建造方式的重大变革，第二次世界大战后，发达国家为适应大规模快速建设住房的需求和全面提高建筑质量、品质的需要，广泛采用装配式建造方式。

崔源声在 2021 年第八届全国被动式装配建筑高峰论坛作出的报告显示，美国、日本等工业发达国家的建筑用钢占国家钢材产量比例的 50%，占钢材消耗总量的 50%以上，钢结构用钢量占钢产量的 30%以上，钢结构建筑面积占总建筑面积约 40%以上。

1）欧洲

欧洲钢结构企业大多比较小，多和建筑公司相融合，并成为建筑工程公司的下属子公司。欧洲国家如英、法、德等国钢结构产业化体系相对成熟，钢结构加工精度较高，标准化部品齐全，配套技术和产品较为成熟。欧洲钢结构主要应用领域包括：工业单体建筑、商业办公楼、多层公寓、户外停车场等。

2）美国

美国应用于工业（单体建筑、生产用厂房、仓库及辅助设施等）、商业（商场、旅馆、展览馆、医院、办公大楼等）、社区（私有及公有社区活动中心及建筑，如学校、体育馆、图书馆、教堂等）、综合方面的钢结构建筑分别占46%、31%、14%和9%。美国按建筑面积统计：钢结构房屋比例为52%，钢筋混凝土结构不足20%，其他（砖混、木结构）为20%左右。美国低层建筑中采用钢结构很普遍，低层建筑是指层高低于18m、层数不超过5层的工业厂房、仓库、办公室及其他办公和社区建筑等，其中两层以下的非居住用楼房建筑钢结构占70%。在美国50%以上的非住宅建筑采用轻钢结构。

第二次世界大战后至20世纪80年代是美国住宅产业化的快速成长阶段。目前，美国住宅构件、配件的标准化、系列化及其专业化、商品化、社会化程度很高。1990年，美国建筑市场中轻钢结构住宅市场份额为53%，到2000年已经上升到75%，多层民用住宅、别墅都采用轻钢结构。

美国钢结构最常用的钢材品种是ASTMA36和ASTMA992。A36是一种碳素结构钢，最低屈服强度250MPa、极限抗拉强度400MPa，其仍然可用于热轧型钢，但现在基本上专用于热轧钢板。A992于1997年在美国上市，它是一种高强度低合金钢，最低屈服强度345MPa、极限抗拉强度450MPa，已成为主要的热轧型钢品种。

从美国市场的发展历史看，钢结构行业经历了从分散到集中的过程，集中度不断提高。经过多次收购和重组，目前近半数的美国金属建筑制造商协会（MBMA）会员属于三大厂商集团。行业集中度提高的主要原因有两点：(1）重钢领域资质壁垒形成强者恒强格局。对于重钢和空间钢结构建筑，总承包商要求承接商拥有一级建筑资质和优秀的以往项目业绩，因此，形成有优秀项目积累的企业强者恒强的竞争格局。(2）钢结构产品应具有合理的运输半径，进行全国性布局的企业能够抢占更大的市场份额。钢结构产品重量、体积都较大，远途运输会带来高额运输成本，有一定的经济运输半径。据统计，钢结构加工点的经济运输半径在500～800km，因此，进行全国性布局的龙头企业能够降低成本，抢占市场份额。

美国大多数钢结构企业已经转型为专业的建筑施工企业，且已经摆脱恶性竞争，走上精品发展路线。多数钢结构工厂规模不大，员工数仅相当于我国中等规模企业。美国钢结构产品质量好，技术含量高，种类齐全。高附加值产品在整个钢结构产量比重大，产业注重节能环保。钢结构施工安装环节机械化水平较高，施工质量管理到位，呈现技术密集型发展。

3）日本

日本注重钢结构设计、制作技术的研发，尤其是在桥梁和住宅钢结构方面具有技术特长。钢结构总量比较稳定，1998年后建筑钢结构用钢量占钢材产量的30%左右，总量约为2000万t。

近年来，日本的钢结构建筑发展很快。钢结构主要应用领域包括：工业厂房、住宅、大型场馆、桥梁等。低层建筑采用钢结构已十分普遍，如5层以下的低层建筑物，钢结构比例达到90%以上，平均面积300m²。每栋建筑使用钢结构约30t。一般3～5层钢结构住宅的柱子，大多采用冷弯加工成型的钢管，使日本热轧钢卷、冷弯型钢的使用量不断增加；高层建筑中，焊接箱柱及焊接H型钢梁的使用量较大，因此，厚板的需求量在不断增多；低层的钢结构建筑则普遍采用H型钢。

日本对钢结构建筑的抗震性能要求严格，在耐震设计法中，希望通过塑性变形，吸收地震产生的能量。高强度、高性能钢材，耐火钢结构、耐候钢结构是主要钢结构产品。日本钢厂研制开发的建筑用新型钢材主要品种有SN钢、TMCP（热机械控制工艺轧制）钢、超低屈服点钢、轻型焊接H型钢等。在建筑、桥梁推广采用强度Q690级钢，并已成熟采用Q960机械用钢。耐候钢结构桥梁用钢量保持了高速增长，2002年后保持在桥梁用钢量的20%以上。

1.2.2 国内装配式钢结构建筑发展现状

（1）政策法规

我国建筑业正处在向着绿色建筑和建筑产业现代化发展转型的全面提升过程中，钢结构在我国绿色建筑的产业现代化提速进程中，具有资源可回收利用、更加生态环保、施工周期短、抗震性能好等众多优势，更符合新形势下绿色建筑要求的装配式钢结构建筑，借着国家大力推广装配式钢结构建筑的政策东风，迎来新的发展契机及更广阔的市场空间。2013～2021年10月，中央政府层面相继出台了装配式钢结构行业的相关政策，如表1.1所示。

2013～2021年10月我国钢结构行业相关政策汇总　　表1.1

时间	部门	文件名称	相关内容
2021年10月	国务院	2030年前碳达峰行动方案	推广绿色低碳建材和绿色建造方式，加快推进新型建筑工业化，大力发展装配式建筑，推广钢结构住宅，推动建材循环利用，强化绿色设计和绿色施工管理
2021年3月	十三届全国人大四次会议	中华人民共和国国民经济和社会发展第十四个五年规划和2035年远景目标纲要	推广绿色建材、装配式建筑和钢结构住宅，建设低碳城市
2020年9月	住房和城乡建设部等九部委	关于加快新型建筑工业化发展的若干意见	大力发展钢结构建筑。鼓励医院、学校等公共建筑优先采用钢结构，积极推进钢结构住宅和农房建设。完善钢结构建筑防火、防腐等性能与技术措施，加大热轧H型钢、耐候钢和耐火钢应用，推动钢结构建筑关键技术和相关产业全面发展

续表

时间	部门	文件名称	相关内容
2020年7月	国务院	绿色建筑创建行动方案	推广装配化建造方式。大力发展钢结构等装配式建筑，新建公共建筑原则上采用钢结构。编制钢结构装配式住宅常用构件尺寸指南，强化设计要求，规范构件选型，提高装配式建筑构配件标准化水平
2020年5月	住房和城乡建设部	关于推进建筑垃圾减量化的指导意见	实施新型建造方式。大力发展装配式建筑，积极推广钢结构装配式住宅，推行工厂化预制、装配化施工、信息化管理的建造模式。鼓励创新设计、施工技术与装备，优先选用绿色建材，实行全装修交付，减少施工现场建筑垃圾的产生
2019年2月	住房和城乡建设部	关于印发住房和城乡建设部建筑市场监管司2019年工作要点的通知	开展钢结构装配式住宅建设试点。在试点地区保障性住房、装配式住宅建设和农村危房改造、易地扶贫搬迁中，明确一定比例的工程项目采用钢结构装配式建造方式，跟踪试点项目推进情况，完善相关配套政策，推动建立成熟的钢结构装配式住宅建设体系
2017年4月	住房和城乡建设部	建筑业发展“十三五”规划	建设装配式建筑产业基地，推动装配式混凝土结构、钢结构和现代木结构发展；大力发展钢结构建筑，引导新建公共建筑优先采用钢结构，积极稳步推广钢结构住宅
2017年3月	住房和城乡建设部	“十三五”装配式建筑行动方案	1）加大研发力度，突破钢结构建筑在围护体系、材料性能、连接工艺等方面的技术瓶颈。 2）建立装配式建筑部品部件库，编制装配式混凝土建筑、钢结构建筑、木结构建筑、装配化装修的标准化部品部件目录，促进部品部件社会化生产
2017年3月	住房和城乡建设部	建筑节能与绿色建筑发展“十三五”规划	实施建筑全产业链绿色供给行动，积极发展钢结构、现代木结构等建筑结构体系。到2020年，城镇新建建筑中绿色建材应用比例超过40%；城镇装配式建筑占新建建筑比例超过15%
2017年2月	国务院	关于促进建筑业持续健康发展的意见	坚持标准化设计、工厂化生产、装配化施工、一体化装修、信息化管理、智能化应用，推动建造方式创新，大力发展装配式混凝土和钢结构建筑，在具备条件的地方倡导发展现代木结构建筑，不断提高装配式建筑在新建建筑中的比例
2016年12月	国务院	关于印发“十三五”节能减排综合工作方案的通知	编制绿色建筑建设标准，开展绿色生态城区建设示范，到2020年，城镇绿色建筑面积占新建建筑面积比重提高到50%。实施绿色建筑全产业链发展计划，推广节能绿色建材、装配式和钢结构建筑

续表

时间	部门	文件名称	相关内容
2016年9月	国务院	关于大力发展装配式建筑的指导意见	因地制宜发展装配式混凝土结构、钢结构和现代木结构等装配式建筑。力争用10年左右的时间，使装配式建筑占新建建筑面积的比例达到30%
2016年10月	工信部	钢铁工业调整升级规划（2016—2020年）	规划提出到2020年钢结构用钢占建筑用钢比例不低于25%
2016年2月	国务院	钢铁行业化解过剩产能实现脱困发展的意见	推广应用钢结构建筑，结合棚户区改造、危房改造和抗震安居工程实施，开展钢结构建筑推广应用试点，大幅提高钢结构应用比例
2014年3月	国务院	国家新型城镇化规划（2014—2020年）	城镇绿色新增建筑比例要从2012年的2%提高到2020年的50%，同时2015年1月1日将正式实施新的《绿色建筑评价标准》
2013年10月	国务院	关于化解产能严重过剩矛盾的指导意见	提出推广钢结构在建设领域的应用，提高公共建筑和政府投资建设领域钢结构使用比例

河北、浙江、四川、山东、江西、海南等六省相继出台了装配式钢结构的指标政策，北京、沈阳、湖南、云南、甘肃、河南、宁夏、青海等八省市也发布了装配式钢结构的鼓励政策。其中，上述六省的指标政策如下：

河北省：①到2020年钢结构建筑占新建建筑面积比例10%。②在公共建筑中大力推广钢结构，在住宅建设中积极稳妥推进钢结构应用，促进钢铁产业化解过剩产能和转型升级。③试点地区在现有装配式建筑各项扶持政策的基础上，制定对钢结构装配式住宅项目在土地供应、税费减免、金融支持、降低预售条件及预售资金监管标准、监管资金留存比例等方面的支持政策。

浙江省：①2022年累计建成钢结构装配式住宅800万m^2。②推动政府投资的公共建筑，以及单体建筑面积超过2万m^2的机场、车站、宾馆、饭店、商场、写字楼等大型公共建筑全面应用钢结构。③每年建设用地计划安排装配式建筑专项用地指标。④墙体预制部分的建筑面积（不超过规划总建筑面积的3%～5%）可不计入成交地块的容积率核算。⑤使用公积金购买商品房额度最高可上浮20%。⑥商品房预售条件降低、验收等其他优惠政策。

四川省：①到2022年，新开工钢结构装配式住宅500万m^2。②对钢结构装配式住宅建设项目合理用地予以倾斜支持。③支持钢结构装配式住宅科技公共研发平台、重点实验室、工程技术研究中心建设。优先享受各级政府对装配式建筑奖补政策。

山东省：①2020～2021年新建钢结构装配式住宅300万m^2。②鼓励政府投资或主导的保障性住房、周转住房等项目选用钢结构装配式方式建造，相关要求纳入供地方案，并落实到土地合同中。③学校、医院、博物馆、科技馆、体育馆等公益性建筑以及单体建筑面积超过2万m^2的大型公共建筑宜采用装配式钢结构。④符合条件的钢结构装配式住宅企业、项目、产业基地、产业园区给予财税支持。⑤公积金贷款购买装配式住宅，额度最高可上浮20%。⑥预制外墙建筑面积不超过规划总建筑面积3%的部分，不计入建筑容积率。商品房预售条件降低，预售资金监管留存比例可下调10个百分点。

江西省：①到2022年，省新开工钢结构装配式住宅占新建住宅比例达到10%以上。②在大型公共建筑和工业厂房优先采用装配式钢结构。③将钢结构装配式住宅建设要求列入建设用地规划条件，纳入供地方案，并落实到土地出让合同中。④对符合要求的企业、项目给予财税支持。⑤鼓励各类金融机构对符合条件的企业积极开辟绿色通道、加大信贷支持力度。⑥外墙预制部分建筑面积（不超过规划总建筑面积的3%）可不计入成交地块的容积率核算。⑦按规定降低预售条件。

海南省：①2020年钢结构装配式建筑面积预计达345万m^2。②在政府投资的公共建筑，以及单体建筑面积超过2万m^2的机场、车站、宾馆、饭店、商场、写字楼等大型公共建筑、大跨度工业厂房建造中优先采用装配式钢结构建筑。③要将装配式建筑建设要求列入土地出让公告，并在土地出让合同或土地划拨决定书中予以载明。④符合要求的企业可按规定享受相应财税支持。装配式建筑项目的质量保证金，扣除预制构件总价后以2%费率计取。⑤满足装配式建筑要求部分的建筑面积可按比例（不超过规划地上建筑面积3%）不计入容积率核算。⑥商品房预售条件降低、分段验收等政策支持。

（2）产业现状

我国目前建筑施工仍以现场浇筑作业为主，新建建筑中装配式建筑比例不足5%，与国际先进水平相比存在一定差距。从2016年住房和城乡建设部推行的119个装配式建筑示范项目来看，装配式混凝土结构占比最大达46%，其次装配式钢结构占比16%，装配式木结构占比仅有3%，剩余比例为部品部件。

钢结构体系在我国建筑结构体系中占比还比较低，且钢结构建筑集中于高层、超高层建筑及大空间公共建筑与工业建筑中，钢结构在普通办公楼、学校、医院等多高层公共建筑以及低层、多层、高层住宅中的应用非常少。智研咨询数据显示，2018年高层和大跨度空间结构占比分别为30.5%和25.5%，而塔桅及住宅占比仅3.8%。近几年钢结构在公路、桥梁方面有较大发展，但在民用建筑中的应用比例依然偏低，随着钢结构支持政策的逐步落地，未来钢结构民用建筑有望进一步发展。

我国自1996年粗钢产量首次突破亿吨大关后，粗钢产量不断增长，到2018年达到92826.4万t，已连续22年保持钢产量世界前列。据相关数据显示，国内钢结构行业呈现快速发展趋势，钢结构产量从2002年的850万t增长到2009年的2294万t，年均复合增长率达到15.24%。而2010～2019年，则是钢结构迅猛发展阶段，钢结构产量从2100万t增长至7373万t（图1.1）。

崔源声在2021年第八届全国被动式装配建筑高峰论坛作出的报告显示，我国目前建筑用钢量约占国家钢材产量的20%，占钢材消耗总量的22%～26%，钢结构用钢量占国家钢材产量的比例还不到2%，钢结构建筑面积占总建筑面积的比例不到5%。

国产钢材基本可以满足钢结构加工需要，但在具体品种规格和性能方面与国外比还

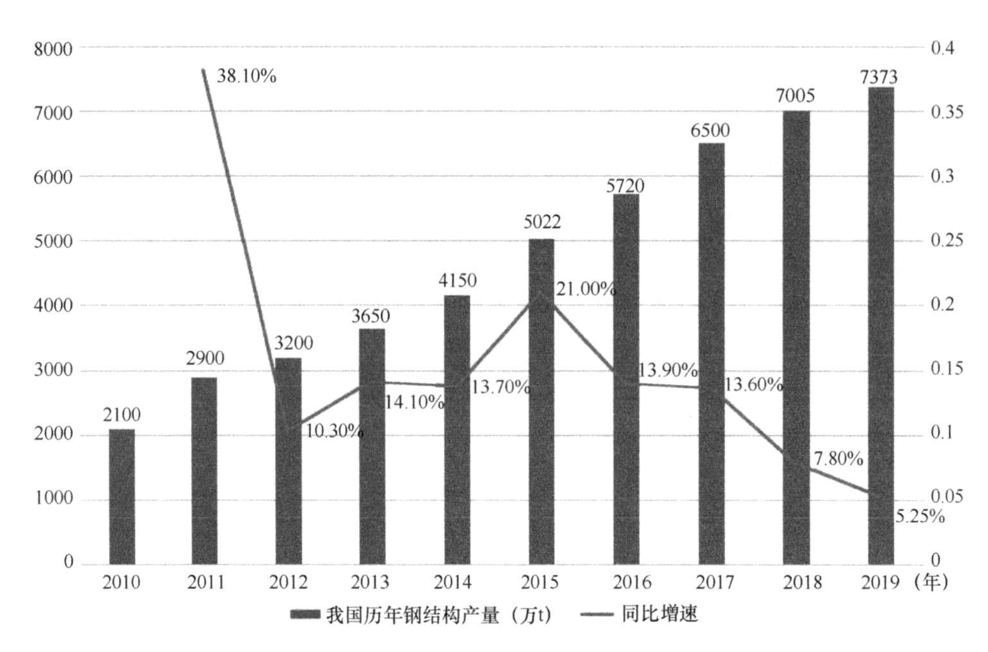

图 1.1　2010～2019 年我国历年钢结构产量增长图

有差距，如高强度大规格超厚 H 型钢、高强度超厚板等。近年来，我国钢铁企业开始逐渐重视高品质钢铁产品研发、生产和推广，在高强度、特殊用途型钢方面开展了诸多工作，并根据不同应用需求开发出了不同种类的钢结构建筑结构用钢产品，但均以单一品种或单一系列为主，缺乏系统研究和系列化产品生产能力。高端产品与国外先进企业的产品相比仍存在较大的差距。虽然 2017 年我国将热轧 H 型钢翼缘最大厚度提高到 40mm，但与国外的 125mm 相比，差距较大。而大线能量焊接特厚板、超轻型 H 型钢及外高恒定 H 型钢等特殊产品仍未实现国产化。我国钢结构建筑结构用钢应用水平较低，强度方面仍停留在主要使用 Q235＋Q355 钢的状态（约占 88％）；功能性方面，仍以普通钢材＋耐腐蚀/耐火涂层为主，实现耐候、耐火性能；抗震方面，仍以结构抗震为主，不使用抗震钢。

近年来，我国钢结构工程建设与应用技术迅猛发展，极大地促进了钢结构技术标准化工作的推进。据不完全统计，现有与钢结构设计、制造、施工相关的国家及行业标准、技术规范、规程近 140 余项，较 20 世纪 80 年代约增加了两倍以上。钢结构相关标准规范基本齐备，基本可以满足现有工程需求。但现有标准规范仍然需要结合技术进步和各地特点不断完善、补充和修编。结合国外发展情况，钢结构产品标准化、通用化已成为主流，这也将成为我国钢结构行业技术和标准的发展趋势。

国内钢结构行业总体集中度较低，也制约着行业的发展。据了解，钢结构年产量 1 万 t 以下、1 万～5 万 t、5 万～30 万 t、30 万 t 以上的钢结构企业数量分别为 4000～5000 家、100 家、20 家、6～8 家。行业内拥有钢结构特级制造资质的企业仅有 51 家，而同时拥有此资质和专业承包一级资质的企业则更少。钢结构企业主要包括三大类，以中建钢构、宝冶钢构为代表的国有钢结构企业；以杭萧钢构、精工钢构、东南网架、沪宁钢机等为代表的大型民营钢结构企业；以巴特勒、美联、中远川崎等为代表的外资或中外合资钢结构企业、福建的台资企业等。

(3) 行业发展分析

1) 国内钢结构行业发展迅速。

钢结构建筑相比于传统的混凝土建筑，用钢板或型钢替代了钢筋混凝土，强度更高，抗震性更好。并且由于构件可以工厂化制作，在施工现场安装，可大大缩短工期。由于钢材的重复利用，可以减少建筑垃圾，更加绿色环保，因而被广泛应用在工业建筑和民用建筑中，未来有望成为装配式建筑的主流结构。从我国钢结构产量及增长率来看，钢结构建筑也已经具备良好发展的基础。

2) 钢结构行业发展水平有待提升。

尽管我国钢结构行业总体发展速度较快，但是与美国、日本等发达国家钢结构建筑的发展水平相比，还是有一定差距。钢结构发展受到钢材品种单一、性能水平低，钢结构企业分散、资质水平低，钢结构设计、建设经验相当匮乏等问题的制约。钢结构企业进行并购整合是推动行业高质量发展的必要手段。形成钢结构建设经验，提升钢结构建筑施工的精度和速度，解决防火、防腐问题，利用如 BIM 等新兴技术成为钢结构行业亟待解决的问题。

3) 标准化理念推动装配式钢结构技术发展。

装配式钢结构沿用传统钢结构的建造理念，存在标准化程度低、部品部件规格繁多等问题。标准化程度低的问题导致围护系统、内装系统、管线设备系统的部品部件尺寸不协调，不利于建筑模数协调和尺寸公差配合，同时，每个项目所采用的型钢截面不尽相同，型钢生产企业仍保持订单化的生产方式，导致钢构件生产成本高，无法形成规模效益。因此，标准化理念应用于装配式钢结构项目是当前的迫切要求，通过标准化的设计方法，使结构构件截面规格、长度尺寸、连接节点尽量规格化，提升构件标准化程度，实现钢构件批量化生产，提高标准化施工水平。

4) 配套部品部件产品亟待完善。

传统钢结构的外围护墙、内隔墙大多采用二次砌筑的砌块墙体，也有混凝土夹心墙板、加气混凝土条板、轻钢龙骨内隔墙等装配式技术的小规模应用。装配化的配套围护墙与内隔墙技术产品应用是装配式钢结构建筑发展的重要问题。围护墙体尚没有现行标准对其进行统一的性能指标规定，围护墙存在与主体结构连接安全性差、板缝易渗漏、热桥结露的问题，同时围护墙系统材料种类、施工工艺差异大，节点构造不尽相同，最终导致技术选型困难。内隔墙体存在管线集成化水平低、墙面易开裂的问题。因此，满足装配式钢结构建筑功能要求的配套围护墙与内隔墙部品部件需进一步完善。

5) 装配式钢结构建筑应用空间广阔。

为了提高建筑建设的工业化水平，提升部品化率，促进建筑行业低碳节能发展，国内建筑行业已开始研究钢结构在各类建筑中的应用，致力于扩大其应用范围，使建筑更加绿色环保。钢结构符合绿色建筑的条件，即为有利于保护环境、节约能源的建筑。

住房和城乡建设部发布的《建筑产业现代化发展纲要》中提出，到 2025 年，装配式建筑占新建建筑的比例为50%以上。而钢结构建筑作为绿色建筑的应用结构，可以满足大部分需求。但我国作为世界上建筑体量最大和钢产量最大的国家，钢结构建筑的应用水平明显滞后，目前国内钢结构建筑占建筑市场的比例不到10%。从我国的政策导向和钢结构行业应用现状来看，钢结构建筑在我国还有很大的发展空间。

第2章　房建工程向工业化建造方式的转变

高速公路房建工程具有单体体量小、数量多的特点，分布于高速公路沿线，建设地点较为分散，提高了工程建设的难度。与一般房建工程具有很大不同的特点是其附属性及建设工期的紧迫性。作为高速公路的附属设施，在项目建设初期易出现重视不足，一旦开工建设就进入赶工期的状态，以满足主线工程开通需求的情况。房建工程因使用功能的确定性，更易实现建筑平面、装饰装修的标准化设计。相比传统的设计方法，标准化既能满足基本功能需求，又能保持统一的设计标准，便于采购、施工、管理，并可以提高设计的精细化程度。

本章提出了高速公路房建工程现存建设问题，结合高速公路房建工程特点和发展需求，分析了装配式钢结构建筑体系的技术优势，确定了高速公路配套房建工程的适宜建筑体系类型，推动高速公路房建工程建设绿色、高质量发展。

2.1　高速公路房建工程现存问题及发展趋势

在高速公路桥梁、道路结构上已经较普遍的应用了预制拼装技术，但以服务区、收费站宿办楼为代表的房建工程主要采用传统的混凝土现浇、墙体砌筑、湿法装修的现场施工方式。这种建造方式存在以下主要问题：

1）施工速度慢。传统建筑现场施工时，所有的梁板柱建筑构件均在现场完成钢筋绑扎、混凝土浇筑，并且墙体需要进行砂浆制备、砌筑、抹灰等施工作业，施工工序多，施工效率低，受气候影响大，建设周期长。

2）建筑材料运输不便。单体房建工程的建设地点一般远离城镇，使得商品混凝土运送不方便，工程质量监督难。

3）劳动密集型。现场施工主要依靠工人手工作业，工作环境差、劳动强度高、管理难度大。同时，我国面临人口老龄化和用工荒的社会问题，建筑技术工人短缺，用工成本增高。

4）材料资源浪费。由于现场施工，混凝土、脚手架、模板、各型号钢筋等建筑原材料都需要现场加工，施工现场产生大量废弃材料。模板、脚手架等现场建筑材料投入量大、周转利用率低，材料浪费严重。

5）污染环境。施工现场需要堆放大量建筑原材料，湿法作业产生的建筑垃圾量大，堆放场地、垃圾处理对周边环境破坏性大。同时，湿法作业会带来水资源浪费、粉尘污染、噪声污染等严重的环境问题。

为解决高速公路房建工程现有建造方式存在的问题，同时满足品质工程的发展要求，需要采用工业化的新型建造方式，通过对房建工程的标准化设计，实现建造材料、构配件的工厂化生产，施工现场预制拼装的装配化施工，形成高速公路房建工程高质量建造的重要途径，促使高速公路房建工程以装配式建筑建造方式推动转型升级，以绿色化实现可持续发展。

2.2 服务区综合楼、宿办楼工程特点

2.2.1 建筑特点

(1) 服务区

高速公路服务区综合楼一般为低层和多层建筑，综合楼的主要功能分区包括公共卫生间、餐厅、厨房、超市、客房等服务设施，以及内部办公用的办公室、休息室、通信室等管理用房。

综合楼服务的对象不同于其他类型的建筑，服务对象都是经过长时间旅途跋涉的人群，从这些人群流动的特点来看，呈现着集中与分散，有序流动与无序流动，以及交叉进行的各种不同流动状态。例如，据统计约有80%乘客从高速公路上下来后，第一时间可能就是去公共卫生间，其利用率很高。那么随着车辆从高速公路驶入服务区，公共卫生间的人流将是量大集中的，而一般餐厅的人流既是量大集中的，也是定时有序的。而超市、客房等将是分散无序的。内部办公管理用房一般设置在综合楼的二层，与其他“动态”的服务用房分开。在建筑设计时，根据服务对象的人群流动特点，要把各类房间分成若干相对独立的功能区域，并使它们在平面布置中既有必要的联系，又有必要的隔离，尽量做到“内外有别”和“干扰分区”。服务区综合楼的各功能区域组织形式具有多样性的特点，它们既没有统一的组成内容，也没有不变的组成结构，而仅有相对稳定的功能组织基本原则和关系，如图2.1所示。

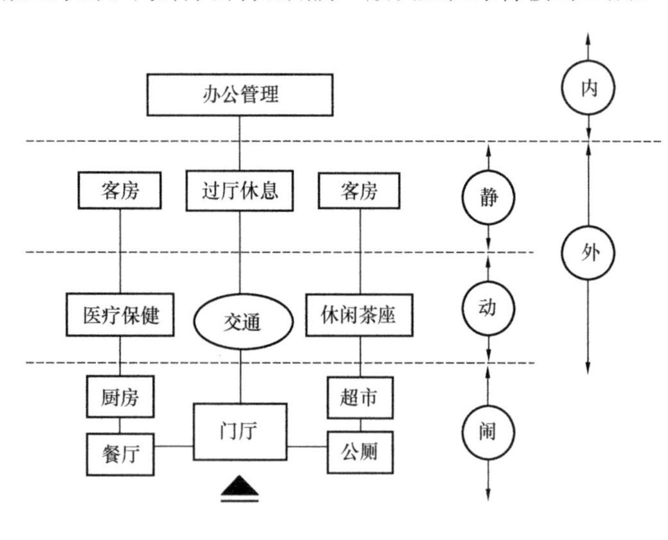

图2.1 服务区综合楼功能组织关系图

服务区综合楼的平面布局是把主要功能房间根据活动流线合理组织在一起，同时考虑与周边环境的协调问题，占据好的朝向和景观，明确动静和内外分区，并兼顾到某些用房的特殊性。平面布局较灵活多样，常见基本的平面布局形式有L形、一字形、U形、围合形等，如图2.2所示，也有由基本几何图形构成的二元式的平面布局，两种图形间通过连接、包含、接触、相交等组合在一起，如图2.3所示。

(2) 收费站宿办楼

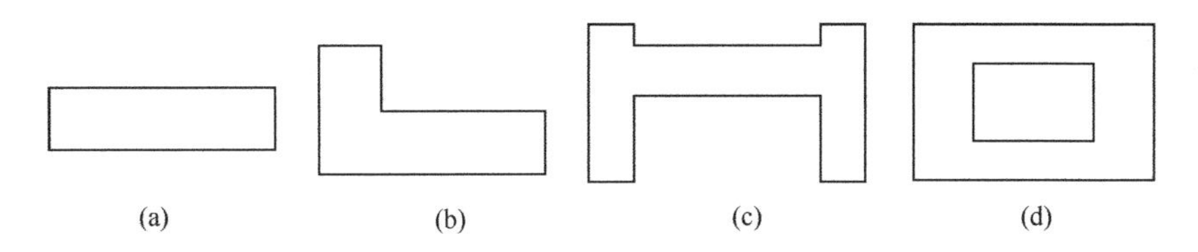

图2.2 基本平面布局形式

(a) 一字形；(b) L形；(c) U形；(d) 围合形

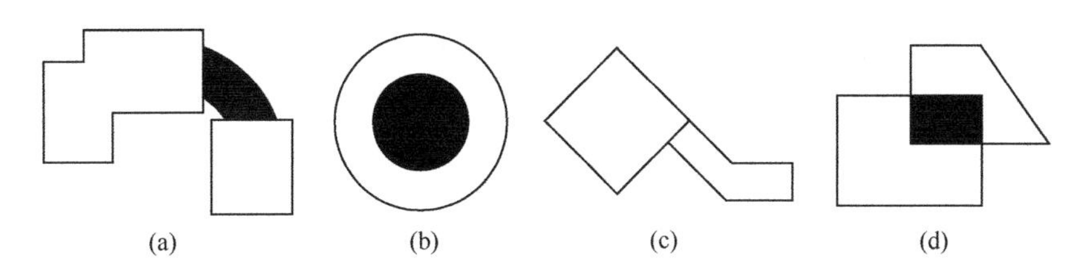

图2.3 二元空间构成平面示例

(a) 连接；(b) 包含；(c) 接触；(d) 相交

收费站房屋建筑主要包括宿办楼、收费设施、附属设施。宿办楼包括员工宿舍、办公用房、餐厅、厨房。收费设施包括收费岛、收费大棚、收费亭。附属设施包括变配电室、发电机房、水泵房等。

宿办楼是收费站的主体建筑，一般为低层和多层建筑，建筑规模不大，属于小型办公建筑。收费站宿办楼大多远离城市，是工作人员工作与生活的主要场所，而收费员需要24h倒班工作不能间断，因此宿办楼应具备办公、食宿、活动等三大功能。办公与活动区域应设有办公室、会议室、通信室、财务室、票据室、值班室、活动室、监控室等。食宿区域应设有休息室、厨房、餐厅、库房、更衣室、洗衣房等。

宿办楼的使用面积可根据收费站的人员组合、总编数量、功能要求等考虑确定，而人员编制数量除固定的管理技术人员外，与该收费站的规模、岛数、车道数密切相关。根据宿办楼的设计经验，总结了整体的规模标准，如表2.1所示。

收费站宿办楼规模标准 **表2.1**

功能用房	人均建筑面积（m^2）	人员编制（人数）	合计（m^2）
办公用房（含厕所）	8	29	8×29
会议室	1.4	28+4×车道数	1.4×（28+4×车道数）
监控机房	—	—	50～80
电源室	—	—	20
员工休息室	8	10+4×车道数	8×（10+4×车道数）
食堂（含厨房）	2.6	29+3×车道数	2.6×（29+3×车道数）
发电机房	—	—	50～80
水泵房	—	—	20

来源：《高速公路收费站房的设计与规划探讨》。

宿办楼在进行规模设计时，需注意以下几点：

1）根据宿办楼的规模和人员编制情况及各部门对房间的使用要求及标准，按照现行的建筑规范，确定各类用房的面积及规模。

2）宿办楼应根据使用要求、基地面积、结构选型等条件按建筑模数确定开间和进深。对有特殊要求的房间尺寸应按照使用部门的要求配合有关专业人员单独考虑。

收费站宿办楼的功能空间组合应根据各类用房之间的关系合理安排房间的楼层及位置。办公与宿舍应实行动、静分区，可竖向分区，也可水平分区。收费站规模较小时，可采用办公、食宿布置于一栋建筑，可利用楼层或不同出入口的办法将办公区与宿舍区分开，食堂和活动室一起考虑，实现办公、居住区互不干涉。对外联系频繁的部门应布置在重要出入口附近或较低的楼层上。宿办楼属于综合办公楼，应在平面功能、垂直交通、防火疏散、建筑设备等方面综合考虑相互关系，合理安排，宜根据使用功能不同分设出入口，组织好内外交通路线。

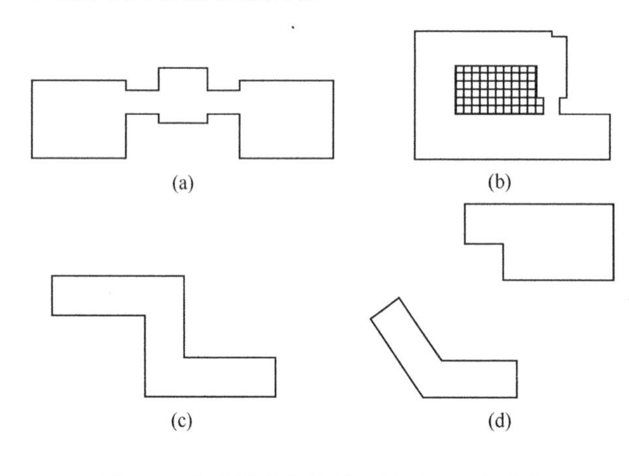

图 2.4　收费站宿办楼的四种平面组合形式

（a）U字形；（b）院落式；（c）Z形；（d）分散式

宿办楼建筑的空间组合，有分散式布局和集中式布局两种。分散式布局指由几栋多层建筑组合成一组办公群组，集中式布局指由多层建筑与局部低层建筑相结合。收费站宿办楼属于小型办公楼，根据办公区、生活区、餐饮区的不同组合方式，平面布局呈现多样化，大体分为U字形、院落式、Z形、分散式四种，如图 2.4 所示。

U字形是一种应用较广泛的平面组合形式。办公区和宿舍区相对独立地分置在两侧，中间设置连廊建立便捷的联系，动静分区明确。院落式是一种以庭院为中心，在其周围布置各类用房的平面组合形式。中间庭院可以缓冲人流，同时与室内空间互相衬托，美化了工作人员的工作和生活环境，建筑空间丰富。Z形是指建筑长轴与收费广场长线平行，以更好满足收费监控室的视觉要求，单廊式布局将办公用房和宿舍用房比较重要的房间南北布置，获得良好的采光和通风，一般将厨房和餐厅东西布置于Z形平面中部，考虑了办公区和宿舍区的就餐方便。分散式是指办公区和宿舍区分开，各自作为独立的建筑单体。

以雄安北收费站宿办楼为例，介绍应用较普遍的U字形建筑平面组合形式（图 2.5、图 2.6）。总建筑面积 2178.44m^2，地上 2 层，首层层高 3.9m，二层层高 3.6m，建筑总高度 10.90m。该建筑采用了U字形平面组合，如图 2.5 所示，东南侧首二层集中布置办公室、交接班室、档案室、集中监控室、活动室、通信机房、财务室、会议室等办公区域，西北侧首二层集中布置休息室、餐厅、厨房、洗衣房等生活区域。中间首层设置门厅与室外连通，二层设置通廊增强办公区域和生活区域的联系。办公区域和生活区域均采用

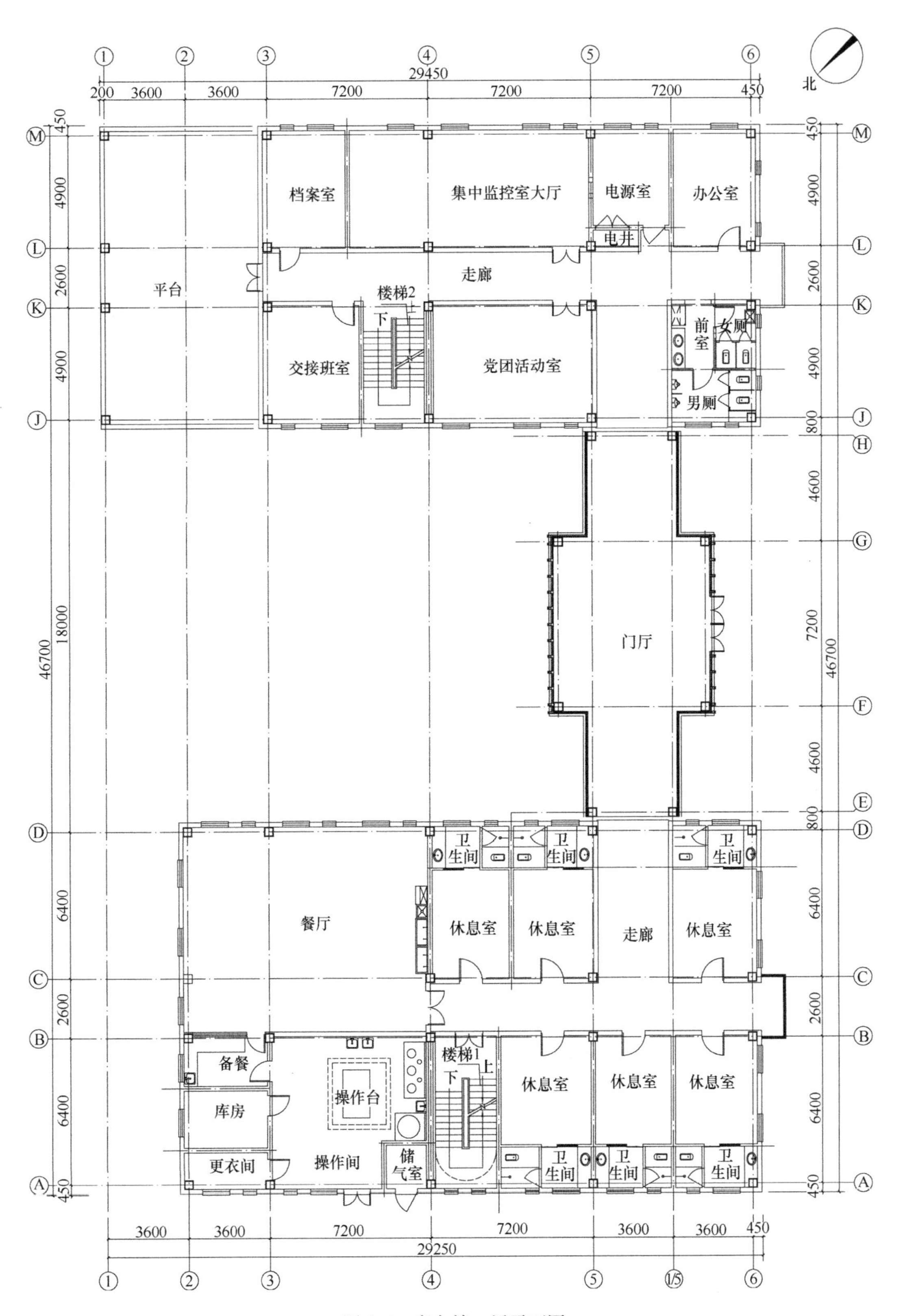

图 2.5　宿办楼一层平面图

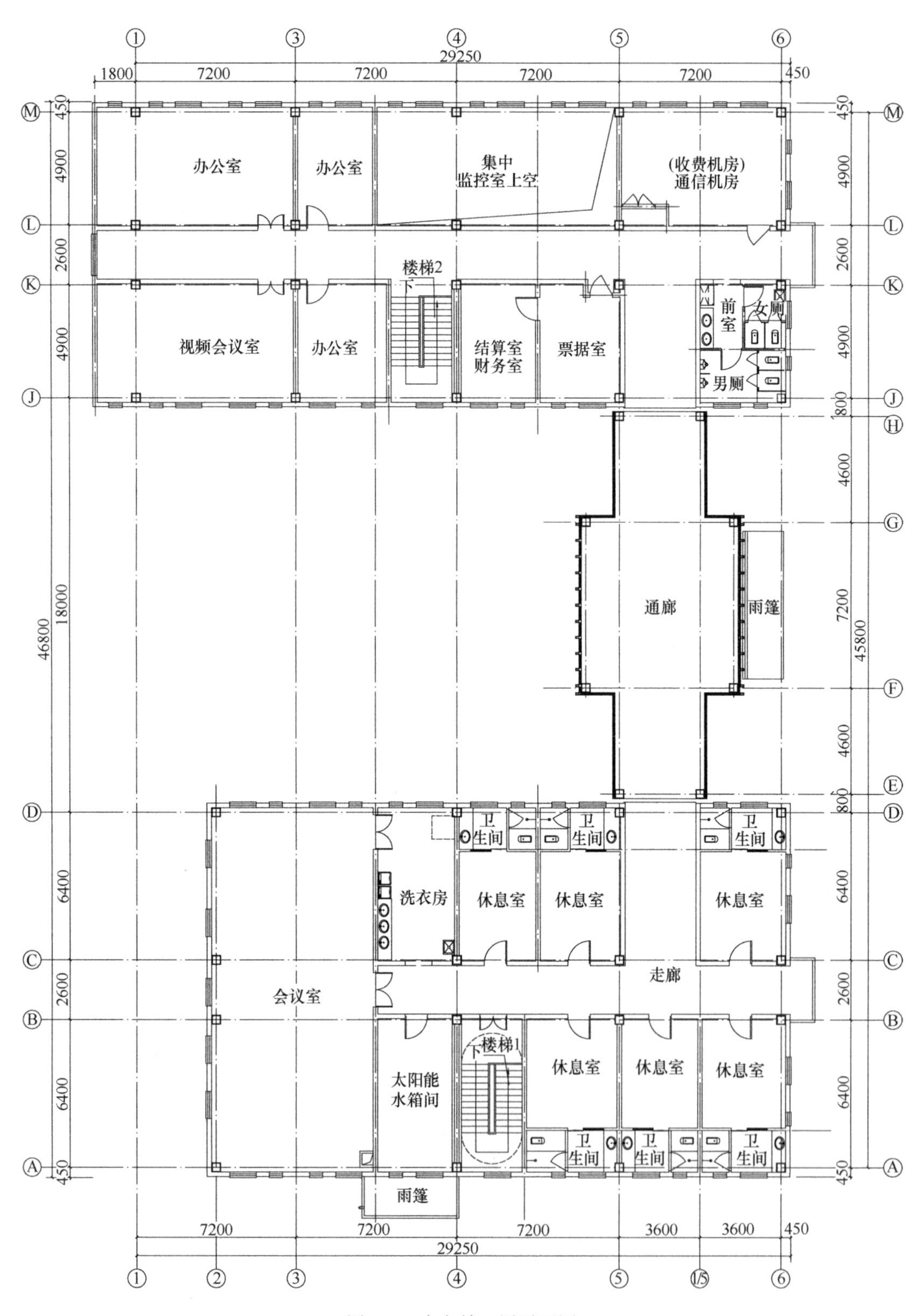

图 2.6 宿办楼二层平面图

了内廊式布置，即走道在中间联系两侧的房间。这种布置方式使走廊交通面积相对较少，建筑进深大，保温性能好，同时把楼梯间、卫生间等辅助房间置于朝向较差的一侧，最大限度地满足办公室、休息室等房间的采光需求。

2.2.2 建造特点

高速公路房建工程建设具有施工难度大、建设工期短的建造特点：

（1）高速公路沿线房建工程具有单体体量小、数量多的特点，分布于高速公路沿线，建设地点较为分散，钢筋、混凝土等建筑材料长距离运输不便，水、电等能源供应不足，恶劣的施工环境提高了工程建设的难度。

（2）高速公路沿线房建工程作为公路建设的附属设施，项目投资较小，一般仅占到整个投资的2%～4%，因在项目建设初期重视不足造成开工时间滞后，一旦开工建设就进入赶工期的状态，以满足主线工程开通的需求，建设工期短是当前房建工程存在的一大建造特点。

2.2.3 工程建设需求

根据高速公路配套房建工程的建筑特征和建造特点，结构体系的选择需要满足以下几点：

（1）高速公路配套房建工程的建设需要较快速度。

（2）高速公路配套房建工程的建设材料要便于运输。

（3）高速公路配套房建工程需要开敞大空间和相对灵活的室内布局，墙体相对较稀疏。

（4）现场施工湿作业应尽量减少。

2.3 高速公路房建工程装配式建造技术路径

高速公路配套房建工程采用装配式建筑建造技术，装配式建筑是由结构系统、外围护系统、设备与管线系统、内装系统组成，四大系统的主要部分采用预制部品部件并实现一体化集成的建筑。结合高速公路配套房建工程的建筑功能与建造特点，适宜的装配式建筑技术体系有装配式混凝土建筑体系和装配式钢结构建筑体系，通过选择适宜的预制部品部件，更好地实现高速公路房建工程的高品质建设目标。

2.3.1 装配式混凝土建筑体系

根据结构类型与施工工艺的综合特征，将装配式混凝土建筑主要分为装配式混凝土剪力墙结构、装配式混凝土框架结构两种结构体系。考虑到剪力墙结构在低多层公共建筑中对建筑平面布置的局限性，即剪力墙布置对建筑使用功能影响较大的问题，在对高速公路房建工程进行结构选型时，对装配式剪力墙结构不再纳入分析范围，将分析重点装配式混凝土框架结构。

装配式混凝土框架结构是以预制框架梁柱为主要受力构件，经装配、连接而成的混凝土结构，是将整个建筑全预制或部分预制，通过装配或装配与现浇相结合的一种建筑工业化的建造方式。该结构已在国内外有较广泛的应用。在欧美发达地区，厂房、停车场、商场等许多需要开敞大空间的建筑中均采用了装配式混凝土框架结构。我国装配式混凝土框架结构的应用起步较晚，近年来在多高层办公类公共建筑中取得了一定规模的应用，呈现出较多样化的技术种类，装配率也在逐步提高。

与现浇混凝土框架结构相比，装配式混凝土框架结构具有生产效率高、建设周期短、施工支模简单等优点，同时，预制梁柱节点形式有预应力拼接、后浇整体式连接、预埋螺栓连接等形式，与现浇混凝土相比，表现出整体性稍差、节点施工复杂、设计难度大等问题，仍是当前装配式混凝土框架结构需重点研究的课题内容。我国当前推广的“等同现浇”的装配整体式框架结构，梁、柱一般采用叠合构件，节点采用后浇混凝土形式，施工现场仍存在较大的混凝土浇筑作业量。

2.3.2 装配式钢结构建筑体系

（1）结构系统

高速公路房建工程适宜采用装配式纯钢框架结构，该结构由钢梁、钢柱构成，梁、柱一般由“H”形钢柱＋“H”形钢梁，或者矩形钢管柱＋“H”形钢梁组成，“H”形钢梁、柱可以是热轧，也可由钢板焊接而成。由于钢材延性好，既能削弱地震反应，又使得钢结构具有抵抗强烈地震的变形能力，该结构体系具有良好的抗震性能。建筑自重一般在 $400\sim600kg/m^2$，仅为混凝土框架结构的 1/3～1/2，自重轻显著减轻了结构传至基础的竖向荷载和地震作用，在抗震设防地区的低多层公共建筑中的应用较为经济，应用也比较广泛。同时，结构侧向刚度小，在水平荷载作用下二阶效应不可忽视，在地震作用下侧向位移较大，可能引起非结构性构件的破坏，是该结构体系重点关注与解决的问题。

（2）外围护系统

高速公路房建工程采用装配式钢结构时，外围护系统的技术选择应满足以下要求：

1）外围护墙体需兼具安全性、功能性、耐久性、装饰性等基本性能要求，具有轻质高强、保温隔热好、防火、防水、防冻、耐老化、隔声等性能，以满足结构承载力和建筑使用功能要求。

2）外围护墙体应满足模数化设计、工厂化生产、装配化施工、易于拆卸的要求。

3）外围护墙体应考虑墙体、保温、隔热、装饰的集成性，实现墙体的多功能一体化。

4）外围护墙体应与钢框架进行可靠地连接。

基于以上外围护系统技术要求，装配式轻质外墙板是与装配式钢结构相匹配的围护墙体，适用于高速公路房建工程的墙板类型有整间板体系、条板体系、金属骨架外墙、保温结构一体化外墙等。

（3）设备与管线系统

高速公路房建工程设备与管线系统设计时，首先应进行管线集成设计，优先采用与主体结构分离的管线分离式安装方式，管线通过在独立的管道井集中布设，或与内装部品进行集成，如设置在装配式吊顶内、架空地面空气层、集成卫生间墙板空腔等，实现管线的安装、更换及维修便捷的目的。设备管线预埋在主体结构内时，必须采取便于管线更换和维修的措施，如给水管道采用柔性塑料盘管，管道外部设有保护套管，预埋后，保护套管内的给水管道能从保护套管内抽出更换，维修便捷。

在集成设计的基础上，设备与管线系统应进行综合布置设计，基于BIM模型对各设备系统管线进行路径优化，避免管线交叉，满足施工和检修空间要求，集约利用建筑空间，确保一定的建筑净空高度。

设备与管线系统的电气设备和材料选择标准化规格，管线连接采用装配化接口，既可实现工厂预制和现场直接装配，也能满足连接技术安全、便捷的要求。设备与管线的支撑系统宜选用装配式支架体系，采用标准化连接组件和配件，实现安装快速、简洁和高效率。

通过采用装配化的设备与管线系统，实现高速公路房建工程设备系统与装配式建筑、结构系统的匹配融合，延长建筑部品使用年限，降低装修更换频率，最大幅度降低资源消耗。

（4）内装系统

为便于高速公路房建工程的维修更新，提升内装修性能品质，内装系统宜采用装配式内装修技术。装配式内装修是指将工业化生产的部品部件以干式工法为主进行施工安装的装修建造模式，主要包括隔墙和墙面系统、吊顶系统、楼地面系统和卫生间系统等。

适宜的隔墙和墙面系统有轻钢龙骨隔墙和条板隔墙，墙体表面平整度高实现免抹灰，墙体骨架空腔敷设设备管线实现管线集成一体化。适宜的吊顶系统为多种装配式吊顶系统，吊顶内实现设备管线明装，与主体结构分离。适宜的楼地面系统直铺干式地暖楼地面和架空地面系统，供暖管线与干式地面集成，架空地面内敷设水电管线，设置检修口或采用便于拆装的构造。适宜的卫生间系统有SMC复合材料集成卫生间、陶瓷（或岩板）复合铝蜂窝或聚氨酯集成卫生间等技术，实现卫生间系统的模块化设计、精细化集成生产、装配化安装。

装配式钢结构建筑体系具有以下工业化建造优势，较好地解决了高速公路房建工程现存的建造问题：

1）构配件的小型化使其适应性增强。

采用工业化方式建造的服务区综合楼、宿办楼的关键因素在于标准化和多样化。为实现标准化，常采用定型化和系列化的方式；为减少现场施工作业、扩大工厂化生产，一般对结构构配件进行简化及统一化。传统的混凝土建筑一般使用的是大型化的构配件和模板，其主要通过超大型设备进行现场施工，这将导致各类设备的加工、运输和吊装难度增大，灵活性、适应能力降低。选用钢框架体系时，其梁、柱、板等构配件均呈现出小型化的趋势，这有利于各类构配件的加工、运输及现场装配。

2）梁柱承重、配合墙体灵活布置使建筑空间组合丰富。

钢框架结构柱距较大，易获得较大的功能空间；内隔墙根据功能需求可任意进行布置及组合，实现多样化的室内布局。建筑平面布置灵活，这样可以最大化满足服务区综合楼、宿办楼的功能需求。

3）有效缩短生产工期，减少材料浪费和环境污染。大部分钢框架的构配件均在工厂中进行生产，这样在现场施工过程中，只需将各类构配件进行安装，可以减少大量的现场湿作业，有利于施工工期的缩短，减少施工现场的垃圾、扬尘，减少施工污染。钢材可实现循环利用，有利于节约资源。

4）增加产业工人就业机会，节约人工成本。建筑构件部品在工厂生产，生产环境大大改善，增加建筑行业就业机会。施工现场机械化水平高，操作环境改善，现场作业量减少，劳动力用量减少，更好保障工人的生命安全。

5）建筑成品质量有保证。建筑各系统的产品选型是明确的，各构件的性能构成均符合产品要求，有利于质量控制。主体结构、围护墙体、设备管线、装修等一体化设计与施工，提升了工程建造质量。

综上所述，装配式钢结构建筑采用纯钢框架结构、装配式轻质外墙板、设备与管线集成与装配化、装配式内装修等装配式建筑技术，是适合高速公路配套房建工程的工业化建筑体系，能够最优满足高速公路配套房建工程工业化的建造需求。

第3章 装配式钢结构系统应用技术

适宜高速公路房建工程结构系统的是钢框架结构，主要由钢框架梁柱、楼板、楼梯等结构构件组成。本章根据结构特点，同时结合建筑功能需求，选择适宜的预制构件类型，并对各类预制构件的技术要点进行分析，以更好地实现高速公路房建工程装配式钢结构建筑的高品质建设目标。

3.1 梁柱构件

3.1.1 钢与混凝土组合梁

（1）组合梁类型

钢与混凝土组合梁在装配式钢框架结构工程中应用较为普遍，在《钢结构设计标准理解与应用》一书中提出，不考虑组合作用的纯钢梁设计法，在实际工程中应避免采用。钢-混凝土组合梁是指钢梁与混凝土翼板通过抗剪连接件组合成整体共同受力的T形截面的横向承重构件（图3.1），其充分利用钢梁的抗拉性能和混凝土楼板的抗压性能，最大限度地减小钢梁截面，满足施工阶段和使用阶段的要求。当梁上作用的荷载较大或有较高抗扭要求时，也可以采用箱形截面的钢梁与混凝土翼板形成组合梁。其优势在于工厂化生产、制作加工方便、现场施工效率高。

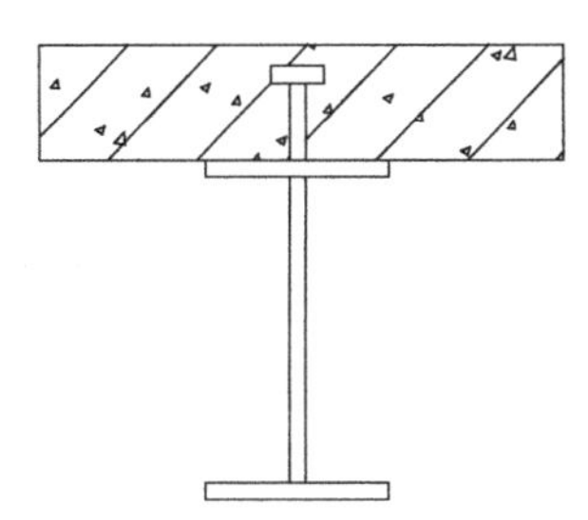

图3.1 T形组合梁截面形式

T型钢-混凝土组合梁的钢梁常用截面形式有：①焊接H型钢；②热轧H型钢；③焊接箱形钢，如图3.2所示。一般情况下，梁为单向受弯构件，通常采用H形截面。在截面积一定的条件下，为使截面惯性矩、抵抗矩较大，H形梁的高度宜设计成远大于翼缘宽度，而

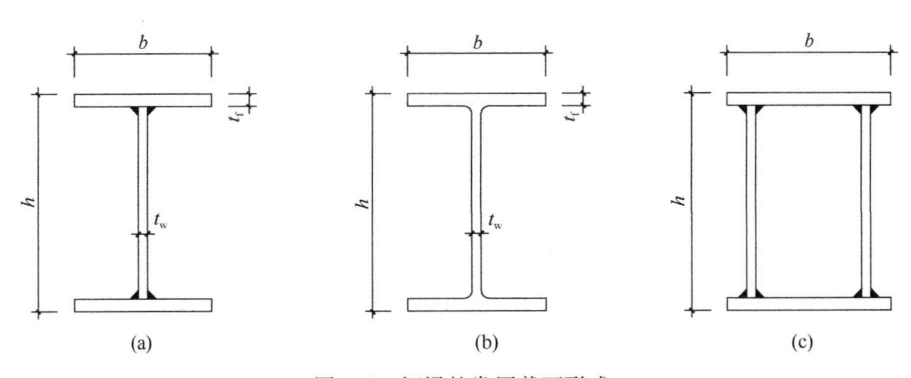

图3.2 钢梁的常用截面形式

（a）焊接H型钢；（b）热轧H型钢；（c）焊接箱形钢

翼缘的厚度远大于腹板的厚度，一般满足：$h \geqslant 2b$，$t_f \geqslant 1.5t_w$。当梁受扭时，或由于梁高的限制，必须通过加大梁的翼缘宽度来满足梁的刚度或承载力时，也可采用箱形截面。

T 型钢-混凝土组合梁的翼板可采用现浇混凝土板、预制楼板、混凝土叠合板以及压型钢板混凝土板，如图 3.3 所示，现浇混凝土板宜采用钢筋桁架组合楼板。

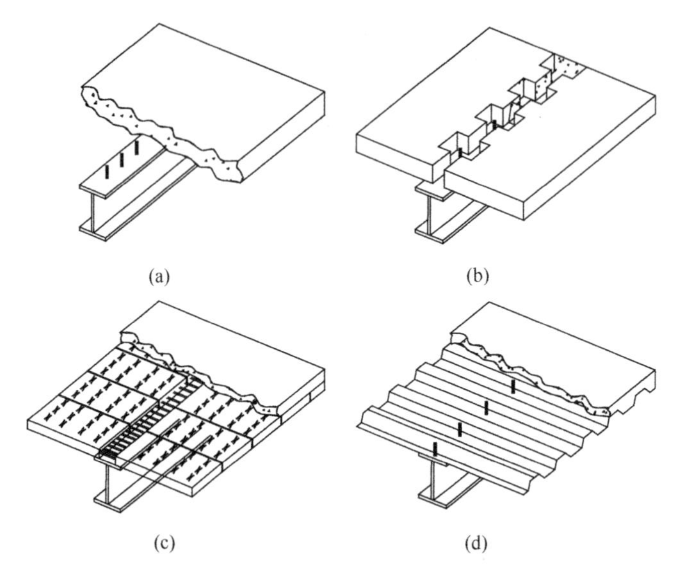

图 3.3　不同混凝土翼缘的钢-混凝土组合梁截面形式

（a）钢-现浇混凝土组合梁；（b）钢-预制混凝土组合梁；

（c）钢-混凝土叠合板组合梁；（d）钢-压型钢板混凝土组合梁

（2）技术特点分析

现浇混凝土翼板组合梁的混凝土翼板全部现场浇筑，优点是混凝土翼板整体性好，缺点是需要现场支模，湿作业工作量大，施工速度慢。

预制混凝土翼板组合梁的特点是混凝土翼板预制，现场仅需要在预留槽口处浇筑混凝土，可以减小现场湿作业量，施工速度快，但是对预制板的加工精度要求高，不仅需要在预制板端预留槽口，而且要求两板端预留槽口在组合梁的抗剪连接件位置处对齐，同时槽口处需附加构造钢筋。由于槽口构造及现浇混凝土是保证混凝土翼板和钢梁共同工作的关键，因此，槽口构造及混凝土浇筑质量直接影响到混凝土翼板和钢梁的整体工作性能。作为大规模推广应用的结构形式，实现预制混凝土翼板组合梁的精确施工并确保其质量尚有一定困难。

叠合板翼板组合梁是我国在现浇混凝土翼板组合梁和预制混凝土翼板组合梁的基础上发展起来的一种新型组合梁，具有构造简单、施工方便、受力性能好等优点。预制板在施工阶段作为模板，在使用阶段则作为楼面板的一部分参与板的受力，同时还作为组合梁混凝土翼板的一部分参与组合梁的受力。这种形式的组合梁可以用传统的简单施工工艺取得优良的结构性能，适合我国基本建设的国情，是对传统组合梁重要发展。

钢-压型钢板混凝土组合梁中的压型钢板在施工阶段可以代替模板，在使用阶段的功能取决于压型钢板的形状和构造。对于带有压痕和抗剪键的开口型、闭口型压型钢板，可以代替混凝土板中的下部受力钢筋，其他类型的压型钢板一般则只作为永久性模板使用。

钢筋桁架组合楼板是将钢筋加工成钢筋桁架，与镀锌钢板通过点焊形成整体，施工阶段承受混凝土自重及施工荷载，使用阶段与混凝土共同承受使用荷载。钢筋桁架组合楼板作为一种新型的楼板结构形式，它是在钢筋桁架叠合板和压型钢板组合楼板的基础上发展而来的。这种楼板结构克服了叠合板自重大、吊装运输困难、需要分期养护的缺点，也避免了压型钢板组合楼板现场钢筋绑扎工作量大、施工荷载小、钢板防腐要求高的弊端，它是一种集叠合板与压型钢板组合板优点于一身的新型楼板结构形式。

（3）构件设计与构造

钢-混凝土组合梁的设计主要包括三方面的内容：钢梁、钢筋混凝土翼板以及将二者组合成整体的抗剪连接件。

1）材料要求

钢材：根据国家标准《低合金高强度结构钢》GB/T 1591 和《钢结构设计标准》GB 50017，钢结构所用结构钢材一般采用 Q235 和 Q355 两种，同时根据结构工作温度，对钢材选用不同的质量等级（B级、C级、D级），焊条和焊剂按相关规范选取。

采用塑性设计的结构及进行弯矩调幅的构件，所采用的钢材应符合下列规定：

① 屈强比不应大于 0.85。

② 钢材应有明显的屈服台阶，且伸长率不应小于 20%。

混凝土：普通钢筋混凝土叠合板混凝土强度宜为 C30，预应力带肋叠合板混凝土强度宜采用 C40，现浇混凝土楼板混凝土强度宜为 C30。

2）组合梁承载力极限状态计算方法

组合梁的承载力验算方法有弹性分析方法、塑性分析方法两种。用弹性方法决定组合梁的承载力时，由于未曾考虑塑性变形发展带来的强度潜力，计算结果偏于保守，且也不符合承载力极限状态的实际情况。因此，建筑结构中的组合梁通常都可以按照塑性理论或弯矩调幅方法进行设计。但在直接承受动力荷载等情况下，应采用弹性方法进行内力计算。此外，如钢梁翼缘或腹板的宽厚比过大而不满足塑性设计法的要求时，连续组合梁无法实现完全的塑性内力重分布，此时也应当按照弹性理论进行内力分析。

3）组合梁正常使用极限状态验算

① 挠度

组合梁充分发挥了钢材抗拉和混凝土抗压性能好的优点，具有较高的承载力和刚度。当组合梁采用高强钢材和高强混凝土且跨度较大时，正常使用极限状态下的挠度就可能成为控制设计的关键因素。抗剪连接件是保证钢梁和混凝土翼板组合成整体共同工作的关键部件，而广泛应用的栓钉等柔性抗剪连接件在传递界面剪力时会产生一定的变形，从而使钢梁和混凝土翼板间产生滑移，导致截面曲率和结构挠度增大。

简支梁挠度应考虑滑移效应对弯曲刚度的折减，按结构力学方法进行计算。对连续组合梁而言，挠度通常不会成为设计中的控制要素。但当连续组合梁根据塑性分析方法进行承载力极限状态设计时，仍需要对正常使用状态下的挠度进行验算。由于连续组合梁在荷载作用下会引起负弯矩区混凝土翼板开裂，导致刚度沿长度方向改变，因此，规范采用变截面刚度法计算连续组合梁的挠度。

如果组合梁的计算挠度偏大，可以通过以下三种方法减少其在恒载作用下的挠度：

a. 如采用无临时支撑的施工方式，刚度较大的钢梁以减少组合梁在施工阶段的挠度；

b. 将钢梁起拱以补偿组合梁在恒载作用下的挠度；

c. 施工时设置临时支撑以减少混凝土硬化前钢梁的挠度。

从经济可行的角度出发，设计组合梁时应尽量同时采用第 b 和第 c 种方法，即在条件允许的情况下尽可能多地布置临时支撑，同时使钢梁产生预拱以抵消部分恒载挠度。

② 裂缝

对于没有施加预应力的连续组合梁，负弯矩区的混凝土翼板很容易开裂。混凝土翼板开裂后会降低结构的刚度，并影响其外观及耐久性，如板顶面的裂缝容易渗入水分或其他腐蚀性物质，加速钢筋的锈蚀和混凝土的碳化等。因此，对正常使用条件下的连续组合梁的裂缝应进行验算。

在设计阶段通过采取合理的构造措施，对控制混凝土翼板开裂具有很好的作用：

a. 在钢筋总量不变的条件下，采用数量较多而直径较小的带肋钢筋，可以有效增大钢筋和混凝土之间的粘结作用从而减小裂缝宽度；

b. 加强养护和采用合适的配合比以减少混凝土的收缩，可以避免收缩效应对柔性抗剪连接件发展的不利影响；

c. 提高钢梁和混凝土间的抗剪连接程度，减小滑移的不利影响；

d. 施工时最后浇筑负弯矩区的混凝土，使该部位的混凝土不承担恒载作用下的拉应力。

此外，如果对结构的使用要求较高，通过张拉高强钢束或预压等方式在负弯矩区混凝土翼板内施加预应力也可以有效控制混凝土的开裂。

4）组合梁施工支撑对设计的影响

组合梁可以采用有临时支撑和无临时支撑的施工方法。有临时支撑施工时，在浇筑翼板混凝土时应在钢梁下设置足够多的临时支撑，使得钢梁在施工阶段基本不承受荷载，当混凝土达到一定强度并与钢梁形成组合作用后拆除临时支撑，此时由组合梁来承担全部荷载。采用无临时支撑的施工方法时，施工阶段混凝土硬化前的荷载均由钢梁承担，混凝土硬化后所增加的二期恒载及活荷载则由组合截面承担。这种方法在施工过程中钢梁的受力和变形较大，因此用钢量较有临时支撑的施工方法偏高，但比较方便快捷。对于大跨度组合梁，通常施工阶段钢梁的刚度比较小，一般都采用有临时支撑的施工方法。

采用有临时支撑的施工方法时，组合梁承担全部的恒载及活荷载，无论采用弹性设计方法或塑性设计方法均能够充分发挥钢材和混凝土材料的性能。采用无临时支撑的施工方法时，则应分阶段进行计算。第一阶段，即混凝土硬化前的施工阶段，应验算钢梁在湿混凝土、钢梁自重和施工荷载下的强度、稳定及变形，并满足《钢结构设计标准》的相关要求。第二阶段，即混凝土与钢梁形成组合作用后的使用阶段，应对组合梁在二期恒载以及活荷载作用下的受力性能进行验算。按弹性方法设计时，可以将两阶段的应力和变形进行叠加；按塑性方法设计时，承载力极限状态时的荷载则均由组合梁承担。

5）抗剪连接件设计

抗剪连接件是将钢梁与混凝土翼板组合在一起共同工作的关键部件，是钢梁与混凝土翼板间的剪力传递构造。因为柔性连接件的刚度较小而延性较好，在剪力作用下会发生一定程度的变形，即混凝土翼板与钢梁之间会产生一定的滑移，可以使组合梁在极限状态下的界面剪力发生重分布，也减少抗剪连接件的数量并方便布置。因此，在建筑设计中广泛应用柔性连接件。

栓钉是最常用的柔性抗剪连接件。常用栓钉的直径为16mm、19mm和22mm，其中22mm直径的栓钉多用于桥梁及荷载较大的情况。其他类型的柔性抗剪连接件还有方钢、槽钢等，但构造及安装都比较复杂，目前已较少应用。栓钉连接件一般沿组合梁各剪跨区段均匀布置，给设计和施工带来极大的方便。栓钉材质、焊接部位抗拉强度应满足《电弧螺柱焊用圆柱头焊钉》GB 10433的要求。

栓钉连接件设置的构造要求有：

① 栓钉连接件钉头下表面宜高出翼板底部钢筋顶面30mm；

② 连接件的纵向最大间距不应大于混凝土翼板（包括板托）厚度的3倍，且不大于300mm；

③ 连接件的外侧边缘与钢梁翼缘边缘之间的距离不应小于20mm；

④ 连接件的外侧边缘至混凝土翼板边缘间的距离不应小于100mm；

⑤ 连接件顶面的混凝土保护层厚度不应小于15mm；

⑥ 当栓钉位置不正对钢梁腹板时，如钢梁上翼缘承受拉力，则栓钉杆直径不应大于钢梁上翼缘厚度的1.5倍；如钢梁上翼缘不承受拉力，则栓钉杆直径不应大于钢梁上翼缘厚度的2.5倍；

⑦ 栓钉长度不应小于其杆径的4倍；

⑧ 栓钉沿梁轴线方向的间距不应小于杆径的6倍，垂直于梁轴线方向的间距不应小于杆径的4倍；

⑨ 用压型钢板作底模的组合梁，栓钉杆直径不宜大于19mm，混凝土凸肋宽度不应小于栓钉杆直径的2.5倍；栓钉高度h_d应符合$(h_e+30)\leqslant h_d\leqslant(h_e+75)$的要求。

6）组合梁纵向抗剪设计

在设计组合梁时，应当验算混凝土翼板的纵向抗剪能力，保证组合梁在达到极限抗弯承载力之前不会出现纵向剪切破坏。混凝土翼板内的横向钢筋构造要求为：

① 下部横向钢筋应设置在距钢梁上翼缘50mm的范围以内；

② 横向钢筋的间距应不大于h_{e0}，且应不大于200mm；

③ 横向钢筋最小配筋要求应满足$A_e f_t/b_f > 0.75$，0.75是一个常数，单位N/mm。

3.1.2　框架柱

（1）柱截面选型

钢柱是采用型钢或钢板组合成的竖向构件，一般在工厂加工，然后运至施工现场安装，极大地提高了现场施工效率。

钢柱的常用截面形式有：①焊接H型钢；②热轧H型钢；③焊接箱形钢；④焊接十字型钢；⑤圆钢管；⑥钢管混凝土，如图3.4所示。

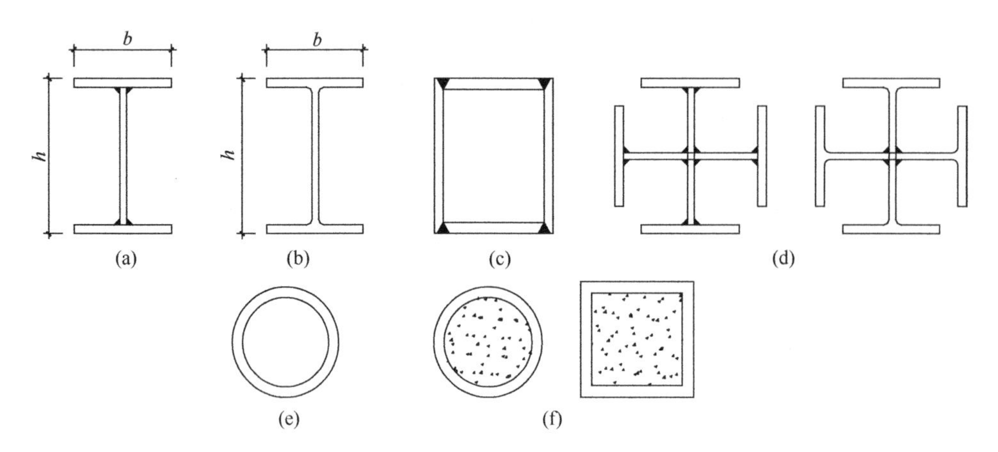

图 3.4　钢柱的常用截面形式

(a) 焊接 H 型钢；(b) 热轧 H 型钢；(c) 焊接箱形钢；(d) 焊接十字型钢；(e) 圆钢管；(f) 钢管混凝土

H 型钢柱加工方便，梁柱节点连接简单。但 H 型钢表面积大，防火涂料使用量大，弱轴方向惯性矩小，较适合与支撑配合使用。当应用于框架结构时，为使两个主轴方向均有较好的抗弯性能，截面的翼缘宽度不宜太小，一般取 $0.5h \leqslant b \leqslant h$。而柱由于受较大轴压力，宜加大 H 型钢柱腹板的厚度以利于抗压，故一般取 $0.5t_f \leqslant t_w \leqslant t_f$。H 型钢适宜用于低烈度区。

箱形截面、十字形截面与圆形截面柱的双向抗弯性能接近，一般用于双向弯矩均较大的柱。箱形截面、十字形截面与圆形截面相比，前者抗弯性能更好。箱形截面柱的应用较多。

钢管混凝土柱加工要求较高，梁柱节点连接相对复杂。当柱截面较大时，可采用内加劲，此时会影响混凝土的灌注；当柱截面较小时，可采用外加劲，此时加劲环外露将影响室内效果，钢管混凝土柱表面积较小，防火涂料使用少，内部混凝土可有效防止柱壁局部屈曲从而减小壁厚，与 H 型钢梁组成的框架结构较易满足“强柱弱梁”的抗震要求，可适用于较高烈度地区。钢管混凝土柱较纯钢柱相比，提高了构件的承载力与抗火性能，但也增加了浇筑混凝土的工作量及结构的重量。

（2）构件设计

1）材料

钢材：根据国家标准《低合金高强度结构钢》GB/T 1591 和《钢结构设计标准》GB 50017，钢结构所用结构钢材一般采用 Q235 和 Q355 两种，同时根据结构工作温度，对钢材选用不同的质量等级（B 级、C 级、D 级），焊条和焊剂按相关规范选取。

混凝土：钢管柱内可现场灌注混凝土，形成钢管混凝土柱，柱内混凝土强度等级根据计算需要一般采用 C40～C60。

2）构件计算

钢框架柱属于压弯构件，应进行强度、整体稳定、局部稳定和刚度（长细比）的计算。《钢结构设计标准》GB 50017 中第 8.1 节、第 8.2 节给出了压弯构件的强度、整体稳定计算公式。

钢框架柱的局部稳定验算通过控制板件宽厚比进行。按照强柱弱梁的要求，钢框架柱一般不会出现塑性铰，但是考虑材料性能变异，截面尺寸偏差以及一般未计及的竖向地震作用等因素，柱在某些情况下也可能出现塑性铰。因此，柱的板件宽厚比应考虑按塑性发展来加以限制。《建筑抗震设计规范》GB 50011[6]第8.3.2条给出了钢框架柱板件宽厚比限值，如表3.1所示。

钢框架梁柱板件宽厚比限值 **表3.1**

板件名称		抗震等级				非抗震设计
		一级	二级	三级	四级	
柱	工字形截面翼缘外伸部分	10	11	12	13	13
	工字形截面腹板	43	45	48	52	52
	箱形截面壁板	33	36	38	40	40
	冷成形方管壁板	32	35	37	40	40
	圆管（径厚比）	50	55	60	70	70

当钢框架柱腹板不能满足高厚比要求时，可采用纵向加劲肋加强，使加强后的腹板在受压较大翼缘与纵向加劲肋之间的宽（高）厚比满足要求。纵向加劲肋宜在板件两侧成对配置，其一侧外伸宽度不应小于板件厚度 $10t_w$，厚度不应小于 $0.75t_w$。

框架柱的长细比关系到钢结构的整体稳定。研究表明，钢结构高度加大时，轴力加大，竖向地震对框架柱的影响很大。《建筑抗震设计规范》GB 50011第8.3.1条给出了考虑抗震的框架柱长细比限值，抗震等级一级不应大于 $60\sqrt{235/f_y}$，二级不应大于 $70\sqrt{235/f_y}$，三级不应大于 $80\sqrt{235/f_y}$，四级及非抗震设计不应大于 $100\sqrt{235/f_y}$。《高层民用建筑钢结构技术规程》JGJ 99中第7.3.9条对框架柱长细比的规定更严格。

3）其他要求

防火：单、多层建筑框架柱耐火等级分为一级（耐火极限3h）、二级（耐火极限2.5h）、三级（耐火极限2h）、四级（耐火极限0.5h）。一般钢框架柱宜采用厚型防火涂料，施工现场所选的防火涂料产品均应通过国家消防部门的检验具有产品认可证书，同时根据其组分性能、构件耐火极限要求，确定防火材料的厚度，并取得设计及当地消防局的批准后，方可施工。

防腐：防腐设计应遵循现行国家标准《工业建筑防腐蚀设计标准》GB/T 50046，设计时要综合考虑结构的重要性、环境侵蚀条件、维护条件及使用寿命，合理选用或确定钢材表面原始锈蚀等级、除锈方法与等级、涂料与涂装要求以及涂装施工的质量检验要求等。

3.1.3 框架梁柱节点

纯钢框架结构由钢柱和钢梁组成，在地震区框架的纵、横梁与柱一般采用刚性连接，纵横两方向形成空间体系，有较强的侧向刚度和延性，可承担两个主轴方向的地震作用。

梁与柱刚性连接时，可采用全焊接连接节点、栓焊混合连接节点、全栓接连接节点三种形式（图 3.5），各类连接节点的特点为：

（1）全焊接连接的传力最充分，不会滑移，良好的焊接构造和焊接质量可提供足够的延性，但要求对焊缝的焊接质量进行探伤检查，此外，采用全焊接连接节点不可避免地会出现焊接应力及焊接残余变形。

（2）全栓接连接施工较方便，符合工业化生产模式，但连接或拼接全部采用高强螺栓，会使接头尺寸过大，板材消耗较多，且高强螺栓价格也较贵，此外，螺栓连接不能避免在大震时滑移。工程中鲜有采用。

（3）栓焊混合连接应用比较普遍，即翼缘用焊接，腹板用螺栓连接。先用螺栓安装定位然后对翼缘施焊，具有施工上的优点。

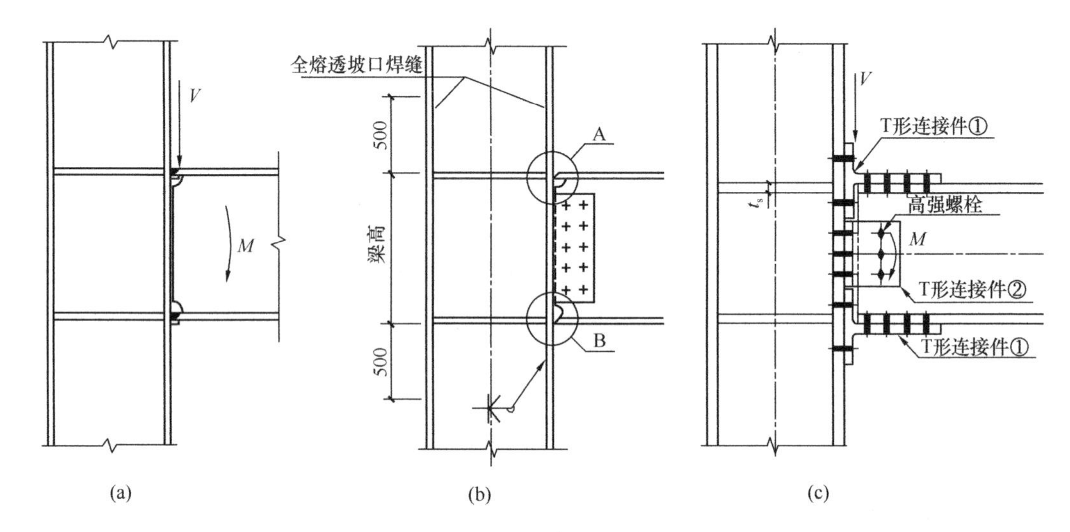

图 3.5　钢柱的常用连接形式

（a）梁柱全焊连接；（b）梁柱栓焊连接；（c）梁柱全栓连接

由传统梁柱连接特点分析可知，这些连接方式装配化程度不高，无法完全满足装配式钢结构传力可靠、安装便捷的需求。近年来国内外专家学者对新型装配式连接节点开展了构造形式、受力性能、抗震性能方面的技术研究，优化原则为采用全螺栓，并通过一定的构造设计提高装配化程度。装配式钢结构梁柱连接节点还需进一步深入研究和探索。

3.1.4　梁柱构件的防火防腐

钢梁、钢柱构件作为装配式钢结构建筑的主要承重受力构件，对结构安全起到至关重要的作用，为结构安全起见，钢梁、钢柱应做好防火及防腐方面的设计。

（1）防火

钢梁、钢柱的防火保护可采用下列措施之一或其中几种的复合：①喷涂（涂抹）防火涂料；②包覆防火板；③包覆柔性毡状隔热材料；④外包混凝土、金属网抹砂浆或砌筑砌体。

其中，③、④方法不宜应用于高速公路配套房建工程钢梁、钢柱的防火，原因如下：①包覆柔性毡状隔热材料的方法在钢结构中常用于圆弧形柱，适用性窄，并且组成岩棉毡和玻璃棉毡的纤维对人体有害[7]；②外包混凝土、金属网抹砂浆或砌筑砌体现场湿作业量大，不符合装配式建筑建造理念。

1）喷涂（涂抹）防火涂料

高速公路配套房建工程以服务区综合楼、宿办楼为建设主体，一般为低层和多层建筑，属于一般的民用建筑，耐火等级按二级进行设计，钢柱的耐火极限为2.5h，钢梁的耐火极限为1.5h。防火涂料的选用应遵循以下原则：

① 根据钢结构喷涂位置的不同，合理选用室内、室外防火涂料。室内和室外两种防火涂料在使用时不能随意调换，这是因为，室外环境要明显复杂于室内环境，这对于防火涂料要求更高。针对室内的涂料，如果没有进行针对性的处理，将无法满足室外环境的防护要求。同时，在室内条件下，如利用室外的涂料，就会提升其对应的成本。

② 根据耐火极限的不同，选用对应的防火涂料，当耐火极限大于1.5h时，不宜选用膨胀型防火涂料，当耐火极限要求不超过1.5h时，可以考虑选用膨胀型防火涂料。

③ 选用的钢结构防火涂料必须有国家检测机构的耐火性能检测报告和理化性能检测报告，有消防监督机关颁发的生产许可证，方可选用。选用的防火涂料质量应符合国家有关标准的规定，有生产厂方的合格证，并应附有涂料品名、技术性能、制造批号、贮存期限和使用说明等。

④ 饰面型防火涂料不能用作钢结构防火涂料。因为其作为保护木结构等可燃基材的阻燃涂料，本身的功能仅是可燃基材的防火，并不具备提高钢结构耐火极限的能力。

钢柱和钢梁喷涂防火涂料的部位依据可能的受火面而决定，通常情况下，钢柱外侧四周均需喷涂防火涂料，而钢梁上部与楼板底部相接触，是非受火面，因此，钢梁上部不用喷涂防火涂料，防火涂料的防火保护构造见图3.6。

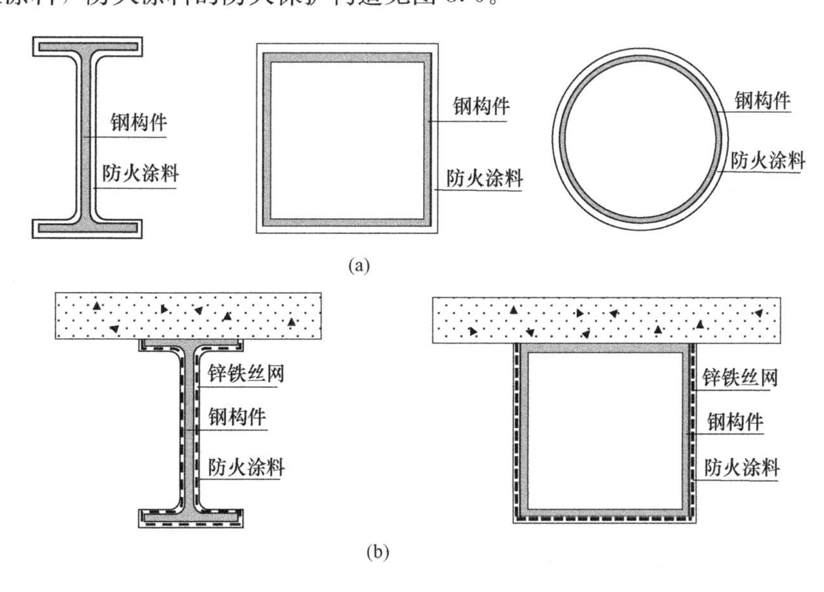

图3.6 防火涂料保护构造

（a）不加镀锌钢丝网的钢柱；（b）加镀锌钢丝网的钢梁

加设镀锌钢丝网可以极大地提高防火涂料与钢材基体的粘结能力，防止厚型防火涂料因粘结力不够而后期发生脱落。有下列情况之一时，需要在防火涂层中加设与钢构件相连的钢丝网，以增加厚型防火涂料与钢材基体的粘结性能。

① 构件承受冲击、振动荷载；

② 防火涂料的粘结强度不大于 0.05MPa；

③ 构件的腹板高度超过 500mm 且涂层厚度不小于 30mm；

④ 构件的腹板高度超过 500mm 且涂层长期暴露在室外；

当工程实际中使用的厚型防火涂料热传导系数与设计要求不一致时，可按下式确定防火保护层的施用厚度：

$$d_{i2} = d_{i1} \frac{\lambda_{i2}}{\lambda_{i1}}$$

式中：d_{i1} ——钢结构防火设计技术文件规定的防火保护层的厚度（mm）；

d_{i2} ——防火保护层实际施用厚度（mm）；

λ_{i1} ——钢结构防火设计技术文件规定的厚型防火涂料的等效热传导系数[W/(m·℃)]；

λ_{i2} ——施工采用的厚型防火涂料的等效热传导系数[W/(m·℃)]。

2）包覆防火板

钢柱、钢梁外包防火板材的防火构造见图 3.7 和图 3.8，其构造需要根据钢柱、钢梁的形状进行合理设计，固定和稳固钢结构的龙骨和胶粘剂为不燃材料，能保证在高温情况下，防火板材粘结牢靠，结构稳固。

防火板与钢构件之间通过钢龙骨或垫块连接固定，当钢构件及防火板有一方截面为弧形时，可采用钢龙骨和自攻螺钉来固定防火板；当钢构件及防火板两者截面无弧形时，可采用垫块和钢钉来固定防火板。

防火板根据其厚度不同，可分为防火薄板和防火厚板。防火薄板的厚度范围在 5～20mm，密度在 400～1800kg/m^{3}之间，主要可用作钢梁、钢柱经非膨胀型防火涂料涂覆后的装饰面板。防火厚板的特点是密度小、导热系数低、耐高温（使用温度可达 1000℃以上），其施用厚度可按耐火极限确定，厚度在 20～50mm 之间，本身具有优良的耐火隔热性能，可直接用于钢结构防火，提高结构耐火极限。

（2）防腐

钢梁、钢柱的防腐方法有选用耐候钢、喷涂防腐涂料、热浸镀锌以及热喷锌、铝及其合金涂层，耐候钢在装配式钢结构住宅、办公楼等建筑中应用较少，其他方法均需对钢材基体表面进行除锈处理。

1）钢材除锈

被涂装钢材表面的氧化皮和铁锈是引起涂层质量潜在的最大危害，因此，钢结构在防腐涂装处理前，需对钢材表面进行除锈。钢材表面除锈清理后，应采用吸尘器或干燥、洁净的压缩空气清除浮尘和碎屑，清理后的表面不得用手触摸，需要注意表面清理与涂装之间的时间间隔不宜超过 4h，车间作业或相对湿度较低的晴天不应超过 12h。否则，应对经预处理的有效表面采用干净牛皮纸、塑料膜等进行保护。

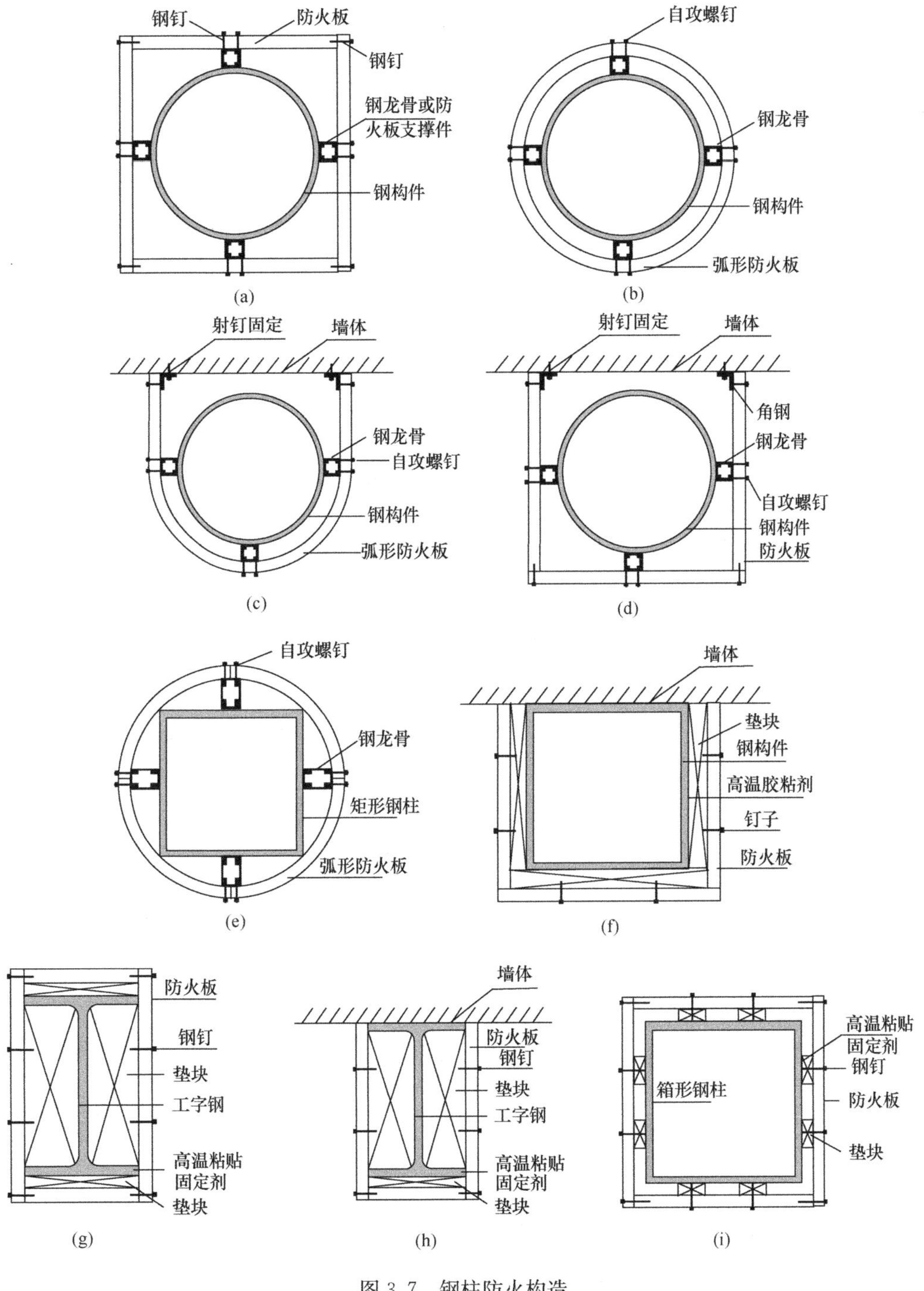

图 3.7　钢柱防火构造

（a）圆柱包矩形防火板；（b）圆柱包圆形防火板；

（c）靠墙圆柱包弧形防火板；（d）靠墙圆柱包矩形防火板；

（e）矩形柱包圆弧形防火板；（f）靠墙矩形柱包矩形防火板；

（g）独立 H 形柱包矩形防火板；（h）靠墙 H 形柱包矩形防火板；

（i）独立矩形柱包

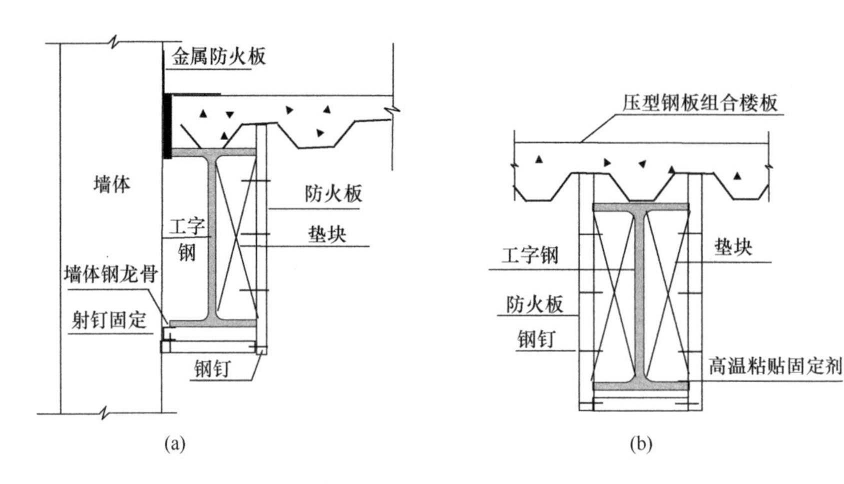

图 3.8　钢梁防火构造

(a) 靠墙的梁；(b) 一般位置的梁

新建工程重要构件的除锈等级不应低于 Sa $2\frac{1}{2}$，喷射或抛射除锈后的表面粗糙度宜为 40～75μm，并不应大于涂层厚度的 1/3。钢材基层的除锈等级应符合表 3.2 的要求，表中 Sa 表示喷射清理，St 表示手工或动力工具清理，Be 表示化学除锈，不同除锈等级具体达到何种程度可参考《涂覆涂料前钢材表面处理 表面清洁度的目视评定　第 1 部分：未涂覆过的钢材表面和全面清除原有涂层后的钢材表面的锈蚀等级和处理等级》GB 8923.1[8]。

钢铁基层除锈等级　　　**表 3.2**

项目	最低除锈等级
富锌底涂料	Sa $2\frac{1}{2}$
乙烯磷化底涂料、氯化橡胶	
环氧或乙烯基酯玻璃鳞片底涂料	Sa2
聚氨酯、环氧、聚氯乙烯萤丹、高氯化聚乙烯、氯磺化聚乙烯、醇酸、丙烯酸环氧、丙烯酸聚氨酯等底涂料	Sa2 或 St3
环氧沥青、聚氨酯沥青底涂料	St2
喷铝及其合金	Sa3
喷锌及其合金	Sa $2\frac{1}{2}$
热浸镀锌	Be

2）喷涂防腐涂料

喷涂防腐涂料对于周围环境有一定的要求，例如，涂装工作应尽可能在清洁、干燥的环境下进行，当使用无气喷涂，风力超过 5 级时，不宜喷涂，环境温湿度应符合涂料产品说明书的要求，当说明书无要求时，环境温度为 5～38℃，相对湿度不应大于 85%，喷涂后 4h 内严禁淋雨。

防腐蚀面涂料的选用应符合下列规定：

① 当用于酸性介质环境时，宜选用聚氨酯、聚氯乙烯萤丹、高氯化聚乙烯、乙烯基

酯、氯磺化聚乙烯、丙烯酸聚氨酯、聚氨酯沥青、氯化橡胶、氟碳等涂料；当用于弱酸性介质环境时，可选用环氧、丙烯酸环氧和环氧沥青、醇酸涂料。

② 当用于碱性介质环境时，宜选用环氧涂料，也可选用本条第①款所列的其他涂料，但不得选用醇酸涂料。

③ 当用于室外环境时，可选用丙烯酸聚氨酯、脂肪族聚氨酯、聚氯乙烯萤丹、氟碳、氯磺化聚乙烯、高氯化聚乙烯、氯化橡胶、聚硅氧烷和醇酸等涂料，不应选用环氧、环氧沥青、聚氨酯沥青、芳香族聚氨酯和乙烯基酯等涂料。

④ 当用于地下基础工程时，宜采用环氧沥青、聚氨酯沥青等涂料。

⑤ 当对涂层的耐磨、耐久和抗渗性能有较高要求时，宜选用树脂玻璃鳞片涂料。

⑥ 在含氟酸介质腐蚀环境下，不应采用树脂玻璃鳞片涂料。可采用聚氯乙烯含氟萤丹涂料或不含二氧化硅颜填料的乙烯基脂树脂涂料。

防腐蚀底涂料的选用应符合下列规定：

① 锌、铝和含锌、铝金属层的钢材，其表面应采用环氧底涂料封闭；底涂料的颜料应采用锌黄类，不得采用红丹类；

② 在有机富锌或无机富锌涂料上，宜采用环氧云铁或环氧铁红的涂料，不得采用醇酸涂料；

③ 在水泥砂浆或混凝土表面上，应选用耐碱的底涂料。

各个涂层使用不当，也易发生咬漆现象，可参考《工业建筑防腐蚀设计标准》GB/T 50046[9]附录C中的涂层配套方案指导实际装配式钢结构建筑防腐设计施工。

3）热浸镀锌

热浸镀锌防腐方法通常在工厂进行操作，构件经过热浸镀锌处理后，再将其运输至施工现场，施工现场人员可按照《金属覆盖层　钢铁制件热浸镀锌层　技术要求及试验方法》GB/T 13912[10]，对镀层厚度及外观质量及时进行检测。对镀件表面的锌瘤、挂锌等缺陷进行必要的修正。

① 附着厚度

镀锌层的最小厚度值及镀锌层附着量见表3.3。

镀锌层厚度和镀锌层附着量　　**表3.3**

镀件厚度（mm）	厚度最小值（μm）	最小平均值	
		附着量（g/m²）	厚度（μm）
$t\geqslant5$	70	610	86
$t<5$	55	460	65

注：在镀锌层的厚度大于规定值的条件下，被镀制件表面可存在发暗或浅灰色的色彩不均匀。

厚度检测分为破坏法和非破坏法。非破坏法包括磁性法和电磁法；而破坏法主要包括：称重法、阳极溶解库仑法和横断面显微镜法。《输电线路铁塔制造技术条件》GB/T 2694[11]中要求厚度用金属涂镀层测厚仪进行检测。由双方协商用任何一种方法进行检测都是可以的，但是在出现争议时则需要用称重法进行仲裁，并且称重法要按《金属覆盖

层　黑色金属材料热镀锌层　单位面积质量称量法》GB/T 13825[12]的要求进行。在《加工钢铁制品的热镀电镀层　试验方法和规范》BS EN ISO 1461[13]中对检测厚度则主要推荐磁性法，这是国外的检测中常用的一种方法，其他比较常用的方法还有：断面显微法和称重法。

修复总漏镀面积不应超过每个镀件总表面积的 0.5%，每个修复漏镀面不应超过 $10cm^2$，若漏镀面积较大，应返镀。修复的方法可以采用涂富锌涂层进行修补，修复层的厚度应比镀锌层要求的最小厚度厚 30μm 以上。

② 附着强度

附着强度可根据工件的状况选择适当的方法进行检测，《输电线路铁塔制造技术条件》GB/T 2694 要求使用落锤法进行检测。在标准《加工钢铁制品的热镀电镀层　试验方法和规范》BS EN ISO 1461 中提到的测试方法有：划痕法、冲击法和剪切法等。

③ 均匀性

《输电线路铁塔制造技术条件》GB/T 2694 要求镀层的均匀性要用硫酸铜试验方法。而其他的标准中基本都以控制最小镀层厚度的方法来控制均匀性，对硫酸铜试验没有硬性要求。

4）热喷锌、铝及其合金涂层

在进行钢梁、钢柱防腐热喷涂层系统设计时，必须考虑热喷涂金属材料的种类、喷涂层的厚度要求以及封闭材料的选用等要素。这些要素应根据被保护构件所处环境的腐蚀性、设计保护年限以及热喷涂层的耐腐蚀特性等情况来确定。表 3.4 列出了《热喷涂　金属和其他无机覆盖层　锌、铝及其合金》GB/T 9793 规定的在不同使用环境下推荐最小涂层厚度，高速公路配套房建工程可根据其所处的地理环境选用合适的热喷涂层。

不同使用环境推荐的最小涂层厚度　　　　**表 3.4**

环境	环境分类按《色漆和清漆防护漆体系对钢结构的腐蚀防护　第 2 部分　环境分类》ISO 12944—2	金属							
		Zn		Al		AlMg5		ZnAl15	
		未涂装	涂装	未涂装	涂装	未涂装	涂装	未涂装	涂装
城市环境	C2 和 C3	100	50	150	100	150	100	100	50
干燥室内环境	C1	50	50	100	100	100	100	50	50

金属喷涂后的涂层是多孔的，会在一定程度上影响其耐腐蚀性能，可采用无机涂料或有机涂料对其进行涂层封闭处理。使用无机材料封闭时，一般是在涂层表面喷洒或涂刷具有一定浓度的碳酸盐、磷酸盐、铬酸盐水溶液，使其与金属反应生成不溶性的金属盐，将孔隙堵塞而达到封闭的目的。这种封闭方式可用于抗一般大气腐蚀；使用有机材料封闭时，一般是在金属喷涂层上涂刷封闭底漆或底、面漆配套的封闭涂料，从而形成复合涂层。

含磷酸不超过 4%的聚乙烯醇缩丁醛型磷化底漆，是用于潮湿环境的喷锌层的良好封闭底漆。乙烯树脂漆、聚氨酯漆和环氧树脂漆也都可以用作喷锌、喷铝层的封闭涂料。

金属喷涂继之以涂料封闭形成的复合涂层具有良好的耐腐蚀性能，其使用寿命可达二三十年，适用于工业大气、海洋大气和海水等较恶劣的腐蚀环境中的钢结构防腐。高速公路配套房建工程所属的腐蚀环境要比工业大气、海洋环境和海水的腐蚀环境要弱，因此，将其应用于高速公路配套的房建工程，金属喷涂的防护使用寿命会更持久。

3.2　楼板体系

高速公路配套房建工程采用装配式钢结构建筑，具有建设速度快的显著优势，但是传统现浇楼板的速度明显跟不上钢梁、钢柱的施工速度，从而影响整个结构的工程进度。同时，由于现浇板施工时仍需要大量的模板和脚手架，这与钢结构的现场施工管理要求偏差较大，使整个施工环节产生不匹配的现象。因此，在房建工程设计时楼板选型是否合理已成为制约钢结构建筑建设速度的重要因素。

装配式钢结构楼板体系在进行选型和设计时，应从以下四个方面考虑：

（1）具有足够的平面内整体刚度。为结构竖向构件提供水平方向支承，抵抗水平地震作用和风荷载，加强结构的整体工作性能。

（2）满足建筑使用功能。合适的板型减少梁截面尺寸，提高楼层净高度，增加使用空间，同时构件截面尺寸减小，减轻了建筑的自重，有利于结构抗震。

（3）具有良好的经济性能。在满足防火、隔声的基础上，楼板的设计还应方便于设备管线的铺设，降低建筑成本。

（4）现场施工的简便性，便于快速施工。装配式钢结构建筑工业化程度较高，结构构件的加工和制作均在工厂完成，现场直接拼装，因此，楼板选择时尽量选择免支模楼板，尽量减少现浇混凝土的使用，尽可能减少楼板的施工工期，从而提高建筑的施工速度。

在装配式钢结构中，楼板体系类型有整体式楼板、装配整体式楼板和装配式楼板。整体式楼板包括普通现浇楼板、压型钢板组合楼板、钢筋桁架楼承板组合楼板等。装配整体式楼板包括钢筋桁架混凝土叠合楼板、预制带肋底板混凝土叠合楼板。装配式楼板包括预制预应力空心板叠合楼板、预制蒸压加气混凝土楼板等。目前常用的楼板体系类型主要有压型钢板组合楼板、钢筋桁架楼承板组合楼板、钢筋桁架混凝土叠合楼板。

通过对现浇楼板进行改进，压型钢板组合楼板、钢筋桁架楼承板组合楼板等这类钢-混凝土组合楼板无须支模、拆模，开口型的压型钢板还能提供施工平台，非常适用于公共建筑或后期装修的建筑。

叠合楼板受力性能主要通过底板带肋、预应力、空腔三大技术进行改进提高。当前应用较广的叠合楼板有钢筋桁架混凝土叠合楼板、预制带肋底板混凝土叠合楼板、空心板叠合楼板。

3.2.1　压型钢板-混凝土组合楼板

压型钢板-混凝土组合楼板是指将压型钢板与混凝土组合成整体而共同工作的受力构件。压型钢板直接铺设在钢梁上，通过栓钉穿透焊接于钢梁。常用的压型钢板一般厚约

0.7～1.4mm，板宽约500～900mm，根据截面形式不同可分为开口型、缩口型和闭口型，如图3.9所示。与开口型压型钢板相比，使用闭口型和缩口型压型钢板时，组合楼板的板底更加平整，并可根据房间的功能要求提供多种板底饰面处理方式。同时，闭口板和缩口板与混凝土间的粘结握裹力更强，组合作用更强；而且截面重心位置较低，与混凝土组合后的内力臂较大，因此，材料强度发挥也更充分，具有更高的抗弯承载力。此外，闭口型和缩口型压型钢板相对于开口型板的抗火时间更长，可节省抗火构造并方便施工。闭口型和缩口型压型钢板的受力性能和使用性能较开口型压型钢板更好，是压型钢板发展和应用的主要方向之一。

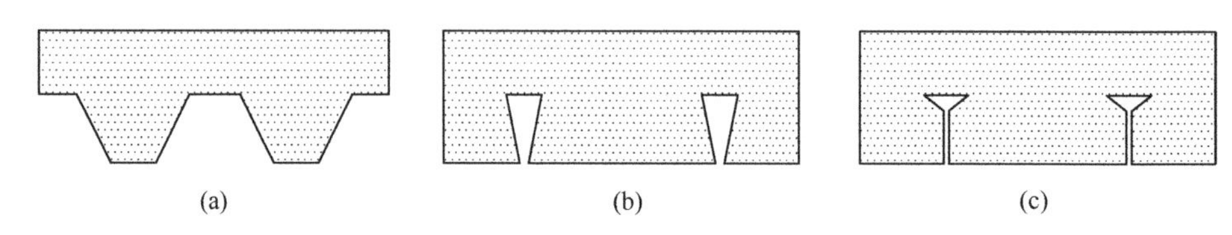

图3.9　压型钢板主要截面形式

(a) 开口型；(b) 缩口型；(c) 闭口型

压型钢板-混凝土组合楼板可分为组合型和非组合型。非组合楼板中的压型钢板仅作为永久模板使用，不考虑其与混凝土的共同工作。组合楼板通过一系列构造措施使压型钢板与混凝土形成整体共同受力，其中的压型钢板还可以替代板底受拉钢筋，与混凝土共同工作。为使压型钢板与混凝土形成整体共同受力，应采取如下的一种或几种措施：

1）压型钢板的纵向波槽，同时也作为压型钢板的加劲构造［图3.10（a）］；

2）压型钢板上的压痕、开的小洞或冲成的不闭合孔眼［图3.10（b）］；

3）压型钢板上焊接的横向钢筋［图3.10（c）］；

4）端部锚固是保证组合板纵向抗剪作用的必要措施，当压型钢板代替板底受力钢筋时，应设置端部锚固件［图3.10（d）］。

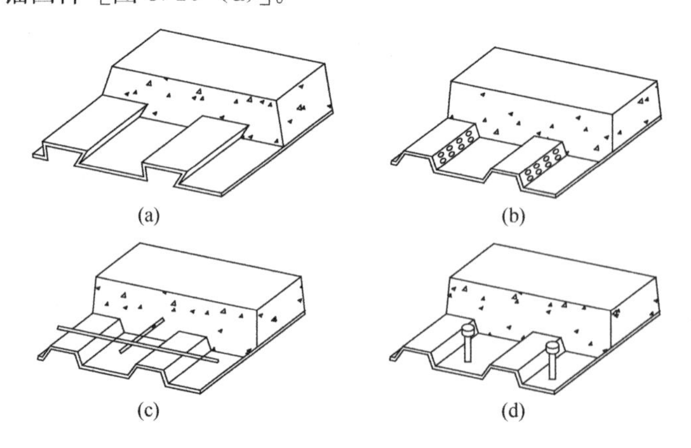

图3.10　组合板的锚固连接措施

压型钢板-混凝土组合楼板具有以下特点：

（1）优点

1）压型钢板可以作为浇筑混凝土的永久模板，省去了楼板的竖向支撑和支模、拆模等工序，从而能够大大加快施工进度；

2）压型钢板安装好以后可以作为施工平台使用，由于一般情况下不必使用临时支撑，所以不影响其他楼层的施工，同时压型钢板单位面积的重量较轻，易于运输和安装，提高了施工效率；

3）在使用阶段，通过与混凝土的组合作用，带压痕等构造措施的压型钢板可以部分或全部代替楼板中的下层受力钢筋，从而减少了钢筋的制作与安装工作量；

4）组合楼板可减少受拉区混凝土，使楼板自重减轻，地震反应降低，并可以相应减少梁、柱和基础的尺寸；

5）在施工阶段，压型钢板可作为钢梁的侧向支撑，提高了钢梁的整体稳定承载力。

（2）缺点

1）镀锌压型钢板造价高，经济效益不显著；

2）压型钢板板肋高，楼板结构层厚度大，板底不平整、不美观，对于酒店、住宅等项目必须做吊顶，使建筑物净高减小，直接导致建筑整体成本增加；

3）板底呈波浪形，双向刚度不一致，抗震性能差，不宜在高层及超高层建筑中使用。

3.2.2　钢筋桁架楼承板组合楼板

钢筋桁架楼承板组合楼板是指钢筋桁架与镀锌钢板底板通过电阻点焊连接成整体的组合承重板，如图3.11所示。钢筋桁架楼承板在施工阶段可承受楼板湿混凝土自重与一定的施工荷载；在使用阶段钢筋桁架上下弦钢筋与混凝土整体共同工作承受使用荷载。钢筋桁架楼承板可用于单向简支板，通过加设板支座负筋，可用于单向连续板；还可加设与钢筋桁架垂直方向的板底钢筋及板支座负筋，用于简支或连续双向板。根据后期要求，底部钢模板可以作为永久性模板，也可后期拆除，仅在施工阶段作为临时模板。

图3.11　钢筋桁架楼承板

钢筋桁架楼承板已经在多高层钢结构办公、酒店、住宅建筑、超高层钢结构建筑、不规则楼面（圆形、椭圆、其他形状）钢结构建筑、降板结构、厚板结构、钢筋混凝土结构中广泛使用。

钢筋桁架楼承板组合楼板具有以下特点：

（1）优点

1）钢筋桁架与镀锌底板结合，结构受力更加合理，改善楼板下部混凝土的受力性能，楼板整体性能更优越；

2）桁架钢筋工厂机械化生产，底板作为模板，免去支模、拆模、钢筋绑扎等工序，施工更加便捷，施工速度加快；

3）板底平整度高，楼层净高有保证；

4）楼板双向刚度一致，楼板整体受力性能等同于现浇钢筋混凝土楼板，抗震性能优越；

5）机械化生产加工混凝土保护层厚度得到保证，施工质量有效提高。

（2）缺点

运输和吊装过程易损坏和变形。

3.2.3 钢筋桁架混凝土叠合楼板

钢筋桁架混凝土叠合板是指在预制板内铺设了叠合楼板的底部受力钢筋和钢筋桁架，在施工现场通过后浇混凝土叠合而成的楼板，可用于楼板、屋面板。如图 3.12 所示。预制底板厚度一般取 60～80mm，可作为施工阶段的永久性模板，钢筋桁架可增加叠合面的抗剪及整体刚度。为解决施工时墙、梁与预制板钢筋的碰撞问题，叠合楼板可采用两面不出筋或四面不出筋的形式，在双向板板边与板端、单向板板端的板面位置设置连接钢筋实现力的传递，在单向板板边的板面设置构造钢筋，防止板底开裂，如图 3.13 所示。

图 3.12　四边出筋钢筋桁架混凝土叠合板

钢筋桁架混凝土叠合楼板具有以下特点：

（1）优点

叠合楼板因其由预制板和现浇混凝土两部分组成，兼具预制构件和现浇构件两者的优点。

1）便于摆放受力钢筋及水电预埋件，避免施工过程中的二次开孔、开槽；

图3.13 四边不出筋钢筋桁架混凝土叠合板

2）桁架钢筋提高了叠合板的刚度和新旧混凝土的粘结力，整体工作性能较好；

3）预制底板充当模板，免去支模、拆模工序，降低安全风险；

4）预制底板工厂加工机械化程度高，构件质量得以保证，且不受季节影响。

（2）缺点

1）自重大；

2）运输易折断；

3）叠合板板宽受运输限制。

3.2.4 预制带肋底板混凝土叠合楼板

预制带肋底板混凝土叠合楼板是采用预应力预制带肋底板并在板肋预留孔中布置横向穿孔钢筋、再浇筑混凝土现浇层形成的装配整体式楼板、屋面板。如图3.14示。薄板的预应力主筋也是楼板的主筋，预应力板也可被用作现浇混凝土层的底模，故不再需要搭设模板。

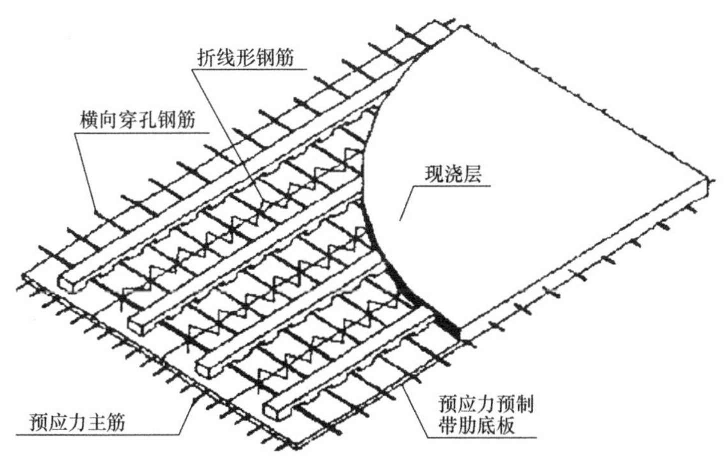

图3.14 预制带肋底板混凝土叠合楼板

预制带肋底板混凝土叠合楼板具有以下特点：

(1) 优点

1) 设有板肋，板肋的形状可采用矩形或T形等，使得底板截面形式呈倒T形或工字形，截面形式更为有效；通过增设矩形或T形板肋，提高了底板的刚度与承载力，确保底板可承受施工荷载，施工中可不设或少设支撑，同时能降低底板中平板的厚度，减轻自重，增大横向穿孔钢筋的有效高度，板肋的存在明显增大了新老混凝土的接触面积，显著改善了叠合面的性能。

2) 通过在板肋内预留孔洞，叠合楼板的受力性能与设计计算理论更接近现浇板，板肋设洞可减小底板的反拱度，保证板底平整，板肋预留孔洞内后浇混凝土与板肋形成“销栓”效应，增大了新老混凝土的机械咬合力，有效提高了叠合面的抗剪性能，采用自然粗糙面就能保证叠台板的共同工作性能。

3) 通过在预留孔洞内配置横向穿孔钢筋，实现了双向配筋，改善了叠合板的受力性能，横向穿孔钢筋与板肋孔洞后浇混凝土形成“钢筋混凝土销栓”，增大了叠合面的抗剪能力。

(2) 缺点

板底只能单向配筋，一般均按照单向板设计，受力性能不合理，板宽方向的抗裂性能较差。

3.2.5 预应力空心板叠合楼板

SP板是引进美国SPANCERETE公司的生产设备和生产技术生产的大跨度预应力混凝土空心板，自1993年引进，得到社会各界的关爱和支持，1996年被列入建设部科技成果推广项目。在21世纪初，一些地方政府禁止在公共和民用建筑中使用SP板，其应用量严重缩水，仅在工业建筑中有所应用。SP板凭借其在大跨度应用上的优势，随着近年装配式建筑的发展，又开始得到重视。

图3.15 SP预应力空心板叠合楼板

预应力空心板叠合楼板是以SP板为预制底板，为达到楼板整体性要求而后浇实心混凝土共同受力的一种楼盖体系。SP板采用预应力钢绞线先张拉、干硬性混凝土冲捣挤压成型工艺生产而成，可连续大批量叠层生产，不需模板，不需蒸汽养护，一次成型，如图3.15所示。SP板的标准宽度为1200mm，需要时也可生产2400mm宽的板，在1200mm范围内可以生产多种宽度。在我国板的标准厚度为100mm、120mm、150mm、180mm、200mm、250mm、300mm和380mm，各地也可根据需要进行调整。板的长度可以根据设计任意切割，最大可达18m左右。

(1) 优点

1) 生产工艺先进，生产能力大。SP空心板生产线采取的工艺为干硬性混凝土冲捣和挤压成型工艺，挤压成型机行进时保持稳定的速度，行进速度根据板的高度而定，在2.5～4.5m/min之间，设计生产能力为年产预应力混凝土空心板20万m^2。

2) 产品质量高。板体密实，无气孔，尺寸误差在1.5mm以内，因此其表面平整均匀，外观质量好。能直接用作楼面和顶棚的面层，板底可不抹灰、板顶亦可不做找平层只铺地板、地砖等装饰材料。

3) 适用范围广。SP板板厚100～380mm，跨度在3～18m之间，板长可根据设计要求任意切割而不受建筑模数限制。并且SP板组合灵活、外观平整、尺寸误差小，可以根据需要切成窄板、开洞、切割成斜角，不管常规的工业厂房、大型公共设施、市政桥梁还是复杂房屋结构均能很好适用。

4) 施工速度快。可全天候施工，作为大型预制板，无须支模，吊装方便，安装效率高，安装后即可投入使用进行后续施工。

5) 承载能力强，抗震性能好。SP板采用钢绞线代替钢筋，承载能力比同跨度国内圆孔板提高19%～70%，而且预压应力的作用能更好地控制板底裂缝。试验证明SP板楼盖具有较好的延性，抗震性能接近于钢筋混凝土剪力墙。

6) 隔声保温防火性能好。SP板完全符合建筑节能的要求，中国建筑科学研究院建筑物理研究所对其做了建筑热工性能测试，25cm厚SP板作为外墙的保温效果与37cm的实心黏土砖墙相当。SP板的耐火等级取决于保护层的厚度，板底的耐火极限在保护层为20mm时为0.7h，保护层为40cm时能达到1.5h，而板面耐火极限为2.0～3.0h。采取板底涂抹砂浆和耐火涂料等措施可提高耐火等级。

7) 经济性好。SP板采用预应力钢绞线，无分布筋和其他构造筋，节约了钢材，与相同规格和承载力的标准圆孔板相比，其用钢量减少近50%。另SP板空心率高，自重轻，跨度大，可减少现浇体系所需的梁柱。由于承载力高，经过恰当的设计可减少楼层高度，相同建筑高度下甚至可增加楼层层数。

(2) 缺点

长期以来缺少对预应力空心板耐火性能的研究。

3.2.6　楼板的防火防腐

(1) 压型钢板-混凝土组合楼板

压型钢板-混凝土组合楼板，该类组合楼板的下部为裸露的钢板，钢板底部无外层包裹混凝土的保护，容易发生腐蚀，且耐火性能较差，应做好压型钢板-混凝土组合楼板的防火及防腐设计。

压型钢板-混凝土组合楼板的防火保护措施见图3.16：①对组合楼板的受火面进行屏蔽，将其设置在耐火材料组成的顶棚内，在火灾发生时，避免压型钢板-混凝土组合楼板直接与火接触，从而达到延缓升温的目的，以提高构件的耐火极限；②将防火涂料喷涂在压型钢板的底面，起到防火隔热作用，防止钢板在火灾中迅速升温。方法①比方法②装饰性能好，更适合应用于高速公路配套房建工程对装饰要求严格的建筑中，方法②则更多应用于厂房等对装饰要求不高的建筑中。

一般压型钢板楼板过火一定时间后，由于楼板内的水分在高温下形成高压水蒸气，造成压型钢板鼓包现象，迫使压型钢板与混凝土层脱离，并致使压型钢板代替受力钢筋的作用几乎消失；并且由于其防腐蚀镀层的缺失是无法修复的，压型钢板与结硬混凝土的脱离是无法修补的，故此过火楼板整体是无法修复的。

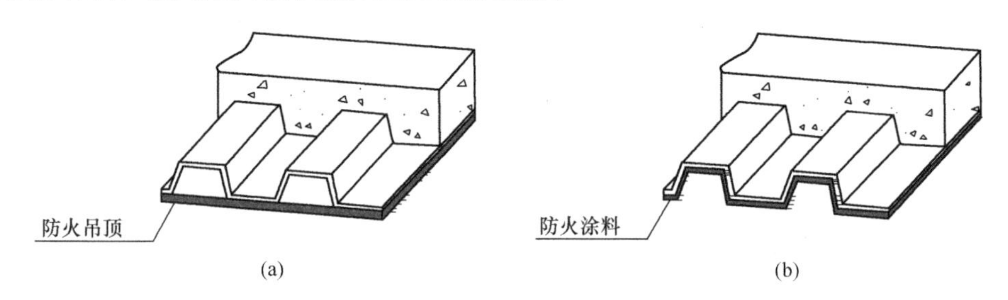

图 3.16　组合楼板防火保护措施

(a) 防火吊顶；(b) 防火涂料

压型钢板最常用的防腐方法是热浸镀锌法[15]。

压型钢板质量应符合现行国家标准《建筑用压型钢板》GB/T 12755[16]的要求，用于冷弯压型钢板的基板应选用热浸镀锌钢板，不宜选用镀铝锌板，主要基于以下两方面考虑：

1）铝遇酸、遇碱会发生化学反应

压型钢板上部浇筑混凝土，混凝土主要由氢氧化物及硅酸盐组成的复合强碱性物质。铝属于活性金属，遇酸、遇碱会产生一定的化学反应，所以采用镀铝锌板材质的楼承板一般用在墙面和屋面，且不浇混凝土。

2）镀铝锌比镀锌板成本高很多

采用镀铝锌的板会比镀锌板的费用高 15%左右。值得注意的是，同等量的镀铝锌的防锈蚀能力大约两倍于一般热浸镀锌。

《组合楼板设计与施工规范》[17]中对各种环境状况下进行更加细致的分类，见表 3.5，高速公路配套房建工程中，压型钢板-混凝土组合楼板腐蚀风险较低，由镀锌层厚度及每年损失的镀锌层厚度可以估算使用年限。

压型钢板镀锌量腐蚀速率　　**表 3.5**

代号	腐蚀环境种类	腐蚀风险	每年损失的镀锌层厚度（μm/年）
C1	室内：干燥	很低	≤0.1
C2	室内：偶尔结露 室外：内陆农村	低	0.1～0.7

注：镀锌厚度 1μm 为 7g/m²。

（2）钢筋桁架楼承板组合楼板

钢筋桁架楼承板的底部钢模板作为临时模板时，底部钢模板不需考虑防腐问题，可采用非镀锌板材，其净厚度不宜小于 0.4mm；当底部钢模板在施工完成后需要永久保留的，需考虑防腐问题，可采用不低于 S250GD＋Z 牌号的镀锌钢板，双面镀锌量不少于 $120g/m^2$。

钢筋桁架楼承板性能等同于现浇楼板，作为底模的压型钢板厚度较薄，考虑经济性，钢板下部不做防火处理。在装配式钢结构民用建筑中，钢筋桁架楼承板底面的钢模板一般都会撕掉再进行抹灰。撕掉钢板再抹灰也增加了工序和造价，钢板一次使用也造成了资源的浪费。随着装配式装修对薄吊顶的要求，也有保留钢板直接吊顶的做法。

（3）钢筋桁架混凝土叠合楼板

钢筋桁架混凝土叠合楼板和现浇板受火后跨中挠度随时间变化曲线比较接近，耐火极限也变化不大，因此，钢筋桁架混凝土叠合板的耐火极限可以参考现浇板取值，其在耐火方面的设计也能以现浇板为参考[18]。

（4）预制带肋底板混凝土叠合楼板

施工完成后的预制带肋底板混凝土叠合楼板（PK 板）的钢筋位于混凝土内部，不与大气环境接触，因此，主要考虑其防火问题，可参考《预制带肋底板混凝土叠合楼板技术规程》JGJ/T 258[19]给出的耐火保护层最小厚度进行设计，详见表 3.6。

预制带肋底板混凝土叠合楼板耐火保护层最小厚度　　表 3.6

类别	约束条件	1h		1.5h	
		板厚（mm）	耐火保护层（mm）	板厚（mm）	耐火保护层（mm）
采用预制预应力带肋底板的叠合楼板	简支	—	22	—	30
	连续	110	15	120	20
采用预制非预应力带肋底板的叠合楼板	简支	—	10	—	20
	连续	90	10	90	10

注：计算耐火保护层时，应包括抹灰粉刷层在内。

（5）预应力空心板叠合楼板

对于装配式钢结构建筑体系，各构件牢固连接时，中间跨楼板属于受约束状态，端跨可按非约束状态进行设计。受约束 SP 楼板系统的耐火极限一般为 2h，采取一定措施后，还可提高，例如当钢绞线保护层为 40mm，板顶有厚 5cm 现浇混凝土面层时，耐火极限可达 4h；非约束 SP 板的保护层厚度为 20mm、30mm、40mm 和 50mm 时的耐火极限分别为 0.75h、1.0h、1.5h 和 2.0h。值得注意的是，板顶增加混凝土面层对非约束楼板的耐火极限是不利的，其耐火极限由 0.75h 降低为 0.5h[20]。

3.3 预制楼梯

装配式建筑中，装配式楼梯是最能体现出预制混凝土优势的部品部件，也是预制水平构件中应用最为成熟、标准化程度最高的部品构件。在高速公路配套房建工程以服务区综合楼、宿办楼为典型代表的公共建筑中，通过设计合理的建筑层高及平面尺寸，选取合适的预制楼梯，可较大程度地提升建筑质量、提高生产效率、减少资源浪费。目前，较适用的预制楼梯类型有预制混凝土楼梯、钢板填充混凝土组合楼梯、钢丝骨架空心楼梯等类型，其中以预制混凝土楼梯较为常用。与传统现浇楼梯相比，预制楼梯具有外观质量好、现场施工方便、节约模板、缩短工期、减少建筑垃圾等优点。

3.3.1 预制混凝土楼梯

（1）技术特点

预制混凝土楼梯是将工厂生产的预制梯段板运至施工现场，采用连接钢筋、连接件等方式装配施工而成的楼梯。

1）预制楼梯选型

建筑楼梯分为单跑楼梯和双跑楼梯，一般将梯段板或带平台的梯段板作为一个拆分单元，预制混凝土楼梯有不带平台板的板式楼梯和带平台板的折板式楼梯，如图 3.17 所示。

(a)

(b)

图 3.17 预制混凝土楼梯

(a) 板式楼梯；(b) 折板式楼梯

在以服务区综合楼、宿办楼为典型代表的公共建筑中，建筑层高一般超过 3.6m，甚至达到 5m，当预制板式楼梯跨度在 5m 时，梯板厚度按 200mm 算，单个预制楼梯质量可达 4～5t。为避免因预制楼梯构件过重而加大工地起重机吨位，预制混凝土楼梯可采用横向分段或纵向分段的设计方案，通过预制构件的小型化、轻量化达到降低吊装技术要求的目的。横向分段是指从横向将楼梯拆分为两段预制，如图 3.18 所示。该方法的优点是楼梯踏步完整，同一踏步无纵向拼接缝，两段均为独立安装，施工时控制中部梯梁的误差即可较好地完成对接，是预制楼梯分段技术中较常采用的一种设计方法。但是该方法需在横向分段位置处设置梯梁和梯柱以分别支撑两段预制楼梯，并使楼梯与主体结构连接，且增设楼梯梁、楼梯柱会影响美观和拼接处的净高，同时也增加不少费用。

纵向分段是指从楼梯中间处把楼梯分为左右两半分别预制，然后进行现场拼装，如图 3.19 所示。该方案的优点是不用在主体结构上设置梯梁、梯柱，降低结构施工成本，相比于楼梯横向分段预制降低约 10%的费用。难点是预制生产、安装拼接精度要求高，拼接缝处易产生高低差。

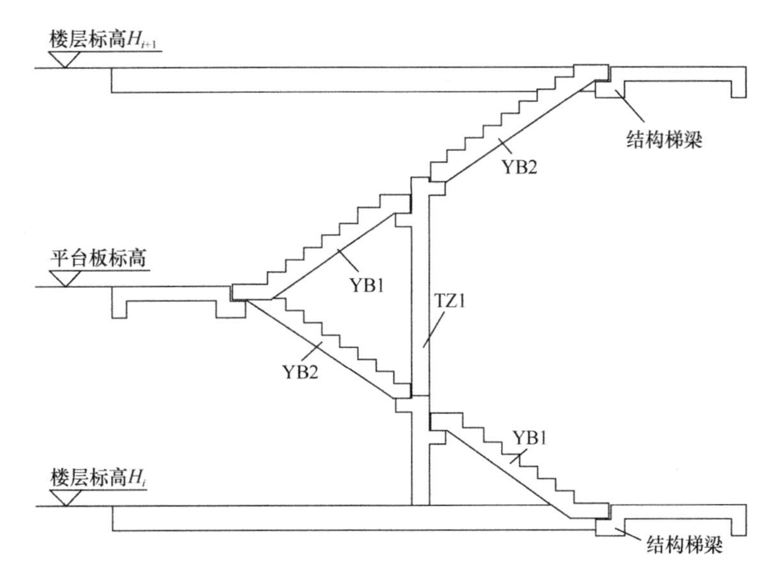

图 3.18 预制楼梯横向分段

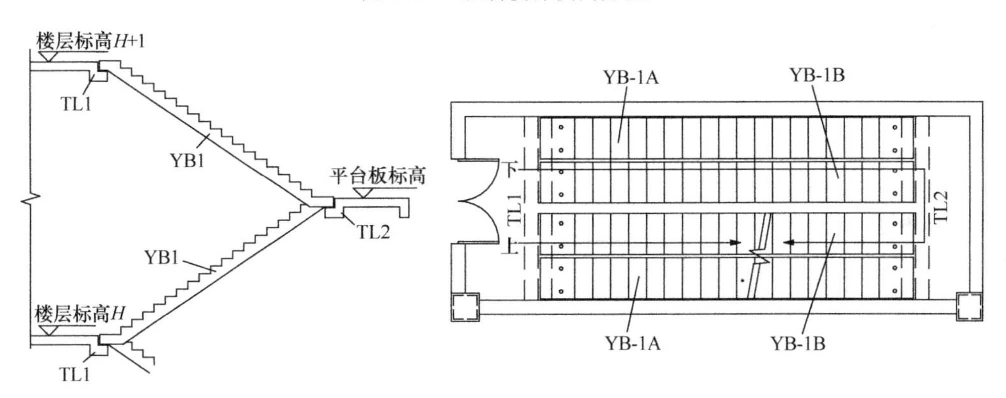

图 3.19 预制楼梯纵向分段

2）连接形式

预制混凝土楼梯与支撑构件的连接有三种方式（图 3.20）：①高端固定铰节点、低端滑动铰节点的简支方式；②高端固定铰节点、低端滑动节点的方式；③两端都是固定铰支座的方式。

第①种方式为国标图集《装配式混凝土结构连接节点构造》G310-1～2 所采用的连接方式之一，梯段板按简支计算模型考虑，楼梯不参与整体抗震计算。构件制作时，梯板上下端各预留两个孔，不需预留胡子筋，成品保护简单。该方式应先施工梁板，待现场楼梯平台达到强度要求后再进行构件安装，梯板吊装就位后采用灌浆料灌实除空腔外的预留孔，施工方便快捷。

第②种方式与传统现浇楼梯的滑移支座相似，楼梯不参与整体抗震计算，上端纵向钢筋需要伸出梯板，要求楼梯预制时在模具两端留出穿筋孔，使得构件加工时钢筋入模、出模以及堆放、运输、安装困难。施工时，需先放置楼梯，待楼梯吊装就位后，绑扎平台梁上部受力筋，现场施工不方便。

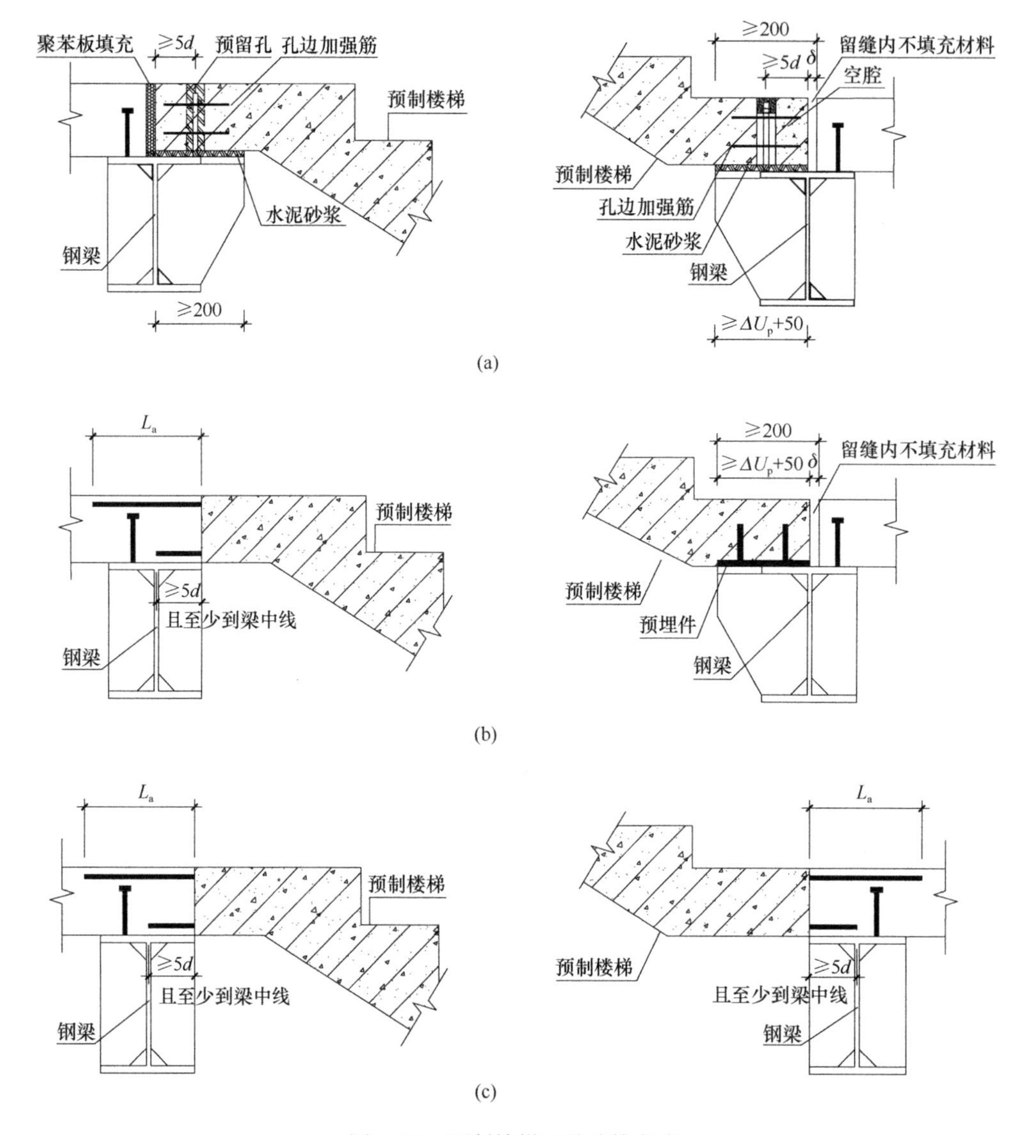

图 3.20 预制楼梯三种连接方式

(a) 高端固定铰支座，低端滑动铰支座；(b) 高端固定铰支座，低端滑动支座；(c) 高端固定铰支座，低端固定铰支座

第③种方式为国标图集《装配式混凝土结构连接节点构造》G310-1～2 所采用的另一种连接方式。该方式类似于楼梯与主体结构整浇，需考虑楼梯对主体结构的影响，尤其是框架结构，楼梯应参与整体抗震计算，并满足相应的抗震构造要求。该形式楼梯上下端纵向钢筋均伸出梯板，制作、堆放、运输、安装和施工困难。

综合考虑预制构件支座、成品保护、现场安装等因素，第①种方式具有显著优势和推广价值，是当前应用较多的预制楼梯连接方式。

(2) 构件与节点设计

预制混凝土楼梯设计时，主要考虑三种工况：持久设计工况，地震设计工况，制作、运输和堆放、安装等短暂设计工况。前两种工况与传统现浇楼梯相同，短暂设计工况因混凝土强度、受力状态、计算模式与使用阶段不同，亦可能对构件设计起控制作用，不可忽略。

1）持久设计工况

持久设计工况下，应对PC楼梯进行承载力极限状态和正常使用极限状态计算。对采用连接方式①的预制楼梯，梯段板两端无转动约束，支承构件仅受梯段板传来的竖向力，其梯段板按两端铰接的单向简支板进行配筋计算，计算简图如图3.21所示。跨中弯矩按下式计算：

$$M_{max}=pl_0^2/8$$

式中：M_{max}——楼梯斜板跨中最大弯矩设计值；

p——斜板在水平投影面上的垂直均布荷载设计值；

l_0——斜板的水平投影计算长度。

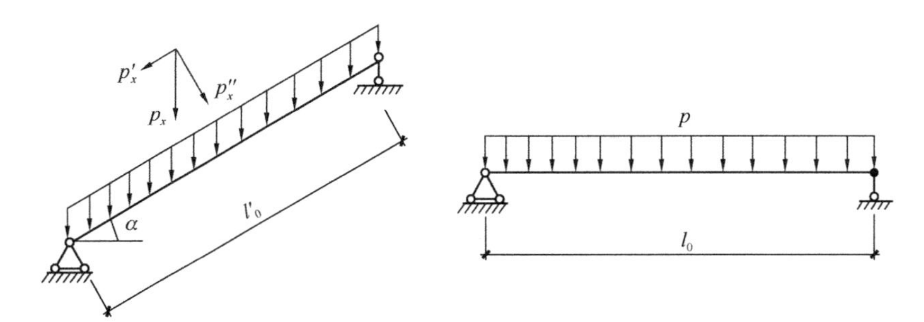

图3.21　PC楼梯计算简图

同时，预制楼梯还需按受弯构件验算裂缝和挠度，裂缝控制等级为三级，最大裂缝宽度限值为0.30mm；计算梯段板挠度时，应取斜向计算长度 l'_0 及沿斜向的垂直均布荷载 p''_x，挠度限值为 $l'_0/200$。

支承预制楼梯的挑耳，持久设计工况下仅承受梯板传来的竖向荷载，按牛腿进行设计。

2）地震设计工况

①地震作用计算

预制楼梯的地震作用主要是自身质量产生的惯性力，可采用简化的等效侧力法进行计算，参考外挂墙板地震作用的计算公式：

$$F_{EK}=\beta_E\alpha_{max}G_K$$

式中：F_{EK}——施加于预制楼梯重心处的水平地震作用标准值；

α_{max}——水平地震作用影响系数最大值，按《建筑抗震设计规范》GB 50011采用；

G_K——PC楼梯的重力荷载标准值；

β_E——动力放大系数，可参考外挂墙板取5.0。

② 固定铰支座承载力计算

预制楼梯采用第一种连接方式时，地震作用产生的水平剪力 F_{EK} 由高端固定铰接支座传递给梯梁，低端滑动铰支座仅产生变位，不承受水平剪力。高端固定铰支座共设置2个预埋螺栓，则每个螺栓所受水平地震剪力设计值为：

$$V = F_{EK}\gamma_{E}/2$$

式中：V——每个螺栓承受的水平地震剪力设计值；

γ_{E}——地震作用分项系数，取值1.5。

预埋螺栓的受剪承载力设计值应满足 $N_{v}^{b} \geqslant V$，由此计算确定螺栓大小和材质。

地震设计工况下，高端梯梁上的挑耳承受竖向荷载及水平剪力，按牛腿进行验算，结合持久设计工况计算结果，按不利情况配筋。

③ 滑动铰支座水平位移计算

预制楼梯抗震设计时，滑动支座端不但要留出足够的位移空间，还要采取必要的连接措施，防止位移过大时楼梯从支承构件上滑落。根据不同结构体系在罕遇地震作用下弹塑性层间位移角限值的规定，PC楼梯的最大水平位移量可按下式计算：

$$\Delta u_{P} = [\theta_{p}]h$$

式中：Δu_{P}——预制楼梯水平位移值；

$[\theta_{p}]$——弹塑性层间位移角限值；

h——预制楼梯的梯段高度。

设计时，应注意以下几点：①预制梯板与梯梁之间的留缝宽度 δ 应大于 Δu_{P}，缝内不填充或填充柔性材料保证位移空间；②预留孔洞大小应满足位移要求，考虑地震方向不确定性，孔洞直径 D 应大于 $d+2\Delta u_{P}$；③支座搁置长度应大于 $\Delta u_{P}+50$ 及规范中最小搁置长度；④梯梁挑耳宽度应大于 $\delta+\Delta u_{P}+50$ 及200mm。

3）短暂设计工况

预制楼梯在生产、施工过程中应按实际工况的荷载、计算简图、混凝土实体强度进行短暂设计工况验算，脱模方式及吊装形式应由各单位协商确定。

① 脱模验算

预制楼梯模具通常有立式和卧式两种，设计时应根据实际生产设备和工艺情况进行脱模计算。采用立模生产工艺时，构件表面平整光滑，构件达到强度后拆模，无须进行脱模计算，仅在侧边埋设起模吊点，起模验算时采用的等效静荷载标准值为构件自重标准值乘以动力系数1.5。采用卧模生产工艺时，脱模验算采用的等效静荷载标准值取构件自重标准值乘以动力系数后与脱模吸附力之和，且不宜小于构件自重标准值的1.5倍。脱模时，构件混凝土强度应达到设计强度等级的75%，且不应小于15N/mm^2，在脱模过程中构件不产生裂缝。

② 吊装验算

为便于预制楼梯的安装施工，在楼梯正面设置4个吊点，可近似设置在楼梯1/4长度的踏步中间位置，如图3.22所示。吊装验算时，等效静力荷载标准值取构件自重标准值乘以动力系数1.5，按等代梁模型对纵向配筋进行验算。等代梁的宽度取楼梯一半宽度，按图3.23所示计算简图进行验算，使得梯板配筋能满足吊装阶段要求。

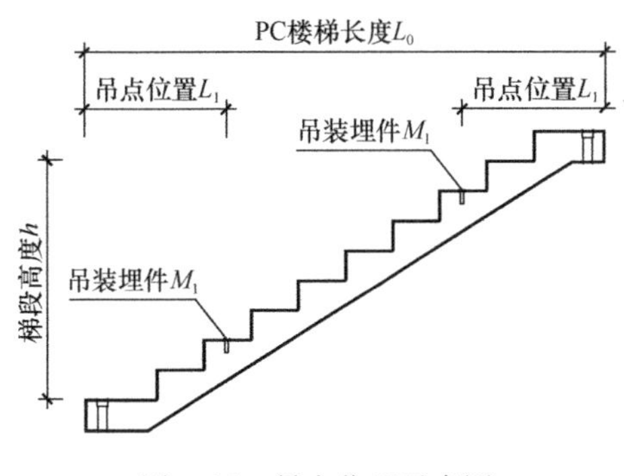

图3.22　吊点位置示意图

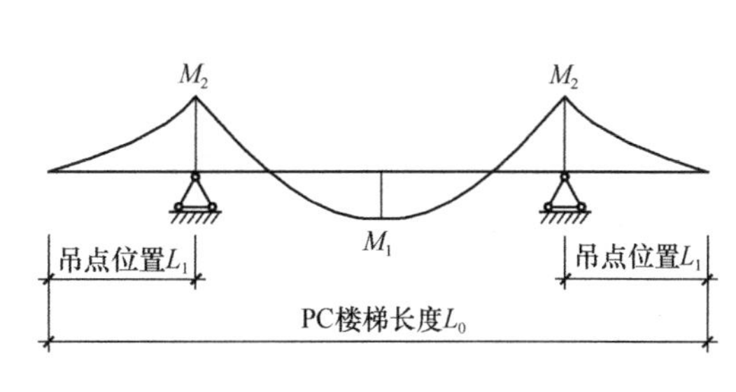

图3.23　吊装计算

(3) 构造要求

1) 预制楼梯梯板的厚度不宜小于120mm。

2) 预制楼梯板底应配置通长的纵向钢筋；板面宜配置通长的纵向钢筋，配筋率不宜小于0.15%，分布钢筋的直径不宜小于8mm，间距不宜大于250mm。

3) PC楼梯端部在支承构件上的最小搁置长度对应抗震设防烈度为6度、7度、8度时分别不小于75mm、75mm、100mm。预制楼梯设置滑动铰的端部应采取防止滑落的构造措施。

4) 此外，预制楼梯设计时，因梯梁处设置挑耳，需注意挑耳对梯段处建筑净高的影响。

3.3.2　钢板填充混凝土组合楼梯

钢板填充混凝土组合楼梯是由任旭红等人提出的一种新型预制楼梯形式，更适用于钢结构建筑中，既具有钢结构部品部件的优点，又具有刚度大、使用舒适的特点。

(1) 技术特点

钢板填充混凝土组合楼梯由钢板式梯梁、钢板梯段、钢板平台、握裹钢筋、填充混凝土组成，如图3.24所示。钢板梯段由若干L形踏步板组成，L形踏步由钢板弯折而成，L形踏步钢板内焊接若干握裹钢筋，如图3.25所示。钢板平台由若干L形平台板组成，L形平台板由钢板弯折而成，L形平台板内焊接若干握裹钢筋，如图3.26所示。

钢板填充混凝土组合楼梯可作为装配式钢结构公共建筑中的楼梯，踏面可做成抛光混凝土，也可降低踏面标高做大理石铺装。同时，一般不受楼梯梯宽、层高限制，建筑布置比较灵活。

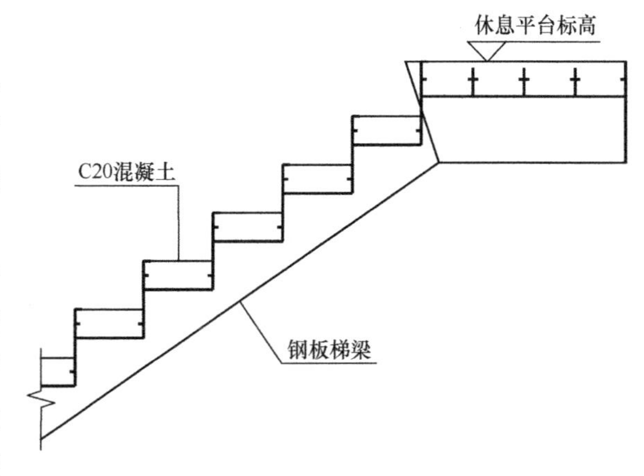

图3.24　装配式钢板填充混凝土楼梯

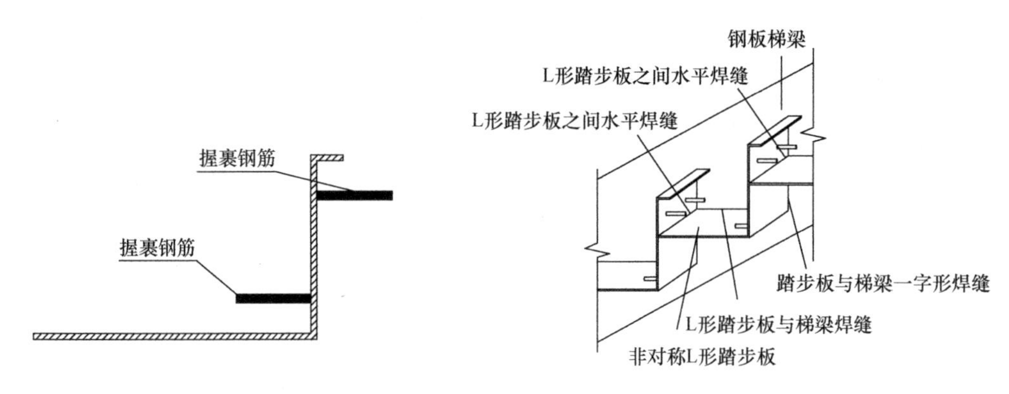

图 3.25　L 形踏步板

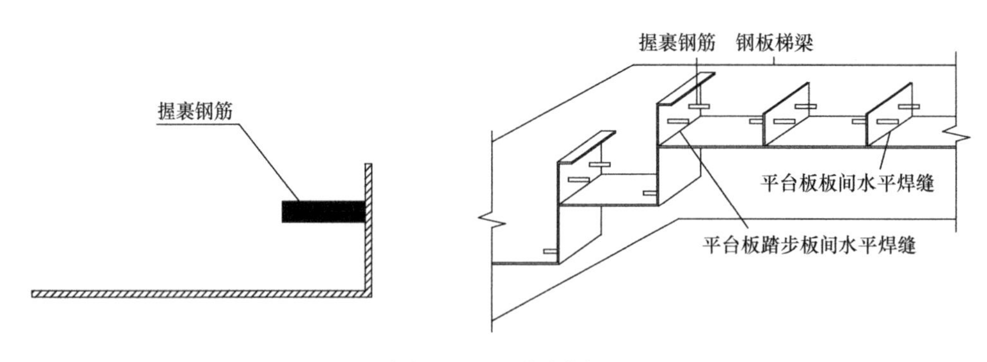

图 3.26　L 形平台板

（2）构件加工制作

钢板填充混凝土组合楼梯，从梯段焊接、梯段与梯梁焊接、平台板与梯梁焊接到填充混凝土浇筑，全部在工厂完成，构件吊装和梯段与平台焊接在现场完成。

① 梯段焊接

将钢板弯折的 L 形踏步板水平端与另一个钢板弯折的 L 形踏步板竖向钢板端部向下 80mm（填充混凝土深度）处，通过 1 条水平焊缝焊接在一起，依次焊接 L 形踏步板形成楼梯梯段，并在梯段内焊接握裹钢筋。

将梯段若干 L 形踏步板两侧，分别与两侧钢板式梯梁通过 L 形竖向焊缝进行满焊连接，使踏步板与梯梁共同承受荷载，传力直接。

② 平台板焊接

平台板间焊接，将钢板弯折的 L 形平台板水平端与另一个钢板弯折的 L 形平台板阳角处，通过 1 条水平焊缝焊接在一起，依次焊接其他 L 形平台板，并在平台板内焊接栓钉。

梯梁与平台板间焊接，将若干平台板两侧，分别与两侧钢板式梯梁通过 L 形竖向焊缝满焊连接，平台板与钢板式梯梁共同受力。

③ 踏步板内填充混凝土浇筑

在梯段踏步板内自下而上浇筑 80mm 填充混凝土，及时养护，达到一定强度后，表面按清水混凝土或抛光处理。

(3) 技术优势

钢板填充混凝土组合楼梯可解决预制钢筋混凝土楼梯构件超重吊装的难题。填充混凝土浇筑的成型踏面增强舒适感，避免钢梯产生噪声；踏步板与侧帮板采用L形焊缝和I形焊缝满焊连接，荷载由踏步板与侧面钢板共同受力，受力更合理；踏步钢板内焊接栓钉或握裹钢筋，增强混凝土与钢板楼梯的握裹力，可防止混凝土开裂；梯段和平台设置钢板梯梁，可起挡水板功效，防止打扫卫生时污水及杂物污染下层；填充混凝土浇筑后，隐藏水平焊缝和L形焊缝，背侧设置的I形焊缝避免焊缝裸露在上下楼梯的视觉范围内，增强焊缝保护作用且具有美观效果。

3.3.3 钢丝骨架空心楼梯

钢丝骨架空心楼梯是由中国建筑科学研究院有限公司提出的一种新型预制楼梯形式，在预制楼梯构件中引入夹心保温层，钢筋桁架分别起到减重、增强复合受力性能的作用。

(1) 技术特点

钢丝骨架空心楼梯是在工厂制作的2个平台之间以若干连续踏步和平板组合的混凝土构件，为板式楼梯，底板由钢丝网架加配钢筋桁架或普通钢筋组成钢丝骨架，浇筑混凝土构成，如图3.27所示。

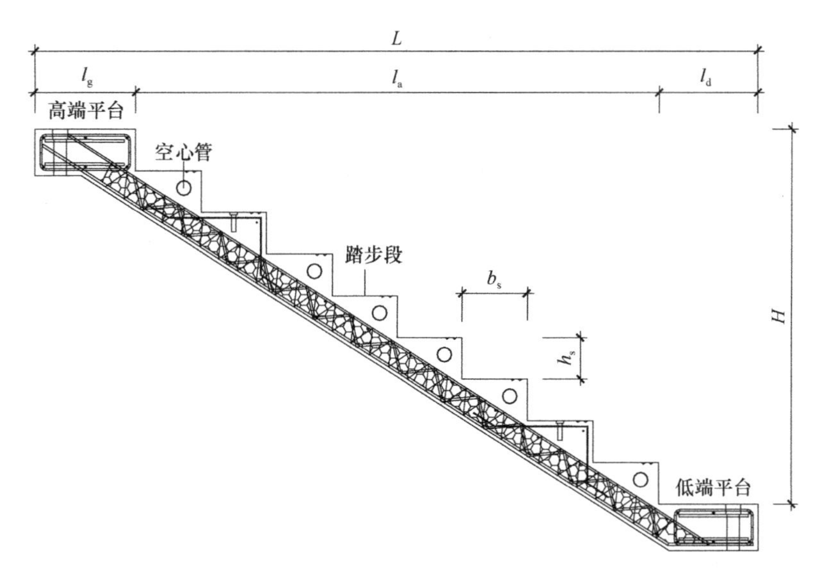

图3.27 装配式钢丝骨架空心楼梯

钢丝骨架空心楼梯最重要的核心部分是钢丝网架夹心保温轻质板，其是以间隔放置于W形腹丝网片之间的聚苯乙烯泡沫塑料、硬泡聚氨酯或岩棉等保温芯材为保温层（或减重层），以横向钢丝与W形腹丝网片两侧点焊构成的三维空间钢丝网架为骨架，并在其内配置钢筋桁架或普通钢筋，通过工厂自动化生产设备制造而成。三维空间钢丝网架是由横向钢丝和W形腹丝网片两侧点焊所形成的三维空间网架，在其内合理设置钢筋桁架或普通钢筋组成加劲肋，如图3.28所示。

钢丝网架应采用镀锌低碳钢丝，主要性能指标应符合现行行业标准《一般用途低碳钢

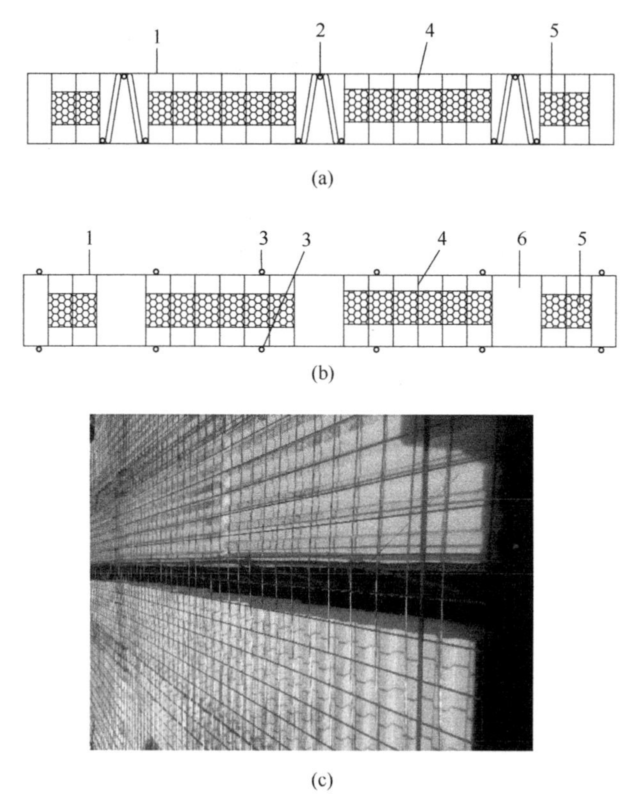

图 3.28 钢丝网架夹心保温轻质板

(a) 加配钢筋桁架的钢丝网架夹心保温轻质板；(b) 加配普通钢筋的钢丝网架夹心保温轻质板；(c) 加配钢筋桁架的钢丝网架夹心保温轻质板实物照片

1—横向钢丝；2—钢筋桁架；3—普通钢筋；4—W 形腹丝网片；5—保温芯材；6—混凝土肋

丝》YB/T 5294 的有关规定；夹心轻质板采用的保温芯材主要是模塑聚苯乙烯泡沫塑料、岩棉、硬泡聚氨酯等，其性能均应符合现行国家标准或行业标准的有关规定；楼梯所用混凝土材料应满足现行行业标准《装配式混凝土结构技术规程》JGJ 1[21] 中的规定，且楼梯的混凝土强度等级不宜小于 C30。

钢丝骨架空心楼梯踏步预埋的空心管可采用 PVC 管，PVC 管直径依据踏步的宽度和高度确定，确保 PVC 管周边的混凝土厚度不小于 20mm。

(2) 构件设计

依据《装配式混凝土结构技术规程》JGJ 1 相关要求，钢丝骨架空心楼梯采用高端固定铰支座、低端滑动铰支座，楼板按简支计算模型考虑，楼梯不参与结构整体抗震验算。

钢丝骨架空心楼梯的结构设计原则和依据等同于预制混凝土楼梯：① 持久设计工况下，应对钢丝骨架空心楼梯的正截面受弯承载力、裂缝和挠度进行验算；② 地震设计工况下，应对高端固定铰支座的预埋螺栓抗剪承载力、梯梁挑耳的承载力以及滑动铰支座的水平位移验算；③ 制作、运输和堆放、安装等短暂设计工况下，对钢丝骨架空心楼梯的脱模、吊装验算。

(3) 构造要求

钢丝骨架空心楼梯采用高端固定铰支座，低端滑动铰支座，除满足计算要求外，还需满足以下规定：

1）楼梯梯板的厚度不宜小于120mm。

2）楼梯底板应配置通长的纵向钢筋；板面宜配置通长的纵向钢筋，配筋率不宜小于0.15%，当底板采用钢筋桁架，钢筋桁架的上下弦钢筋可代替同向受力纵筋，同时降低楼梯配筋量；分布钢筋直径不宜小于8mm，间距不宜大于250mm，由于楼梯底板采用钢丝网架夹心保温轻质板，钢丝网架可全部或部分替代分布钢筋。吊装埋件和预埋安装螺栓周边的加强钢筋须按照设计要求配置。

3）楼梯端部在支承构件上的最小搁置长度对应抗震设防烈度为6度、7度、8度时分别不小于75mm、75mm、100mm。预制楼梯设置滑动铰的端部应采取防止滑落的构造措施。

4）楼梯设计时，梯梁处要设置挑耳，需注意挑耳对梯段处净高的影响。

5）构件制作时，梯板上下端部各预留2个安装孔，不需预留胡子筋或插筋，极大方便了成品保护和运输。施工现场的楼梯平台达到设计强度要求后即可安装楼梯，楼梯吊装就位后采用灌浆料灌实除孔腔外的预留孔。

（4）技术优势

1）钢丝骨架空心楼梯将钢丝网架与钢筋桁架结合，具有良好的整体受力性能，有利于提升构件的受力性能。

2）楼梯和钢丝骨架夹心保温板均在工厂制作，机械化程度高，能保证良好的养护效果。

3）梯板中间采用保温板，不仅减轻了自重，而且有利于层间保温隔断，特别适用于楼梯间的保温需求。

4）单个构件重量轻，便于运输安装，对吊装能力要求较低。

5）节约现场安装工作量，由于楼梯构件轻质化、小型化，不需大型起重设备即可安装，安装工艺简单，工业化程度高，节省人力。

6）单位面积造价比一般预制楼梯低，经济性和适用性都可得到保证。

3.4 施工技术要点

3.4.1 钢框架梁柱安装

（1）安装工艺流程

吊装前准备→钢柱吊装→钢柱校正→钢梁安装→节点安装。

1）吊装前准备

① 吊装机具安装

在多高层钢结构安装施工中，吊装机械多以塔式起重机、履带式起重机、汽车式起重机为主。汽车式起重机直接进场即可进行吊装作业，履带式起重机需要组装好后才能进行钢构件的吊装，塔式起重机的安装和爬升较为复杂，而且要设置固定基础或行走式轨道基础。当工程需要设置几台吊装机具时，要注意机具不要相互影响。

② 吊装顺序

多高层钢结构吊装顺序原则采用对称吊装、对称固定。一般先划分吊装作业区域，按划分的区域、平行顺序同时进行。当一片区吊装完事后，即进行测量、校正、高强螺栓初拧等工序，待几个片区安装完毕，再对整体结构进行测量、校正、高强螺栓终拧、焊接。接着进行下一节钢柱的吊装。组合楼盖则根据现场实际情况进行压型钢板吊放和铺设工作。

③ 钢柱分段

钢构件的分段是钢结构施工重要工序，合理的分段能缩短钢结构施工周期，还能提高钢结构安装质量，钢结构分段主要遵循的原则有：a. 满足塔式起重机起重性能，钢柱重量在塔式起重机起重范围内；b. 构件分段后能满足运输尺寸限制要求，最经济尺寸：长度＜13m，宽度＜2.4m，高度＜2.8m；c. 能满足长途运输要求，在运输过程中不宜发生永久变形。

④ 地脚螺栓安装

安装在钢筋混凝土基础上的钢柱，安装质量与混凝土柱基和地脚螺栓的定位轴线、基础标高直接相关。地脚螺栓在土建进行到柱网钢筋绑扎时即开始进行地脚锚栓的预埋工作。安装过程中应特别注意测量的准确性，并跟进复测，如有偏差及时校正，以保证埋件安装的准确，为后续钢柱安装提供良好的基础。按国家标准预埋螺栓标高偏差控制在＋5mm以内，定位轴线的偏差控制在±2mm。

地脚螺栓安装流程及施工要点如图 3.29 所示。

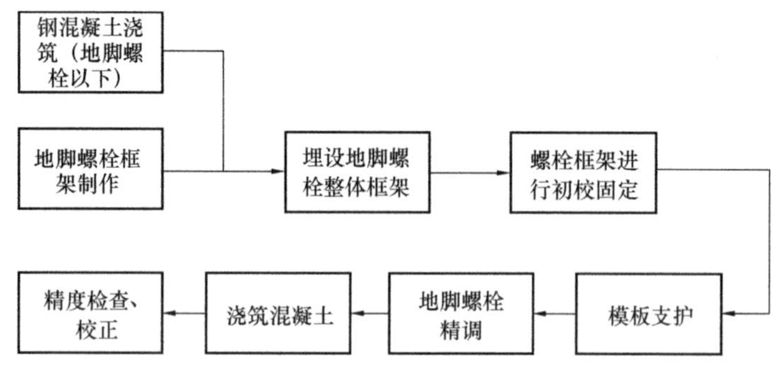

图 3.29 地脚螺栓安装流程图

a. 测量放线。

根据原始轴线及标高控制点对现场进行轴线和标高控制点的轴网测设，然后根据控制线测放出的轴线测放出每一个埋件的中心十字交叉线和至少两个标高控制点。

b. 预埋螺栓固定架制作。

预埋螺栓定位采用定位板（钢板）和钢筋作为主要材料，定位板全部在工厂进行加工制作，根据锚栓布置预先钻孔。锚栓就位后采用上下及四周对角设置钢筋辅助固定（图 3.30），钢筋长度根据基础短柱宽度设置，一般在短柱两侧预留 50mm 保护层，点焊牢固后将定位板撤除，开始浇筑混凝土。

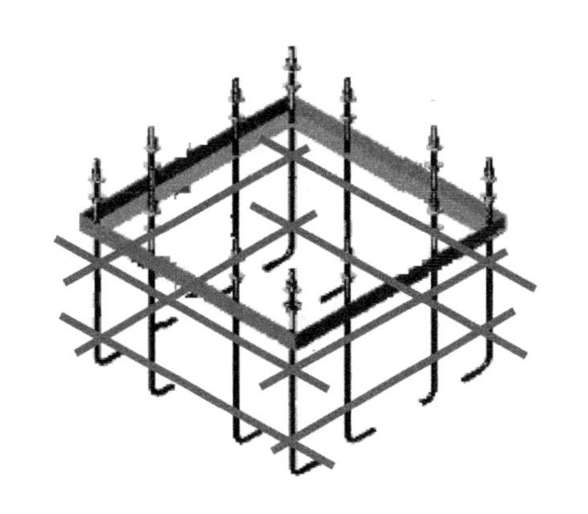

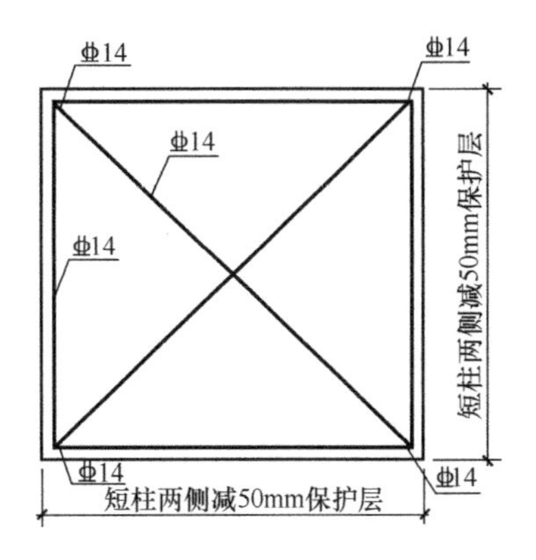

图 3.30 地脚锚栓固定架布置示意图

c. 地脚螺栓复测。

混凝土进行浇灌前，用两台经纬仪复测，如有偏差应及时校正。螺纹上要涂黄油并包上油纸，外面再装上套管。对已安装就位的预埋锚栓，严禁碰撞和损坏，钢柱安装前要将螺纹清理干净，确保钢柱就位。

2）钢柱吊装

① 钢柱起吊

钢柱一般采用一点正吊。吊点设置在柱顶处，吊钩通过钢柱中心线，钢柱易于起吊、对线、校正。吊装时一般利用钢柱定位连接板的螺栓孔作为吊点，并采用专用吊具，吊具用螺栓与钢柱连接板连接。钢柱起吊时尽量做到回转扶直，为防止钢柱起吊时在地面拖拉造成地面和钢柱损伤，钢柱下方应垫好枕木（图 3.31）。

② 对位及临时固定

钢柱吊到就位上方 200mm 时，应停机稳定，对准螺栓孔和十字线后，缓慢下落，使钢柱四边中心线与基础十字轴线对准，并将螺栓穿入孔内，初拧做临时固定（图 3.32）。钢柱接长时，钢柱两侧装有临时固定用的连接板，上节钢柱对准下节钢柱柱顶中心线后，即用螺栓固定连接板临时固定（图 3.33）。

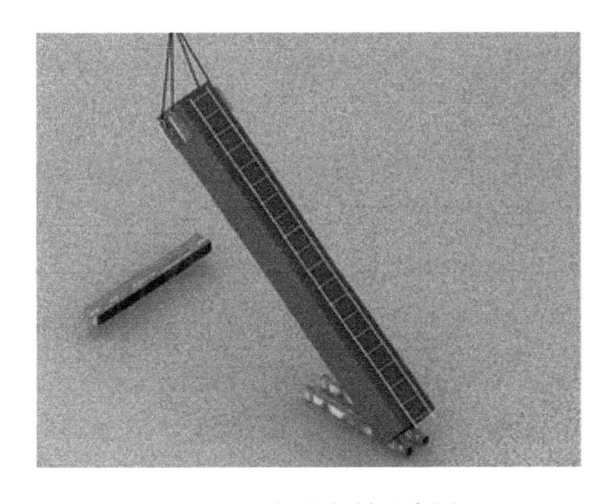

图 3.31 钢柱起吊示意图

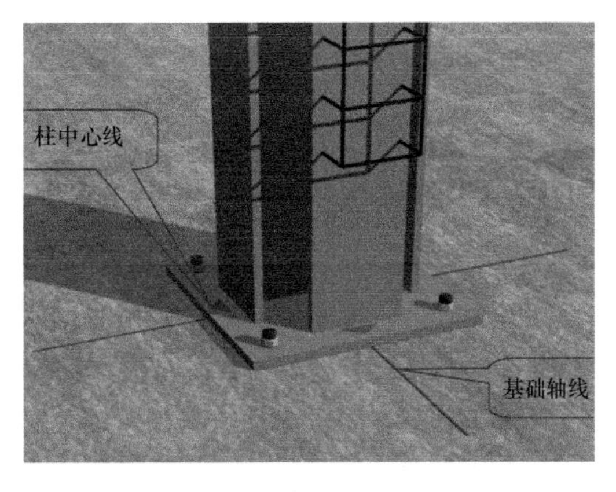

图 3.32 钢柱对位及临时固定示意图

图 3.33 钢柱接长示意图

钢柱安装到位，对准轴线、临时固定牢固后才能松开吊索。

3）钢柱校正

钢柱的校正工作一般包括柱基标高调整、柱基轴线调整、柱身垂直度校正。

① 柱基标高调整

钢柱标高调整主要采用螺母调整和垫板调整两种方法。螺母调整是根据钢柱的实际长度，在钢柱底板下的地脚螺栓上加一个调整螺母，螺母表面的标高调整到与柱底板底标高齐平（图 3.34）。如第一节钢柱过重，可在柱底板下、基础钢筋混凝土面上放置钢板，作为标高调整块用。放上钢柱后，利用柱底板下的螺母或标高调整块控制钢柱的标高，精度可达到 1mm 以内。柱底板下预留的空隙，可以用高强度、微膨胀、无收缩砂浆以捻浆法填实。当使用螺母作为调整柱底板标高时，应对地脚螺栓的强度和刚度进行计算。

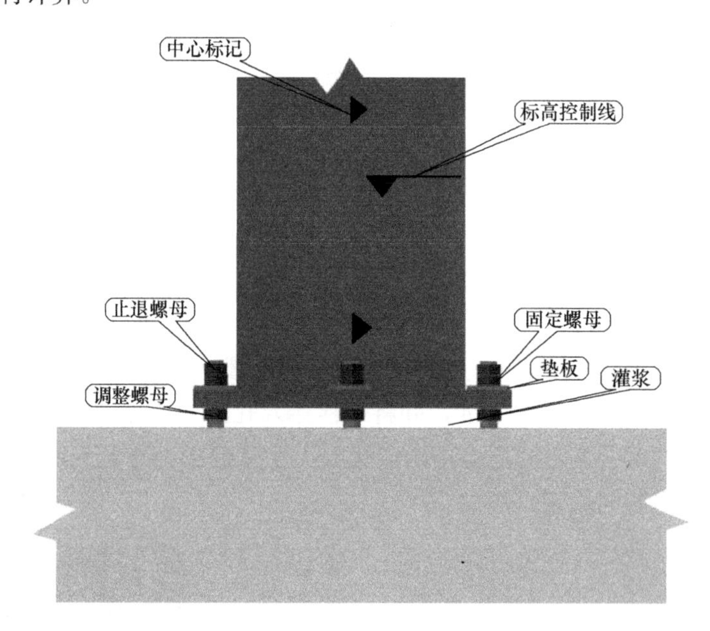

图 3.34 柱基标高螺母调整示意图

② 第一节柱底轴线调整

钢柱制作时，在柱底板的四个侧面，用钢冲标出钢柱的中心线。

对线方法：在起重机不松钩的情况下，将柱底板上的中心线与柱基础的控制轴线对齐，缓慢降落至设计标高位置。如果钢柱与控制轴线有微小偏差，可借线调整。

预埋螺杆与柱底板螺孔有偏差，适当将螺孔放大，或在加工厂将底板预留孔位置调整，保证钢柱安装。

③ 第一节柱身垂直度校正

柱身调整一般采用缆风绳或千斤顶、钢柱校正器等校正。用两台呈 90°的径向放置经纬仪测量（图 3.35）。

地脚螺栓上螺母一般采用双螺母，在螺母拧紧后，将螺杆的螺纹破坏或焊实。

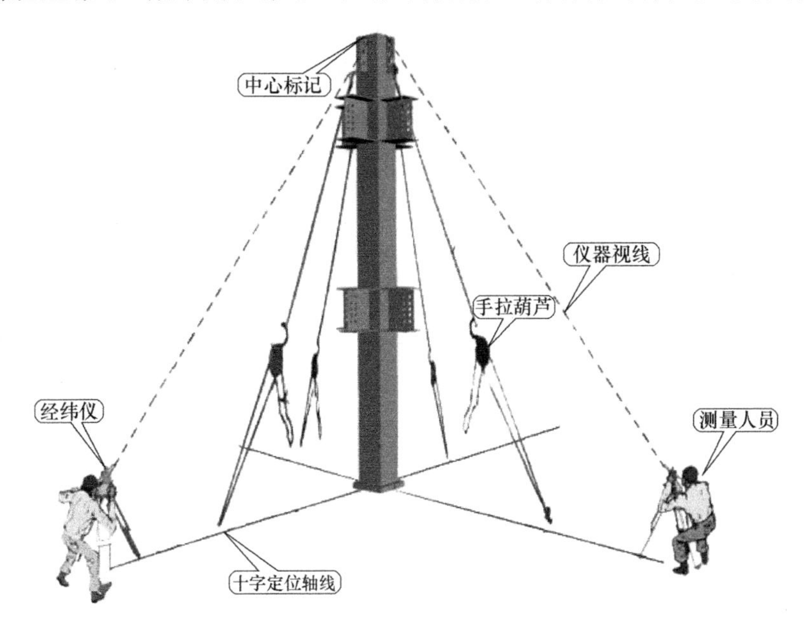

图 3.35　柱身垂直度调整示意图

④ 柱顶标高调整和其他节框架钢柱标高控制。

柱顶标高调整和其他节框架钢柱标高控制可以用两种方法：一是按相对标高安装，另一种是按设计标高安装，通常是按相对标高安装。钢柱吊装就位后，用大六角高强螺栓临时固定连接，通过起重机和撬棍微调柱间间隙。量取上下柱顶预先标定的标高值，符合要求后打入钢楔，固定牢靠，考虑到焊缝及压缩变形，标高偏差调整至 4mm 以内。钢柱安装完后，在柱顶安置水准仪，测量柱顶标高，以设计标高为准。

⑤ 第二节柱轴线调整

上下柱连接保证柱中心线重合。如有偏差，在柱与柱的连接耳板的不同侧面加入垫板（垫板厚度为 0.5～1.0mm），拧紧大六角螺栓。钢柱中心线偏差调整每次 3mm 以内，如偏差过大分 2～3 次调整。

⑥ 第二节钢柱垂直度校正

钢柱垂直度校正的重点是对钢柱有关尺寸预检。下层钢柱的柱顶垂直度偏差就是上节钢柱的底部轴线、位移量、焊接变形、日照影响、垂直度校正及弹性变形等的综合。可采取预留垂直度偏差值消除部分误差。预留值大于下节柱积累偏差值时，只预留累计偏差值，反之则预留可预留值，其方向与偏差方向相反。

4）钢梁安装

① 吊点设置

钢梁要用两点起吊，以吊起后钢梁不变形、平衡稳定为宜。为确保安全，钢梁在工厂制作时，在距梁端 0.21L 或 1/3L（梁长）地方，焊好两个临时吊耳，供装卸和吊装用。

吊索角度选用45°～60°。

② 吊装顺序

钢梁吊装均应紧随钢柱其后，当钢柱构成一个柱网单元后，随后应将该单元的框架梁由上而下，先长梁后短梁与柱连接组成空间刚度单元，经校正紧固符合要求后，依次向四周扩展。一节钢柱一般有2～4层梁，先安上层梁再装中下层梁，由于上部和周边都处于自由状态，易于安装和控制质量。

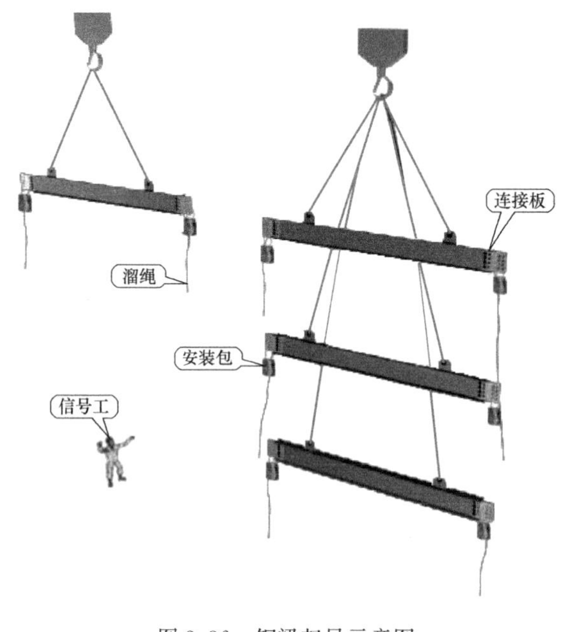

图3.36 钢梁起吊示意图

③ 起吊、就位与固定

钢梁起吊到位后，按设计要求进行对位，要注意钢梁的轴线位置和正反方向（图3.36）。安梁时应用冲钉将梁的孔打紧逼正，每个节点上用不少于两个临时螺栓连接紧固，在初拧的同时应调整好钢柱的垂直偏差和钢梁两端焊接坡口间隙。

根据起吊设备能力和构件的重量，在不超过起吊能力范围内，可采用串吊来减少吊次，提高工效。串吊时要注意两点：a. 凡串吊的钢梁安在同一楼面时，梁与梁之间距离可小点。b. 凡串吊的梁在相邻的不同楼层时，梁与梁之间的距离必须保证两楼层距离再加上1.5m左右。

5）节点安装

① 高强螺栓安装

梁柱节点处高强螺栓安装流程为：首先采用普通螺栓固定→用高强螺栓由中间向四周替换普通螺栓，并初拧高强螺栓→最后由中间向四周终拧高强螺栓到设计强度。

安装时注意事项：

a. 高强螺栓的穿入应在结构中心调整后进行，其穿入方向应以施工方便为准，力求方向一致。

b. 安装时严格控制高强螺栓长度，避免由于以长代短或以短代长而造成的强度不够、螺栓混乱情况。终拧结束后要保证有2～3个丝扣露在螺母外圈。

c. 同一高强螺栓初拧和终拧的时间间隔，要求不得超过一天，且初拧终拧都得做出标记。

d. 高强螺栓安装应能自由穿入孔，个别螺栓孔不能自由穿入时，可用铰刀或锉刀进行扩孔处理，扩孔产生的毛刺等应清除干净；当大部分不能自由穿入时，可先将安装螺栓穿入，可自由通过的螺栓孔拧紧后再将不能自由通过的螺栓孔扩孔，然后放入高强螺栓。

e. 雨天不得进行高强螺栓安装，摩擦面上和螺栓上不得有水及其他污物，并要注意气候变化对高强螺栓的影响。

② 现场焊接

a. 焊前准备

施焊前，焊工应检查焊接部位的组装和表面清理的质量，如不符合要求，应修磨补焊合格后方能施焊。坡口组装间隙超过允许偏差规定时，可在坡口单侧或两侧堆焊、修磨使其符合要求，但当坡口组装间隙超过较薄板厚度2倍或大于20mm时，不应用堆焊方法增加构件长度。

b. 焊接顺序

对于钢柱之间的对接施焊，应由两名焊工同时从两侧不同方向焊接，柱与柱焊接采用2人对称焊接。在焊接过程中需要注意层间温度，防止层间温度过高。当焊缝过长时，采用分段跳焊法，但要保证两焊工同步，减少变形。在焊接最后一层时需一次焊完，不得分段焊接。在柱转角处注意成型。

对柱梁连接的焊接而言，先焊接梁的腹板与柱连接处，再焊接梁的翼板与柱的连接；焊接梁的腹板时，两人同时焊接，直至焊接完成；焊接梁的翼板时，若空间允许，两人对称焊接，保证焊接同步；否则按如下顺序进行焊接：先进行上翼板焊缝30%的焊接，再进行下翼板焊缝30%的焊接，之后结束上翼板的焊接，最后结束下翼板的焊接。

c. 定位焊

钢结构安装就位校正完成后，正式焊接施工前，应对焊接接头进行定位焊接。焊接时应注意以下事项：

(a) 定位焊焊缝所采用焊接材料及焊接工艺要求应与正式焊缝的要求相同。

(b) 定位焊焊缝的焊接应避免在焊缝的起始、结束和拐角处施焊，弧坑应填满，严禁在焊接区以外的母材上引弧和熄弧。

(c) 定位焊尺寸要求满足表3.7所示的尺寸规定。

定位焊尺寸参考表　　**表3.7**

母材厚度（mm）	定位焊焊缝长度（mm）		焊缝间距（mm）
	手工焊	自动、半自动	
$t \leqslant 20$	40～50	50～60	300～400
$20 < t \leqslant 40$	50～60	50～60	300～400
$t > 40$	50～60	60～70	300～400

(d) 定位焊的焊脚尺寸不应大于焊缝设计尺寸的2/3，且不大于8mm，但不应小于4mm。

(e) 定位焊焊缝有裂纹、气孔、夹渣等缺陷时，必须清除后重新焊接。

d. 焊接施工

全部焊段尽可能保持连续施焊，避免多次熄弧、起弧。穿越安装连接板处工艺孔时必须尽可能将接头送过连接板中心，接头部位均要错开。

同一道焊缝出现一次或数次停顿需要续焊时，始焊接头需在原熄弧处后至少15mm

处起弧，禁止在原熄弧处直接起弧。CO_2气体保护焊熄弧时，应待保护气体完全停止燃烧即移走焊枪，不使红热熔池暴露在大气中失去CO_2气体保护。

焊接过程中，焊缝的层间温度应始终控制在100～150℃之间，要求焊接前应对全焊缝进行修补，消除凸凹处，尚未达到合格要求处应先予以修复，保持该焊缝的连续均匀成型，面层焊缝应在最后一道焊缝焊接时，注意防止边部出现咬边缺陷。

(2) 安装技术要点

1) 塔式起重机选择

① 起重机性能：塔式起重机根据吊装范围的最重构件、位置及高度，选择相应塔式起重机最大起重力矩（或双机抬吊起重力矩的80%）所具有的起重量、回转半径、起重高度。除此之外，还应考虑塔式起重机高空使用的抗风性能，起重卷扬机滚筒对钢丝绳的容绳量，吊钩的升降速度。

② 起重机数量：根据建筑物平面、施工现场条件、施工进度、塔式起重机性能等，布置1台、2台或多台。在满足起重性能情况下，尽量做到就地取材。

③ 起重机类型选择：在多高层钢结构施工中，其主要吊装机械一般都是选用自升式塔式起重机，自升式塔式起重机分内爬式和外附着式两种。

2) 钢框架吊装顺序

对竖向构件标准层的钢柱一般为最重构件，它受起重机能力、制作、运输等的限制，钢柱制作一般为2～4层一节。

对框架平面而言，除考虑结构本身刚度外，还需考虑塔式起重机爬升过程中枢架稳定性及吊装进度，进行流水段划分。先组成标准的框架体，科学地划分流水作业段，向四周发展。

3) 安装施工中应注意的问题

① 在起重机起重能力允许的情况下，尽量在地面组拼较大吊装单元，如钢柱与钢支撑、层间柱与钢支撑、钢桁架组拼等，一次吊装就位。

② 确定合理的安装顺序。构件安装顺序，平面上应从中间核心区及标准节框架向四周发展，竖向应由下向上逐件安装。

③ 合理划分流水作业区段，确定流水区段的构件安装、校正、固定（包括预留焊接收缩量），确定构件接头焊接顺序，平面上应从中部对称地向四周发展，竖向根据有利于工艺间协调，方便施工，保证焊接质量，制定焊接顺序。

④ 一节柱的一层梁安装完后，立即安装本层的楼梯及压型钢板；楼面堆放物不能超过钢梁和压型钢板的承载力。

⑤ 钢构件安装和楼层钢筋混凝土楼板的施工，两项作业相差不宜超过5层；当必须超过5层时，应通过设计单位认可。

3.4.2 楼板安装

(1) 压型钢板-混凝土组合楼板施工要点

1) 安装工艺流程

钢梁上弹出压型钢板安装位置线→吊运压型钢板至施工位置→人工铺设压型钢板→栓钉焊接、压型钢板侧边连接→开预留洞口及板下加固→端头封堵→钢筋安装→安装预埋件→浇筑混凝土→混凝土养护。

① 钢梁上弹安装位置线

先在铺板区弹出钢梁的中心线，主梁的中心线是铺设压型钢板固定位置的控制线。由主梁的中心线控制压型钢板搭接钢梁的搭接宽度，并决定压型钢板与钢梁熔透焊接的焊点位置。次梁的中心线将决定熔透焊栓钉的焊接位置。因压型钢板铺设后难以观测次梁翼缘的具体位置，故将次梁的中心线及次梁翼缘宽度反弹在主梁的中心线上，固定栓钉时应将次梁的中心线及次梁翼缘宽度再反弹到次梁面上的压型钢板上。

② 吊运压型钢板

在堆料场地将压型钢板分层分区按料单整理，并注明编号，区分清楚层、区、号，用记号笔标明，并准确无误地运至施工部位。吊运时采用专用软吊索，以保证压型钢板板材整体不变形、局部不卷边。每次吊装时应检查软吊索是否有撕裂、割断现象。压型钢板置在钢梁上时应防止探头。铺料时操作人员应系安全带，并保证边铺设边固定在周边安全绳上。

③ 铺设压型钢板

压型钢板铺设应按施工前布板设计进行铺设。采用依次向前铺设法，即从梁的一端开始，向前铺设到另一端。铺设板施工时要注意以下几点：a. 压型钢板与钢梁的搭接长度必须满足设计要求；b. 压型钢板两块纵向连接时，应设在支撑梁上，并保证其纵向搭接长度符合设计和规范规定；c. 要以弹好的基准线为依据进行铺板，保证板侧边平整、顺直、位置正确，使压型钢板槽形开口贯通、整齐、不错位；d. 压型钢板与压型钢板侧板间连接采用咬口钳压合，使单片压型钢板间连成整板。先点焊压型钢板侧边，再固定两端头，最后采用栓钉固定。

④ 压型钢板切割开洞及板下加固

压型钢板需要切割时，一定要量好尺寸，确定无误后再切割。切割前要在压型钢板定位后仔细参照楼板预留洞图和布置图弹出切割线，沿线切割。切割作业如切斜边、切角、留孔等均应使用等离子切割机，避免破坏钢板表面镀层处理，以免压型钢板日后锈蚀。

当预留洞口较多较大时，为保证工程质量，施工时除应按设计要求在压型钢板下加设加固补强角钢支撑外，在混凝土施工时，应在预留洞口周边加设临时支撑，确保洞口周边的组合楼板结构质量和外表美观。

⑤ 端头封堵及栓钉焊接

压型钢板端头封堵时要防止封堵不严，不然会造成组合楼板侧边缘下部在混凝土浇筑时跑浆，影响工程观感质量。

压型钢板铺设完成后，根据钢梁上已弹好的中心线来确定栓钉焊接位置，并弹出栓钉焊接的位置线，然后进行栓钉焊接。焊接时应注意以下四点：a. 焊工必须持证上岗，栓钉的材质必须与母材相匹配；b. 栓钉焊接时，应将压型钢板上镀锌涂膜及钢梁上面接触部位的防锈漆清除，以确保梁顶面与栓钉焊缝的质量；c. 焊接栓钉时，焊枪要压紧、压实，要求与下面钢板间隙不大于1mm。焊接栓钉完成要待压型钢板固定后方可移动焊枪；d. 焊接后的栓钉顶面，要高出压型钢板面30mm，栓钉间距必须符合设计要求。

⑥ 布筋、浇筑混凝土。压型钢板安装完毕后，按图纸要求绑扎钢筋网片，值得注意的是，钢筋网片下需加设钢筋马凳，以确保钢筋网片架起到设计要求位置。在浇筑混凝土时，对压型钢板底部无垂直临时支撑的部位，浇筑混凝土时布料不宜太集中，以防压型钢板受力过大产生弯曲变形。

2）安装技术要点

① 压型钢板施工验算

在施工过程中，使用压型钢板混凝土组合楼板进行施工时，施工人员必须要综合考虑钢梁的间距、钢板强度以及施工荷载等因素，确保压型钢板可以支撑浇筑混凝土的重量。在工程实际施工过程中，如果施工荷载超出规定的限定值，就必须停止施工，重新进行计算改进施工方案。

在浇筑混凝土时，由于压型钢板下不设临时支撑，所以板上不能集中堆放材料和设备，必要时可铺设临时走道板，防止压型钢板施工期间产生过大挠度。

② 混凝土浇筑质量控制

组合楼板混凝土应具有以下性能要求：a. 具有较高的流动性和较小的黏度。对混凝土坍落度严格控制，经现场试验得出控制值在180±20mm之间。b. 具有较小的收缩率。混凝土可适当微膨胀，使压型钢板与混凝土更好地进行结合，形成整体。c. 经时泵送损失小。精确计算每层混凝土方量，并确保现场混凝土浇筑的连续性，在浇筑时安排专人查看混凝土强度，及时进行坍落度测量。混凝土试块应按要求在现场进行制作、养护送检。d. 浇筑前，需把压型钢板上的杂物及灰尘、油脂等其他有妨害混凝土结合的物质清理干净。e. 混凝土浇筑前，楼承板面上人员、小车走动比较频繁的区域应铺设垫板，以免楼承板受损、变形，从而降低楼承板的承载能力。

（2）钢筋桁架楼承板组合楼板施工要点

1）安装工艺流程

钢筋桁架楼承板组合楼板的安装工艺流程与压型钢板-混凝土组合楼板相同，此处不再赘述。

2）安装技术要点

① 附加钢筋施工。按设计要求，需设置楼承板支座连接筋及负筋，连接筋与钢筋桁架绑扎焊接；设置洞口边加强筋，待楼承板混凝土达到设计强度时，方可切断钢筋桁架楼承板的钢筋及钢板。在附加钢筋及管线敷设过程中，应注意做好对已铺设好的钢筋桁架楼承板的保护工作，不宜在镀锌板面上行走或踩踏。禁止随意扳动、切断钢筋桁架；若不得已裁断钢筋桁架，应采用同型号的钢筋将钢筋桁架重新连接进行修复。

② 设置临时支撑。当钢筋桁架模板跨度超过施工阶段最大无支撑跨度，则须在浇筑楼承板混凝土之前，在垂直钢筋桁架方向楼承板跨中设置一道可靠的临时支撑，避免因混凝土浇筑振捣过程中产生的荷载而下挠。

（3）钢筋桁架混凝土叠合楼板施工要点

1）安装工艺流程

施工准备→测量放线—叠合板底板支撑布置→底板支撑梁安装→底板位置标高调整、检查→吊装预制叠合板底板→调整支撑高度，校核板底标高→后浇带模板安装→管线敷设→现浇叠合层钢筋绑扎→浇筑叠合层混凝土。

① 叠合板底板支撑布置。叠合楼板支撑宜采用工具式支撑系统，由独立钢支柱、稳定三脚架、铝梁托座和铝合金工字梁组成。2 根铝合金工字梁之间的跨度不大于 1800mm，距墙边悬挑 400mm。安装楼板前调整支撑标高与两侧墙预留标高一致。

② 吊装预制叠合板底板。叠合板起吊时，宜采用多点吊装平衡梁吊装，吊点数量、位置应满足叠合楼板吊装验算的设计要求，均匀受力、起吊缓慢保证叠合板平稳吊装。安装时严格按照现场放线位置安装就位，保证误差尺寸控制在规范允许范围内。

为提升叠合楼板的吊装速度，可采用叠合板串吊施工技术。利用专用叠合板串吊吊框，吊框的 4 个边，每边各挂两根吊装吊链或吊装钢丝绳，要求相对长边挂 4 根较短吊索，相对短边挂 4 根较长吊索，先利用 4 根短吊索四点吊起后安装的叠合板，提升 2m 左右高度，再用 4 根长吊索四点吊起先安装的叠合板，利用垂直起重机械将两块叠合板一起提升到安装作业面，先安装长吊索吊起的叠合板，将长吊索放到短吊索吊着的叠合板上，再放短吊索吊起的叠合板。叠合板串吊示意如图 3.37 所示。

③ 后浇带模板安装

叠合板后浇带模板安装方式有板下支撑体系和吊模体系两种，如图 3.38 所示。

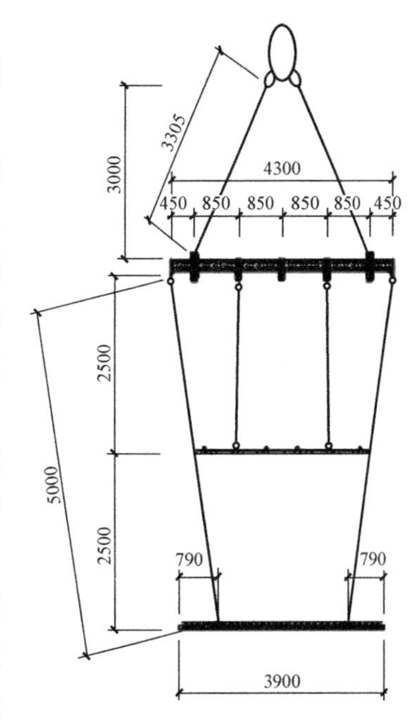

图 3.37 叠合板串吊示意

吊模体系通过丝杆将两侧叠合板夹紧，不易产生相对位移，进而将房间内所有叠合板连接成为一个整体。在混凝土浇筑时由于楼板荷载发生变化，楼板会产生轻微变形，后浇带模板会随着叠合板发生变形，使相邻叠合板变形匀称，浇筑后整体观感效果好。吊模体系通过将加固螺栓拧紧，依靠丝杆的拉力，主龙骨挤压模板，会将模板产生的变形消除，拼缝严密，不易漏浆。吊模体系使用的螺纹钢及丝杆为废旧材料二次利用，材料费用低，但安装、拆除不便，增加了人工成本。

板下支撑体系中，相邻叠合板不仅无有效连接，而且在模板支撑时，还会造成相互扰动。因使用单立杆支撑，稳定性差，变形不协调，影响整体观感。模板与叠合板底面之间的拼缝仅靠叠合板自重去压紧，模板在周转使用过程中难免产生变形，造成拼缝不严的问题，容易漏浆，需要进行后期结构处理。板下支撑体系施工方法相对简便，节约人工成本。

④管线敷设

施工前，水电专业人员应熟悉了解预埋水电管线规格、走向，了解叠合板厚度、桁架筋高度，优化不合理的管线布置，管线交错布置会导致现浇叠合层不能满足标高要求。尽

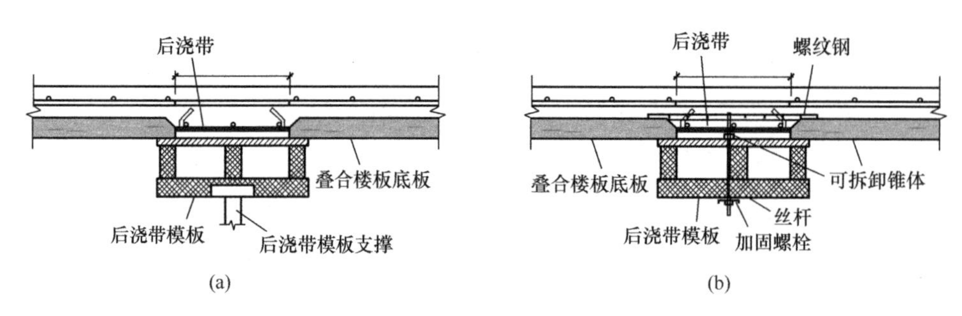

图 3.38 叠合板后浇带模板安装方式

(a) 节点 1；(b) 节点 2

量将交错部位的管线移至现浇板带、公共走道或墙体部位现浇板位置。预埋水电管线单管从叠合板水平桁架筋下部穿过。确保桁架筋不被切断或弯折。叠合板埋设管线时，正穿管线采用刚性管线，斜穿管线采用柔韧性较好的管材。不可多根管线集中预埋，减少应力集中。

2）安装技术要点

机电敷设要求。在机电设计及构件深化设计时，机电管线尽量与结构楼板分离，可明敷于顶棚内或楼面建筑面层内，避免后期后凿预制楼板造成漏浆问题。

拼缝处理。叠合楼板与模板接触部位要求完全贴合，防止漏浆。可在与模板接触的叠合楼板两侧长边设置预留凹槽，凹槽尺寸可选择 30mm×5mm，同时粘贴胶带，胶带宜选用 3mm 以上厚度的双面胶带。叠合楼板在梁支座位置宜深入支座，深入长度宜取 10～15mm，便于该处的缝隙封堵。

就位校正。叠合楼板安装宜一次就位完成，构件下放过程中利用方木等非硬质材料进行就位调整，准确就位后塔式起重机方可松钩，严禁松钩后用撬棒矫正，避免破坏叠合楼板阳角边及模板上的胶带。

（4）预制带肋底板混凝土叠合楼板施工要点

1）安装工艺流程

构件进场堆放→设板底支撑→吊装→设置楼板预留孔洞→板间抹缝→布置钢筋及管线→浇筑叠合层混凝土→拆除板底支撑。

① 构件进场堆放

预制带肋底板应按照不同型号、规格分类堆放。预制带肋底板应采用板肋朝上叠放的堆放方式，严禁倒置。各层预制带肋底板下部应设置垫木，垫木应上下对齐，不得脱空。预制带肋底板从垫木支点处挑出的长度应经验算或根据实践经验确定。堆放层数不应大于 7 层，并应有稳固措施。

② 设板底支撑

需在预制带肋底板下距离梁边合理净距位置设置临时可调支撑杆，且上下层支撑应在同一直线上。当板下支撑间距>3.6m 或支撑间距≤3.6m 且板面施工荷载较大时，跨中需设置竖向支撑。

③ 设置楼板预留孔洞

预制带肋底板开洞应避开板肋位置，以设置在板间拼缝处。圆孔孔径或长方形孔边长不应大于120mm，洞边距板边距离不应大于75mm。根据等强原则在孔洞四周设置附加钢筋，每侧不小于2ϕ8，沿平行板肋方向附加钢筋应伸过洞边距离l_a，沿垂直板肋方向附加钢筋应伸至板肋边。

④ 板间抹缝

为防止浇筑叠合层混凝土时漏浆，应对拼缝进行砂浆抹缝或细石混凝土灌缝处理，砂浆强度等级不宜小于M15，混凝土强度等级不宜小于C20，且宜采用膨胀砂浆或膨胀混凝土。

⑤布置钢筋及管线

根据图纸要求铺设穿孔钢筋，再安装电气管线，再绑扎板面负筋及分布筋。

预埋管线可布置于板肋间并从肋上预留孔中穿过。开关盒、灯台、烟感器等应选在板拼缝处安装，若不在拼缝处，可以选择在需要安装的位置留出合适宽度的现浇板带。

绑扎板面负筋及分布筋时，先将垂直于板肋方向的支座负筋或分布筋放置于板肋上；再将平行于板肋方向的负筋或分布筋放置于垂直板肋方向的支座负筋或分布筋的下方，同时两个方向的板面钢筋绑扎连接。

⑥ 浇筑叠合层混凝土

浇筑叠合层混凝土前，必须将预制带肋底板表面清扫干净并浇水充分湿润，不得留有积水。浇筑叠合层混凝土时，应用平板振动器振捣密实，以保证后浇混凝土与PK板叠合成一整体。同时要求布料均匀，布料的堆积高度严格按现浇层厚度加施工活荷载1.5kN/m²控制，荷载不均匀时单板范围内折算均布荷载不宜大于1.0kN/m²，否则应采取加强措施。浇筑完成后，应按相关施工规范规定及时对混凝土进行养护。养护持续时间不得少于7天。

2）安装技术要点

在预制带肋底板拼缝上方对称设置拼缝防裂钢筋（图3.39），可提高楼板在拼缝处的抗裂性能。拼缝防裂钢筋可采用折线形钢筋或焊接钢筋网片。为提高垂直板肋方向的截面有效高度，钢筋放置时，拼缝防裂钢筋宜放置在横向穿孔钢筋上方。

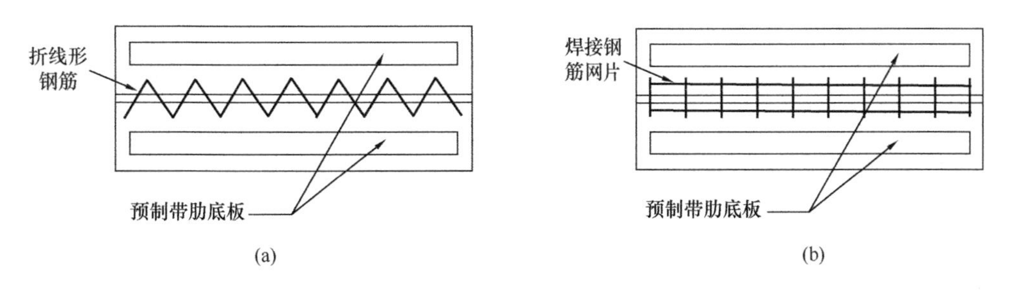

图3.39　拼缝防裂钢筋构造

（a）折线形钢筋；（b）焊接钢筋网片

(5) 预应力空心板叠合楼板施工要点

1）安装工艺流程

SP 板运输→现场吊装→空心板与梁柱拉结→板缝清理、摆筋、吊模、灌缝。

① 预应力空心板运输

为避免二次搬运，预应力空心板宜直接从车上吊放到建筑物上。当有必要在施工现场堆放预应力空心板时，应保证堆放场地平整坚实；每垛堆放层数不宜超过 10 层，总高度不宜超过 2.0m。码放预应力空心板时，垫木距板端约 30m，垫木上下对齐，严禁上层垫木置于下层垫木外侧，否则会造成预应力空心板断裂。运输预应力空心板时，行车要平稳，防止倾斜和振动。

② 现场吊装

吊装前应填堵预应力空心板板孔，防止灌缝混凝土流入板孔。在钢梁上安装预应力空心板时，应在梁上铺 10mm 砂浆，随铺随吊，保证预应力空心板底受力均匀。安装预应力空心板时，一般宜将板侧靠紧安置，但板顶缝宽不宜小于 20mm。吊装预应力空心板时，吊点距板端 30cm，吊索与板夹角不得小于 50°，否则会造成吊索向内滑脱、板发生坠落。严格按照施工图要求处理节点，确保预应力空心板在支座上的搭接长度。在堆放、运输、安装及使用过程中，不得将板翻身侧放，严禁悬臂预应力空心板，预应力空心板应始终保持简支状态。

③ 空心板与梁柱拉结

为了确保空心板楼盖的整体性，空心板与梁、柱之间应有可靠的连接。具体做法为：梁板之间沿板宽方向板孔内设置 1 根 Q235ϕ8mm 钢筋，每块板内设置一道，自梁边伸入板内 1000mm。在柱侧设置翼肢宽度不小于 100mm 的角钢，用于柱侧支撑空心板。

④ 板缝清理、摆筋、吊模、灌缝

为了保证空心板楼盖体系中，相邻 SP 板之间能相互传递剪力和协调相邻板垂直变位，应做好板缝的灌缝工作。所有 SP 板的灌浆工作，均应在吊装板后，进行其他工序前尽快实施，一般应采用强度≥20N /mm^{2}的水泥砂浆或强度≥C20 的细石混凝土灌实。

灌缝前应采取措施，在板缝处加临时支撑或在相邻板间加夹具，保证相邻板底平整。灌缝前应清除板缝中的杂物，按具体工程设计要求设置好缝中钢筋，并使板缝保持清洁湿润状态，浇灌后应注意养护。

2）安装技术要点

施工过程中，预应力空心板产生横向裂缝的原因有：①板在吊装、运输、堆放过程中，施工方法不当，SP 板会产生横向贯穿裂缝；②在板安装固定后，板上堆积杂物，使临时施工荷载超过了板的允许荷载，产生横向裂缝；③板在安装前应按要求进行堵孔，然而在实际施工中，有些施工单位不按规定施工，不进行堵孔就直接安装，使板端容易发生剪切破坏，引起剪切裂缝。

板产生纵向通长裂缝的原因有：在安装过程中，未经任何处理，将板直接安置在墙顶或梁顶上。由于墙顶或梁顶表面不平整，安放板时又没坐浆，导致楼板不平稳；或者在板缝嵌缝过程中质量粗糙，当楼板面受到外荷载的作用时，板与板之间就会上下错动，从而出现顺板缝方向的通长裂缝。

对于板横向裂缝的防治措施有：①堆放板的场地要平整坚实，防止支承点下陷导致板反向受力而折断；装车时，需绑扎牢固，平稳行车，防止倾斜或颠覆；吊装时，吊点距板端30cm，吊索应具备足够的强度，还要防止板在吊索内滑落。②在安装过程中距板端20～80mm处应用M5以上的砂浆堵实，浇筑前孔内可按设计要求加入钢筋或钢筋网片，板两端板缝间的孔隙也需用细石混凝土浇筑以形成销键。

对于板纵向裂缝的防治措施有：①板安装前，应先将墙顶或梁顶清扫干净，再用水泥砂浆找平墙顶或梁顶，在安装过程中必须坐浆10～20mm。②板安装前，应在墙或梁的侧面划出空心板的位置线，以保证板缝宽度，宽度以40mm为宜，为避免出现瞎缝，一般要求不得小于20mm。楼板安装完毕后进行嵌缝，先用清水冲洗板缝，再用细石混凝土浇筑，板边形式独特，拼缝可形成上下小、中间大的板槽，灌缝后形成整体楼板，且由于该板密实，也可满足构件防水的要求。

3.4.3　预制混凝土楼梯安装

（1）安装工艺流程

施工准备→定位放线、梯梁标高复核→预制楼梯吊装、就位→连接节点施工→成品保护。

1）施工准备

楼梯吊装前应对已施工完成的现浇或装配式结构的质量进行验收。现浇结构的混凝土强度应符合设计要求；复核轴线位置、标高，截面及预埋件、预留钢筋的位置等；原有结构的垂直度、平整度应满足预制楼梯安装要求，若结构出现爆模、胀模等影响安装质量的现象，应按照施工方案进行处理，处理完毕后方可进行楼梯吊装。

2）定位放线

安装施工前应在已施工完成的结构和楼梯构件上进行测量放线，设置安装定位标志。楼梯构件的竖向与水平安装线应与楼层安装位置线相符合。预制楼梯安装位置线由控制线引出，每个预制楼梯横竖两个方向应各设置不少于2条安装位置线。在现浇的梯梁上安装楼梯构件前，应根据高程控制点对梯梁面的标高和控制线进行复核。楼梯侧面距结构墙体预留20mm空隙，为后续初装的抹灰层预留空间；梯井之间根据楼梯栏杆安装要求预留空隙。在楼梯段上下口梯梁处铺20mm厚M15以上1∶1水泥砂浆找平层。

3）预制楼梯吊装、就位

在正式吊装前必须进行试吊，先吊起距地面500mm时停止，检查钢丝绳、吊钩的受力情况，使踏步面保持水平，然后吊至作业层上空。吊装就位时楼梯板要从上垂直向下安装，在作业层上空约300mm处略作停顿，施工人员手扶楼梯板调整方向，将楼梯板的边线与梯梁上的安装控制线对准，并将预埋螺栓与构件进行对孔。梯板搁置时要停稳慢放，严禁快速猛放，以避免冲击力过大造成梯板碰撞损坏。

待梯板基本就位后再用撬棍微调，直至安装位置正确，搁置面处完全接触。吊装就位梯板时，应特别注意标高正确，并在校正后脱钩。

4）连接节点施工

对栓锚连接方式来说，预制楼梯校正就位后，应在梯板预留孔洞封堵前对预制楼梯的平面定位、标高和外观质量等组织验收。待预制楼梯的平面定位、标高验收合格后，梯板上部（固定铰支）采用砂浆对梯板预留孔洞进行封堵，封堵面应保证平整、密实和光滑，梯板下部（滑动铰支）则只在预埋螺栓的螺母垫片上方填充封堵即可，垫片下方的预留空腔用于梯板的自由滑动变形。预制楼梯的两端与平台梁之间缝隙均采用聚苯板填充。

对于后浇连接方式来说，预制楼梯段安装好后进行平台板后浇带施工。先铺设好后浇钢筋混凝土板的底模，再进行楼梯梯段和现浇板的预留钢筋的绑扎。浇筑混凝土前检查钢筋绑扎质量，并安装好预留线管，同时对模板进行润湿。采用比预制构件混凝土强度高一个等级的微膨胀混凝土，浇筑时采用插入式振捣棒对混凝土进行振捣，保证现浇节点质量，人工2次对混凝土进行收光抹平，采用自然养护，进行覆盖并按时浇水保持湿润，达到强度要求后拆模。

5）成品保护

安装完成后对楼梯的梯步、净空、预埋件等尺寸、位置进行复查，合格后采用加工好的旧模板对楼梯踏步进行保护，防止墙和梁混凝土浇筑时对安装好的预制梯段造成污染，以及转运建筑材料时对楼梯踏步造成损坏。

（2）安装技术要点

1）预制楼梯安装准确就位控制措施

预制楼梯安装偏位是最常见的施工质量问题，与预制楼梯安装方法不当、楼梯平台梁面不平、预制楼梯板定位线偏位、预制楼梯安装未对准定位线等因素有关。采取以下控制措施：①浇筑平台层混凝土之前，预先在上平台梁内安装预埋件，将预埋件钢板焊接在平台梁内纵向受力钢筋上，在浇筑混凝土时，采取保护措施避免预埋件发生偏位。②测量标注出平台梁的位置及标高控制线；浇筑平台混凝土时，控制平台梁顶标高的偏差在±2mm以内；吊装预制楼梯前应复核平台梁顶标高。③预制楼梯水平控制线偏差控制在±2mm以内。测量定位预制楼梯的控制线，并在梯段的上下平台梁上标记出安装定位线。测定预制楼梯标高控制线，先定位梯板的上部支座（固定铰支），再定位梯板的下部支座（滑动铰支），将控制线引测至相邻的柱和墙上，同时在平台梁上增加辅助定位点。④预制楼梯水平位置偏差控制在±2mm以内。吊装预制楼梯前，在梯板上标记其中心位置线。吊装预制楼梯时，先将其吊至平台上方1000mm，将梯板上标记的中心位置线与平台梁上的安装控制线对中。在作业层上空约300mm处略作停顿，调整预制楼梯的方向，缓慢放吊，并微调位置，以标高控制线确定相邻楼梯平台的表面高度，搁置时使梯板上标记的中心位置线与平台梁上的安装控制线重合。

2）预制楼梯与楼梯间墙体空隙处理做法

预制楼梯与楼梯间墙体的空隙一般控制在20mm，该处做法往往在设计时被忽略。在实际施工中，当空隙较小时，通过墙面抹灰或踏步贴砖就可以进行封闭；当空隙较大时，可在缝内填充聚氨酯发泡材料，表面打胶封闭处理。

第 4 章　外围护墙系统应用技术

高速公路房建工程主体结构采用装配式钢结构时，外围护墙的选择是技术应用与推广过程中的关键问题。结合工业化的建造特点，本章通过市场调研，整理了目前市面上应用较为成熟的多类墙体，针对目前外围护体系在选用过程中因材料种类、系统构成、节点构造、施工工艺不尽相同而导致的选型困难问题，分别对多种板材的性能特点、连接构造、保温系统、防水做法、热桥处理、饰面层做法等问题进行了重点分析，可为高速公路房建工程中装配式钢结构建筑外围护墙系统的选择提供多种安全耐久、保温节能、装配化水平较高的技术方案。

4.1　外围护墙系统存在的问题

外围护墙系统的选型需从性能效果、生产标准化、施工工艺、系统整体性等方面进行统筹考虑。当前外围护体系在选用过程中存在的问题主要体现在以下方面：

（1）墙板保温隔热性能较差。某些墙板自身虽然具有一定的保温性能，如蒸压加气混凝土板。但在高速公路房建工程所在的寒冷地区依靠增加墙板厚度来满足保温要求经济性相对较低，墙板在使用时须加厚或采取辅助保温措施。

（2）不重视连接处的热桥处理。在墙板安装过程中，各类墙板与钢结构主体的连接方式不尽相同，外围护体系与钢结构连接形式多为外挂式和内嵌式，安装工法未过多考虑热桥的产生。

（3）易出现渗漏问题。选用的墙体材料虽满足抗渗性的要求，但是安装节点的结构构造未优化、板缝之间缝隙处理不当、板缝过多、缝隙处理的材料耐久性能差等因素直接影响整个体系的防水性能。

（4）生产与施工工艺繁琐。未选择模数化、标准化、质量轻质的外墙材料。选用的墙体厚，自重大，生产工艺复杂，自动化程度不高，不便于在施工过程中搬运，施工工序繁琐。

（5）未考虑外围护系统的整体性。目前装配式钢结构中的外围护体系多为单一外围护体系，需在施工现场通过组合的方式，同时满足外围护体系的结构、保温、装饰功能需求。

4.2　外围护墙体系性能要求

外围护系统的材料种类多种多样，性能要求主要包括结构安全性、功能性、耐久性、装饰性四个方面。

4.2.1　结构安全性能

安全性能是关系到人身安全的关键性能指标，对于高速公路房建工程而言，应符合基本的承载力要求、防火要求，具体可以分为抗风压性能、抗震性能、耐撞击性能以及防火性能四个方面。外墙板应采用弹性方法确定承载力与变形，墙板的最大挠度不应大于板跨度的1/200，且不应出现裂缝；计算外墙板与结构连接节点承载力时，荷载设计值应乘以1.2的放大系数。在50年重现期风荷载或多遇地震作用下，外墙板不得因主体结构的弹性层间变形而发生开裂、起鼓、零件脱落等损坏；当遭遇相当于本地区抗震设防烈度的地震作用时，外墙板不应发生掉落。

（1）抗震性能

抗震性能应满足现行行业标准《非结构构件抗震设计规范》JGJ 339[22]中的规定。

（2）抗风性能

抗风性能中风荷载标准值应符合现行国家标准《建筑结构荷载规范》GB 50009[23]中有关外围护系统风荷载的规定，并可参照现行国家标准《建筑幕墙》GB/T 21086的相关规定。ω_k 不应小于 $1kN/m^2$，同时应考虑阵风情况下的荷载效应。

（3）抗冲击性能

《装配式钢结构建筑技术标准》GB/T 51232[24]中规定，耐撞击性能应根据具体外围护系统的构成确定。《建筑隔墙用轻质条板通用技术要求》JG/T 169[25]中规定，对于所使用板材的抗冲击次数应不小于5次。外围护系统的室内外两侧装饰面，尤其是类似薄抹灰做法的外墙保温饰面层，也应明确抗冲击性能要求。参考《外墙外保温工程技术标准》JGJ 144及建筑物首层墙面及门窗洞口等易受碰撞部位，抗冲击性能应达到10J级；对于建筑物二层及以上墙面，抗冲击性能应达到3J级。

（4）防火性能

外围护墙体应具备一定的防火性能，在遇火一定时间内应能够保持结构稳定性，防止火势穿透和沿墙漫延。其中非承重外墙的防火性能主要由材料的耐火极限和燃烧性能决定。外墙材料在选择时应选用耐火等级高、燃烧性能低的材料，其防火性能不应低于现行国家标准《建筑设计防火规范》GB 50016[26]中不燃性1h的规定。

4.2.2 功能性要求

高速公路房建工程需要开敞大空间和相对灵活的室内布局，服务区综合楼、宿办楼中的各类房间要根据功能要求合理地组织在一起，同时考虑与周边环境的协调问题，并兼顾房间的特殊性。外围护体系应满足高速公路房建工程使用功能的基本要求，可分为密闭性、隔声性能、保温隔热性能三个方面。

（1）密闭性

装配式钢结构使用的外墙大多由多层材料复合而成，墙体中空气渗透和水的渗透不仅影响外墙的保温效果，同时会造成墙体内部发霉，造成功能层的脱落，影响墙板的正常使用。对墙体水密性和气密性的要求可以参考《建筑幕墙》GB/T 21086的有关规定。

（2）隔声性能

根据《民用建筑隔声设计规范》GB 50118[27]中的规定，对于高速公路配套房建工程所用外墙的空气声隔声标准量应不小于45dB。

（3）保温隔热性能

外围护墙的保温隔热能力主要与三方面因素有关：一是外墙材料的热工性能；二是对于热桥的处理；三是外墙缝隙处理。

1）外墙材料的热工性能

以寒冷地区为例，根据《严寒和寒冷地区居住建筑节能设计标准》JGJ 26[28]中的规定，寒冷地区外围护结构中单一墙体的传热系数限值应满足表4.1的规定。

寒冷地区外围护结构中单一墙体传热系数限值　　表4.1

围护结构部位	传热系数 K [W/（m^2·K）]	
	≤3层	≥4层
外墙	0.35	0.45

外墙材料的热工性能除了与保温材料热阻值以及热惰性指标存在直接关系以外，还与外墙保温层的设置有着密切的联系，外墙保温层设置可分为外保温、内保温以及夹心保温。外墙内保温，即外墙基层靠室内一侧做保温层［图4.1（a）］。外墙外保温是指在基层墙体靠室外一侧做保温层［图4.1（b）］。外墙夹心保温通常是指保温材料设置于基层墙板之中或之间的一种保温做法［图4.1（c）］，保温材料通常采用粘或挂等方式与内外墙板以及中间的骨架相连。

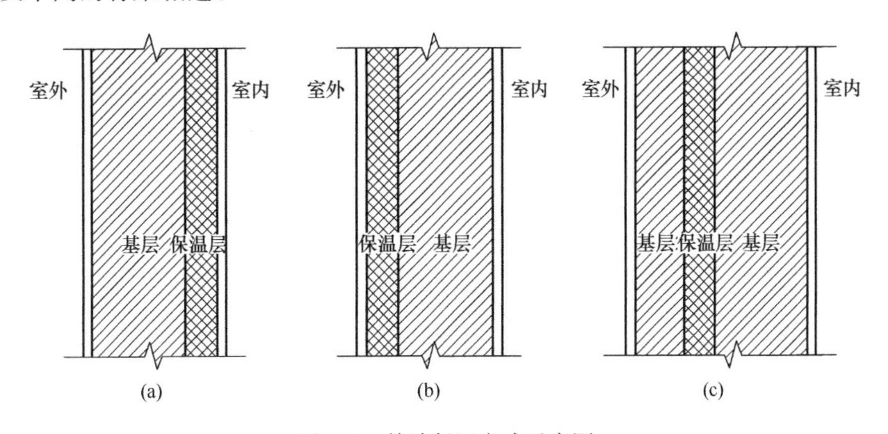

图4.1　外墙保温方式示意图

（a）内保温复合墙体；（b）外保温复合墙体；（c）夹心保温复合墙体

外墙中常用的保温材料可以分为无机保温材料和有机保温材料。

常用的无机保温材料（图4.2）有矿棉类（玻璃棉、岩棉）、发泡无机物类（发泡水泥）。无机保温材料防火性能优良，燃烧性能可达到A级不燃，拥有非常好的阻燃效果；物理化学性能稳定，但大部分无机保温材料吸水率较高，其导热系数会随着水的吸入而改变，从而降低其热工性能，此外，玻璃棉、岩棉纤维细小易被人体吸入，外墙在选择无机保温材料时需做封闭处理。

常用的有机保温材料（图4.3）种类主要有聚苯乙烯系列（EPS模塑聚苯板、XPS挤塑聚苯板）、聚氨酯泡沫、酚醛泡沫等。与无机保温材料相比，有机保温材料质量普遍更轻、导热系数更低、吸水率更低。但有机保温材料的防火性能较差，在外墙外保温技术应用中受到了一定限制。

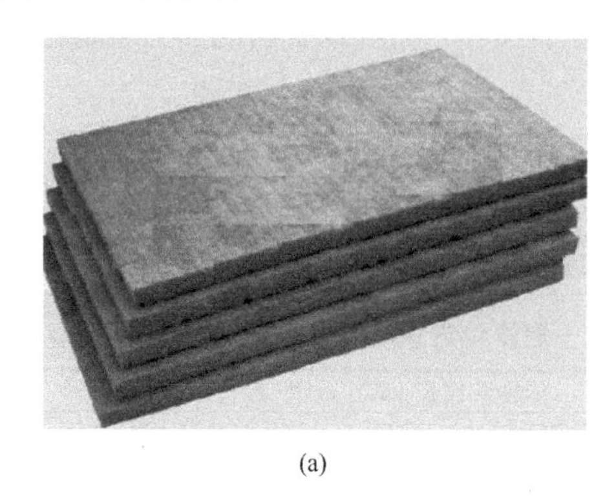

(a) (b)

图 4.2 常见的无机保温材料

(a) 岩棉板；(b) 发泡水泥板

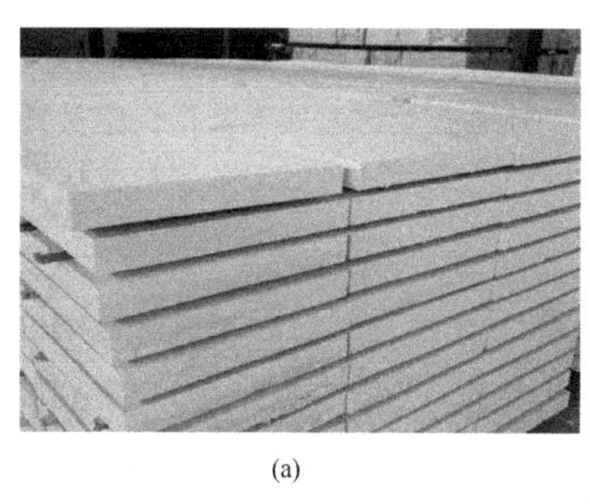
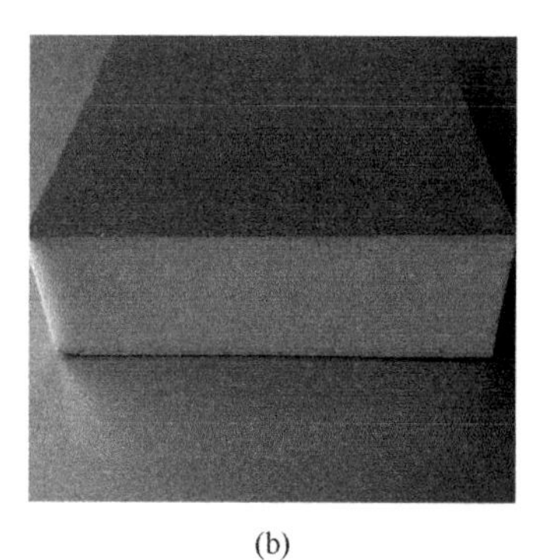

(a) (b)

图 4.3 常见的有机保温材料

(a) EPS 模塑聚苯板；(b) 聚氨酯板

2) 外墙热桥

外墙热桥是复合外墙体中热量容易通过的构件或部位，尤其对于钢结构建筑来说，由此造成的热量交换是不容忽视的。

3) 外墙缝隙

外墙缝隙容易造成空气渗透，导致热量随空气由温度高的地方流入温度低的地方，造成外墙保温隔热能力下降。同时外墙缝隙会造成外墙防水性能与隔声性能降低。

4.2.3 耐久性要求

高速公路房建工程分布于高速公路沿线，环境较为复杂，耐久性要求直接影响到外围护系统使用寿命和维护保养时限。不同的材料，对耐久性的性能指标要求也不尽相同。经耐久性试验后，还需对相关力学性能进行复测，以保证使用的稳定性。一般来讲，外墙的耐久性能要求参照《外墙用非承重纤维增强水泥板》JG/T 396[29]附录 C 中的规定，应满足抗冻性、耐热雨性能、耐热水性能以及耐干湿性能的要求。选用板材时，板材的耐久性要求可参考表 4.2 中的规定。

外墙板耐久性要求 表 4.2

项目		指标要求
耐久性	抗冻性	寒冷地区冻融循环 75 次后，板面不应出现破裂分层，冻融循环试件与对比试件饱水状态抗折强度比值应≥0.80
	耐热雨性能	经 50 次热雨循环，板面不应出现可见裂纹、分层或其他缺陷
	耐热水性能	60℃水中浸泡 56d 后的试件与对比试件饱水状态抗折强度的比值应≥0.80
	耐干湿性能	浸泡-干燥循环 50 次后的试件与对比试件饱水状态抗折强度的比值应≥0.75

4.2.4 装饰性能

外墙的装饰性除了对外墙饰面层的色彩纹样以及形成效果有要求外，还应从构造角度考虑，满足轻质、易于施工或安装的特点，更为重要的是应耐久，不仅能长期保持其装饰性，也要对外墙内侧各功能层形成保护。常见的外墙饰面有涂料类、面砖类、石材挂板以及轻质饰面板。

（1）涂料类

建筑涂料（图 4.4）是我国外墙中应用最广的饰面材料，其造价便宜、种类多、质量轻、无坠落风险，但钢结构结构变形较大，涂料饰面用于钢结构外墙时会面临饰面开裂的风险，为防止开裂，通常在保温层、基层墙体或者外附面板外侧另铺增加耐碱纤维网格布水泥砂浆，并选择弹性涂料做饰面层，耐碱纤维网格布要与其他功能层错缝搭接。

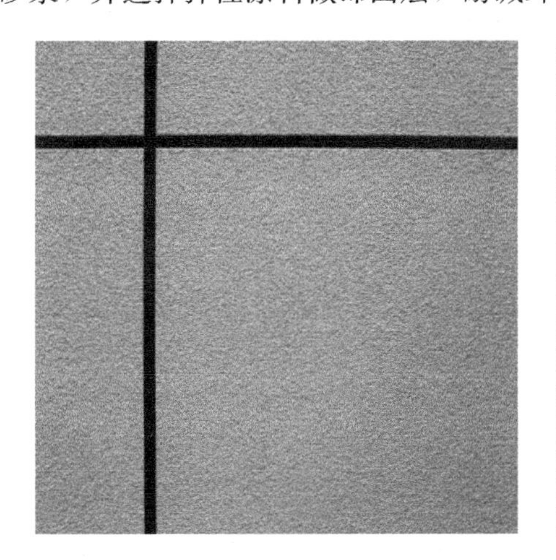

图 4.4 涂料类饰面

（2）石材挂板

石材挂板（图 4.5）多采用花岗石，通过柔性连接件与钢结构相连接，因其材质天然、坚硬永久而给人一种高贵典雅的感觉。但石材外墙质量大，防火性能很差。

（3）轻质饰面板

轻质饰面板（图 4.6）一直是适合钢结构建筑的饰面材料，但是易受到材料质量和技术以及造价的影响。轻质饰面板根据安装位置的不同可以分为外饰面板和内饰面板。

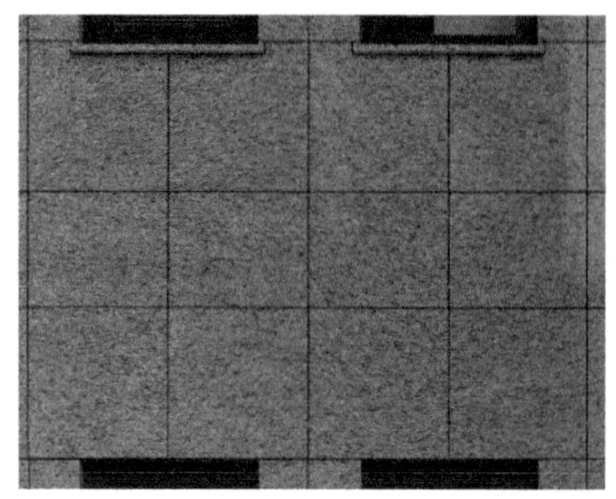

图 4.5　石材挂板

图 4.6　轻质饰面板

外饰面板通过连接系统与钢结构相连，直接与室外环境接触并对基层墙板或者保温层起到保护作用，因此外饰面板不仅要美观，还要具有轻质阻燃、防水防潮、吸声防震等特性。常见的外饰面板有：纤维水泥板、玻镁板以及一些金属板材等。

内饰面板通常用于外保温或夹心保温的外墙板中内侧，主要采用自攻螺钉连接。不仅需要它有质轻阻燃、防水防潮、吸声、防虫蛀、节能环保等特性，还必须能够钉钉、支撑悬挂荷载，构造简单，便于施工。常见的内饰面板有：纤维水泥板、硅钙板等。

4.3　外围护墙体系选型

4.3.1　围护墙体分类

我国装配式钢结构围护墙体系可分为整间板体系、条板体系、金属骨架外墙、保温结构一体化外墙等。通过市场调研，目前各类体系中较为成熟的墙板类型如表 4.3 所示。

常见外墙板类型分类　　表 4.3

<table>
<tr><td rowspan="9">围护墙体系</td><td rowspan="2">整间板体系</td><td colspan="2">预制混凝土夹心保温外墙板</td></tr>
<tr><td colspan="2">AAC 板组装单元体外墙</td></tr>
<tr><td rowspan="3">条板体系</td><td rowspan="2">单一材料条板</td><td>蒸压加气混凝土条板</td></tr>
<tr><td>纤维增强挤出成型中空条板</td></tr>
<tr><td>复合夹心条板</td><td>发泡水泥轻质复合板</td></tr>
<tr><td rowspan="3">金属骨架外墙</td><td>预制板</td><td>预制式轻型兼强板</td></tr>
<tr><td rowspan="2">现场拼装板</td><td>现浇泡沫混凝土轻钢龙骨复合墙体</td></tr>
<tr><td>拼装式轻型兼强板</td></tr>
<tr><td>保温结构一体化外墙</td><td colspan="2">钢丝网架珍珠岩复合保温墙板（现场抹灰）</td></tr>
</table>

4.3.2　蒸压加气混凝土板

（1）墙板介绍

蒸压加气混凝土墙板（图4.7）是以粉煤灰、水泥、石灰为主要原料，以铝粉为发泡剂，由经过防锈处理的钢筋增强，经过高温、高压、蒸汽养护而成的板材，简称AAC板。板材质量轻，干密度级别为B05级的板材干密度不大于525kg/m^3。图集《装配式建筑蒸压加气混凝土板围护系统》19CJ85-1[30]中规定，板材适用于抗震设防烈度8度及8度以下，基本风压小于0.9kN/m^{2}地区，建筑高度在100m及以下的钢结构民用建筑。

图4.7　蒸压加气混凝土板实景照片

（2）规格尺寸

蒸压加气混凝土墙板的宽度通常应选择600mm的模数。板材在建筑设计中应尽量选择常用规格板材以节省造价，其他尺寸需在工厂或施工现场采用专用锯进行切割，切锯时需遵循两个原则：一是不应该在纵断面处切锯；二是施工高度在3.0m以下时墙板应采用单块吊装的方法，切锯后墙板的最小宽度不得小于300mm且钢筋至少保留一对，否则搬运、吊装或拼装时板材容易破坏、开裂。

根据《蒸压加气混凝土板》GB/T 15762中的规定，蒸压加气混凝土板按蒸压加气混凝土强度分为A2.5、A3.5、A5.0三个强度级别，其中蒸压加气混凝土外墙板的强度级别至少应为A3.5，抗压强度不小于3.5MPa，蒸压加气混凝土板的常用规格见表4.4。

蒸压加气混凝土板常用规格　　　　**表4.4**

长度（mm）	宽度（mm）	厚度（mm）
1800～6000（300模数进位）	600	75、100、125、150、175、200、250、300

注：其他非常用规格和单项工程的实际制作尺寸由供需双方协商确定。

对于墙体面积大、形状规则、施工场地宽敞的工程，也可选用AAC板组装单元体外墙进行安装。可以缩短施工时间，减少高空作业工程量，并且能够保证防水与涂料的质量。AAC板组装单元体外墙（图4.8）安装方法的重点在前期的拼装工作。小板固定在骨架上后，可配合洞口安装，板材修补、防水与涂料施工，可以轻松地在地面完成80%的工作，最后20%的工作只是吊装大板与接缝的防水处理。

图 4.8 AAC 板组装单元体外墙

(3) 墙板性能

1) 吊挂力

蒸压加气混凝土墙板的单点吊挂力为 1.2kN。符合《建筑隔墙用轻质条板通用技术要求》JG/T 169 标准中吊挂力试验中加荷 1000N 静置 24h，板面无宽度超过 0.5mm 的裂缝的要求。

2) 防火性能

蒸压加气混凝土墙板是由硅质材料及钙质材料等无机材料制成，具有不燃性，预热时不会产生有害气体，蒸压加气混凝土内部气孔的存在使得其耐热耐火性能非常好，满足《建筑设计防火规范》GB 50016 中不燃性 1h 的规定。图集《装配式建筑蒸压加气混凝土板围护系统》19CJ85-1 中给出了墙板的防火性能，见表 4.5。

3) 隔声性能

因为大量的封闭气孔均匀分布在加气混凝土内部，所以蒸压加气混凝土板拥有良好的隔声、吸音效果。根据《蒸压加气混凝土砌块、板材构造》13J104[31] 中对墙板隔声性能的规定，150mm 厚 B06 级板材墙体无抹灰层的计权隔声量为 46dB，200mm 厚板材墙体双面刮腻子喷浆的计权隔声量为 45.2dB，两道 75mm 厚的板材墙体双面抹混合灰计权隔声量可达 56 dB，满足《民用建筑隔声设计规范》GB 50118 中外墙的空气声隔声标准量≥45dB 的规定。

蒸压加气混凝土板防火性能 **表 4.5**

产品类型	厚度（mm）	耐火极限（h）	燃烧性能
墙板	100	≥4	不燃烧体
	150	≥5	
	>150	>5	

4) 装饰性能

蒸压加气混凝土墙板表面平整，可在墙板表面刷涂料、贴面砖、外挂板材等。蒸压加气混凝土墙板表面抗拉强度低，其表面不宜用厚层砂浆类材料粉刷。在采用涂料饰面时，首先推荐采用延伸率大于 200%的弹性涂料，而且最好是复层饰面涂料。常用的丙烯酸类墙体涂料是一种水质涂料，它是通过水分蒸发成膜的，这种涂料不仅具有很好的耐候性、耐碱性，而且还具有较好的覆盖性和涂抹性。

5) 热工性能

AAC 墙板的干导热系数为 0.11～0.15 W/（m·K），与普通混凝土、黏土砖相比，加气混凝土的保温效果分别是它们的 10 倍、3～4 倍。图集《装配式建筑蒸压加气混凝土板围护系统》19CJ85-1中规定，AAC外墙板的热工性能指标如表4.6所示，当不满足寒冷地区热工性能要求时可加大墙板厚度或另外附加保温层，150mm板材+50mm岩棉+100mm板材的传热系数为0.35W/（m^2·K），满足规范要求。

不同厚度AAC板外墙热工性能指标　　**表4.6**

构造形式	AAC墙板厚度(mm)	传热阻 R_0 [(m^2·K)/W]	主断面传热系数 [W/(m^2·K)]	热惰性指标 D
AAC外墙板（B05）	150	1.13	0.88	2.66
	200	1.46	0.69	3.51
	250	1.78	0.56	4.35
	300	2.11	0.47	5.20

图集《装配式建筑蒸压加气混凝土板围护系统》19CJ85-1中提供了三种类型的AAC板外墙围护系统，适用于不同气候区，高速公路房建工程可参见表4.7选用。

AAC外墙板系统适宜地区　　**表4.7**

系统名称＼适宜地区	严寒地区	寒冷地区	夏热冬冷地区	夏热冬暖地区	温和地区
AAC板外墙	—	◎	◎	◎	◎
AAC板一体化外墙	◎	—	◎	—	—
AAC双层板外墙	◎	◎	—	—	—

① AAC外墙。蒸压加气混凝土板可以不附加任何保温材料即可实现自保温。AAC外墙做法如图4.9所示。

② AAC板一体化外墙。单独依靠增加墙板厚度来满足保温要求的做法经济性相对较低，当房建工程外墙围护系统对装饰和保温有更高要求时，可采用“AAC板+保温装饰一体化板”的做法（图4.10）。其中AAC板的强度等级不应低于A5.0。

③ AAC双层板外墙。当高速公路房建工程外墙围护系统对装饰和保温有更高要求时，除采用“AAC板+保温装饰一体化板”外，还可采用AAC双层板外墙（图4.11）。其中AAC板双层外墙中双层板宜错缝搭接。

6）耐久性能

板材耐久性较好，蒸压加气混凝土材料是一种硅酸盐材料，它在光和空气中不会老化，其耐酸碱能力比较强，冻融循环100次板面无明显裂缝，符合寒冷地区冻融循环75次后，板面不出现破裂分层的要求。根据图集《装配式建筑蒸压加气混凝土板围护系统》19CJ85-1中的规定，板材抗冻性指标（B05级）见表4.8。

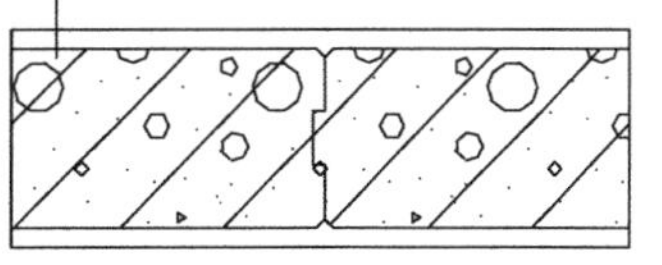

图4.9　AAC板外墙外侧做法（无保温层）

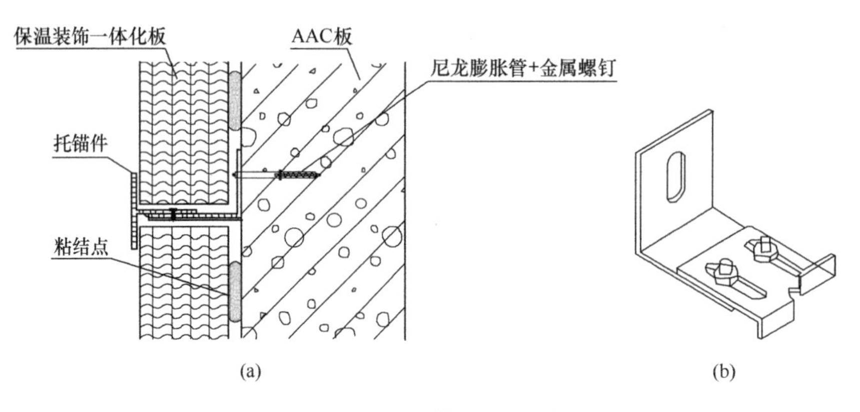

图 4.10　AAC 板一体化外墙外侧做法

（a）一体化外墙托锚件节点；（b）托锚件

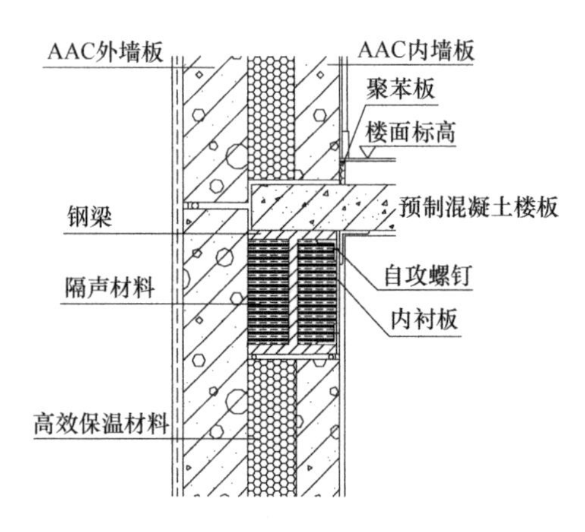

图 4.11　AAC 双层板外墙构造

蒸压加气混凝土板（B05 级）抗冻性指标　　**表 4.8**

性能指标		单位	蒸压加气混凝土墙板检测值
抗冻性（冻融 100 次）	质量损失	%	≤5.0
	冻后强度	MPa	≥2.8

4.3.3　纤维增强水泥挤出成型中空墙板

（1）墙板介绍

纤维增强水泥挤出成型中空墙板（图 4.12）是以硅酸盐水泥、纤维类材料为主原料，采用挤出成型工艺，经两次高温高压蒸汽养护制成的中空型条板。墙板具有轻质高强的特点，150mm 厚墙板的抗压强度为 18.3MPa，面密度为 2.12g/cm^2。根据图集《纤维增强水泥挤出成型中空墙板建筑构造》18CJ60-2[32]中的规定，该墙板适用于抗震设防烈度不大于 8 度地区在正常使用和维护条件下的新建、改建和扩建的民用与一般工业建筑的外围护系统和内隔墙系统。

（2）规格尺寸

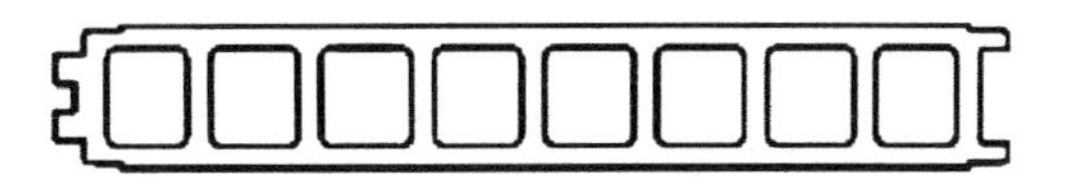

图 4.12 纤维增强水泥挤出成型中空墙板

根据图集《纤维增强水泥挤出成型中空墙板建筑构造》18CJ60-2 中的规定，建筑外围护系统中厚度为 50mm、60mm 的墙板仅用于幕墙装饰挂板，厚度为 100mm、120mm、150mm 的墙板可用于基层墙体。纤维增强水泥挤出成型中空墙板的常用规格如表 4.9 所示，墙板产品标准长度为 3m，非常用规格可定尺加工，但需根据实际工程墙体的长度、高度协调，减少工程中墙板的规格和种类。如果工程具体情况已超过条文的具体限制，可由设计单位和安装单位协商确定接板方案。

纤维增强水泥挤出成型中空墙板的常用规格　　表 4.9

序号	厚度（mm）	宽度（mm）	截面示意图
1	50	300	50 300
2	60	600	60 600
3	100	300	100 300
4	100	600	100 600
5	120	450	120 450
6	150	450	150 450

(3) 墙板性能

1) 单点吊挂力

墙板符合《建筑隔墙用轻质条板通用技术要求》JG/T 169 标准中吊挂力试验中加荷1000N 静置 24h，板面无宽度超过 0.5mm 的裂缝的要求。

2) 防火性能

纤维增强水泥挤出成型中空墙板为 A1 级不燃材料，满足《建筑设计防火规范》GB 50016 中不燃性 1h 的规定。墙体的耐火极限如表 4.10 所示。

纤维增强水泥挤出成型中空墙板耐火极限　　表 4.10

用途	真空挤出板厚度（mm）	耐火极限（h）
墙体（不含抹灰）	60	—
	80	≥3
	100	≥3
	120	≥3
	140	≥3

3) 隔声性能

板材表面密实度高、中空结构，8cm 厚度板材隔声性能可达 45dB 以上，满足《民用建筑隔声设计规范》GB 50118 中外墙的空气声隔声标准量≥45dB 的规定，实现声音全频段都具有良好的隔声性能。真空挤出板的隔声性能指标如表 4.11 所示。

纤维增强水泥挤出成型中空墙板隔声性能指标　　表 4.11

板厚（mm）	60	80	100	120	140
加权平均隔声量（dB）	42.62	45.20	46.59	48.29	56.16

4) 装饰性能

板材的可塑性强，装饰性能突出。除了板材自身具有平板清水混凝土的简洁外饰效果外，还可实现各种条纹立体或雕刻图案。通过调节模具，可实现各种不同粗细条纹、波纹立体造型效果（图 4.13）。并可通过工厂铺贴瓷砖及复合各种石材，减少现场铺贴及干挂的人工、材料费用等。

通过生产原料里添加彩色骨料实现板材通体的彩色效果（图 4.14），避免了外涂装日

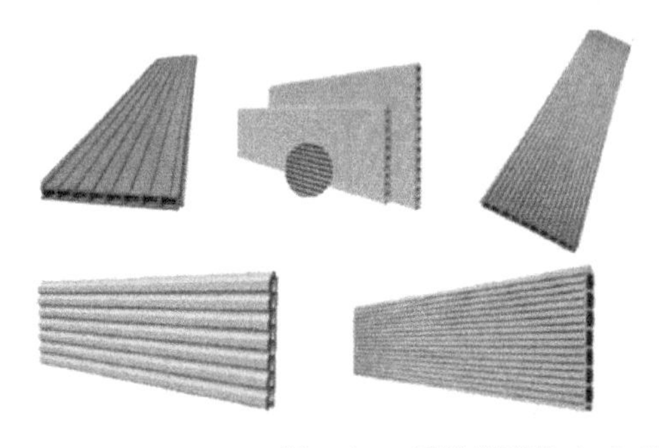

图 4.13　纤维增强挤出成型中空墙板简洁外饰效果

图 4.14　纤维增强挤出成型中空墙板彩色外饰效果

久掉色的问题，减少了装饰面处理的二道繁琐工序。

5）热工性能

纤维增强水泥挤出成型中空墙板采用中空设计，平均导热系数为 0.48W/(m·K)，平均传热系数为 2.00W/(m^2·K)，可在墙板空腔内填充或外贴岩棉、玻璃棉等保温材料来增强墙体保温性能以满足寒冷地区热工性能的要求，如表 4.12 所示。

纤维增强水泥挤出成型中空墙板围护系统的保温方式　　表 4.12

种类	板材构造
60 保温装饰一体平板	60 590
自保温板	140 590
现场组合外墙系统	60 h 90
预拼装自保温板	h 590

6）耐久性

板材致密，表面吸水率低，不易渗水和开裂，有很强的抗冻融性。根据图集《纤维增强水泥挤出成型中空墙板建筑构造》18CJ60-2 中的规定，墙板的耐久性指标见表 4.13，符合外墙对于耐久性的要求。

纤维增强水泥挤出成型中空墙板耐久性能　　表 4.13

耐久性	抗冻性	经 100 次冻融循环后，板面未出现破裂分层，冻融循环试件与对比试件饱水状态抗折强度的比值为 0.81
	耐热雨性能	经 50 次热雨循环，板面未出现可见裂缝、分层或其他缺陷
	耐热水性能	60℃水中浸泡 56d 后的试件与对比试件饱水状态抗折强度的比值为 0.95
	耐干湿性能	浸泡-干燥循环 50 次后的试件与对比试件饱水状态抗折强度的比值为 0.89

4.3.4　预制混凝土夹心保温外墙板

（1）墙板介绍

预制混凝土夹心保温外墙板由内外叶墙板、夹心保温层、连接件及饰面层组成，其基本构造如表 4.14 所示。保温层按防火等级选择保温材料（如聚氨酯、岩棉、聚苯乙烯等），可预埋管线及门窗框，室外墙面可工厂化饰面或涂装，混凝土板可保护保温材料。相关规范中对该墙板适用性没有相关介绍，应用时需对墙板适用范围进行调研。

预制混凝土夹心保温外墙板基本构造　　表 4.14

基本构造				墙板示意图
内叶墙板	夹心保温层	外叶墙板	连接件	
钢筋混凝土	保温材料	钢筋混凝土	FRP 连接件 不锈钢连接件	

（2）规格尺寸

外挂墙板的混凝土强度等级不宜低于 C30。当采用轻骨料混凝土时，轻骨料混凝土强度等级不应低于 LC25。当采用清水混凝土或装饰混凝土时，混凝土强度等级不宜低于 C40。外挂墙板设计应遵循模数化、标准化原则。

根据《预制混凝土外挂墙板应用技术标准》JGJ/T 458[33] 中关于构件设计的规定。非组合混凝土夹心保温外墙板的外叶墙板厚度不宜小于 60mm，内叶墙板采用平板时厚度不宜小于 100mm，内叶墙板采用带肋板时厚度不宜小于 60mm；组合夹心保温墙板和部分组合夹心保温墙板的内外叶墙板厚度不宜小于 60mm。

（3）墙板性能

1）单点吊挂力

符合《建筑隔墙用轻质条板通用技术要求》JG/T 169 标准中吊挂力试验中加荷 1000N 静置 24h，板面无宽度超过 0.5mm 的裂缝的要求。

2）防火性能

预制混凝土夹心保温外墙板的燃烧性能为不燃烧体，耐火极限不低于 1h，满足《建筑设计防火规范》GB 50016 中不燃性 1h 的规定。

3）隔声性能

预制混凝土夹心保温外墙板的空气声计权隔声量>45dB，满足《民用建筑隔声设计规范》GB 50118 中外墙的空气声隔声标准量≥45dB 的规定。

4）装饰性能

预制混凝土夹心保温外墙板的饰面层可采用无饰面（清水混凝土）或采用饰面板、饰面砖、石材或涂料饰面。相较于饰面板、石材等外饰面材料，在水泥中添加适量的添加剂和细骨料，可以实现混凝土立面纹理的多样化。涂料饰面所用外墙涂料应采用装饰性强、耐久性好的涂料，宜优先选用聚氨酯、硅树脂、氟树脂等耐候性好的材料。但现场复合施工时若采用弹性涂料饰面，与整间板较高的工业化程度做法不相适应，因此，采用轻质饰面板或工厂预制成型（图 4.15）的外饰面是比较匹配的饰面做法。

图 4.15 工厂预制饰面层

5）热工性能

预制混凝土夹心保温外墙板在使用时可采用有机类保温板和无机类保温板作为保温层材料。应选择低导热系数、低吸水率、抗压强度较高的轻质保温材料，导热系数不宜大于 0.040W/(m·K)，吸水率(体积比)不宜大于 0.3%。

预制混凝土夹心保温外墙板的拉结件可分为金属拉结件和非金属拉结件，金属拉结件主要采用不锈钢材质，非金属拉结件主要采用玻璃纤维复合材料（FRP）。不锈钢拉结件的优势为安装工艺相对简单、安全性较高。但材质导热系数较大，对墙板的热工性能存在不利影响。FRP 拉结件导热系数小，产生的热桥影响小，对墙板的热工性能影响小。

预制混凝土夹心保温外墙板的保温材料厚度应通过热工计算确定，传热系数应满足寒冷地区墙体热工节能性能的要求。墙板保温材料可参考表 4.15 进行选择。

各类保温材料导热系数、蓄热系数及计算修正系数 **表 4.15**

序号	保温材料名称	导热系数 [W/(m·K)]	蓄热系数 [W/(m^2·K)]	计算修正系数 α	
				FRP 连接件	不锈钢连接件
1	模塑聚苯板 (EPS)	0.039	0.30	1.25	1.3
2	挤塑聚苯板 (XPS)	0.030	0.32	1.2	1.25

续表

序号	保温材料名称	导热系数 [W/(m·K)]	蓄热系数 [W/(m²·K)]	计算修正系数 α	
				FRP 连接件	不锈钢连接件
3	硬泡聚氨酯板(PU)	0.024	0.39	1.15	1.2
4	酚醛泡沫板	0.034	0.32	1.2	1.25
5	发泡水泥板	0.070	1.28	1.2	1.25
6	泡沫玻璃板	0.058	0.81	1.1	1.15

6）耐久性能

《预制混凝土外挂墙板应用技术标准》JGJ/T 458 中缺少板材耐久性检测数据，应用该板材时需对板材耐久性能进行调研。

4.3.5 钢丝网架珍珠岩复合保温外墙板

（1）墙板介绍

根据《钢丝网架珍珠岩复合保温外墙板建筑构造》J17J177[34]中的要求，该墙板适用于河北省抗震设防烈度 8 度及 8 度以下地区，建筑高度 100m 以下的建筑。钢丝网架珍珠岩复合保温外墙板分为 A 型板和 B 型板两种类型，其中适用于在装配式钢结构建筑中使用的 B 型板（图 4.16）是在工厂将保温板两侧粘结珍珠岩板的复合板材，板材内斜穿不穿透保温板的 V 形金属腹丝，腹丝与板材两侧钢丝网片焊接形成三维钢丝网架，板材内设有非金属连接件与两侧的钢丝网片相连。

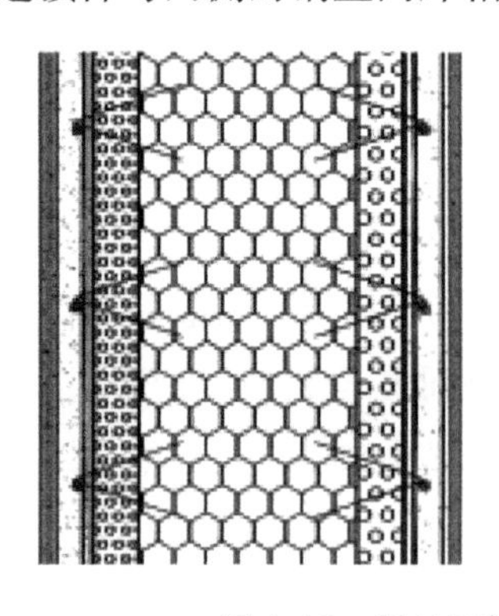
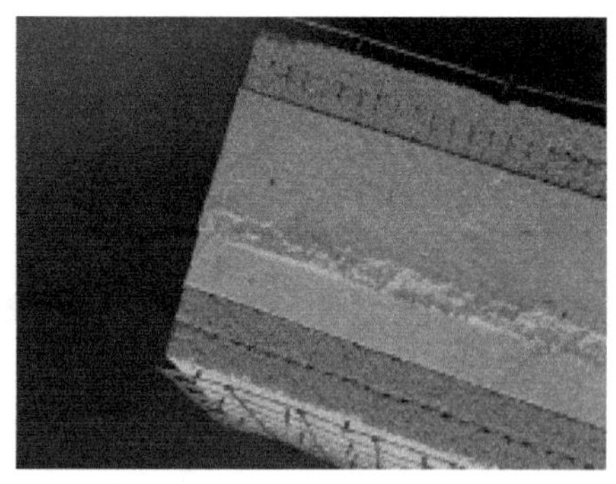

图 4.16　钢丝网架珍珠岩复合保温外墙板 B 型板

（2）规格尺寸

钢丝网架珍珠岩复合保温外墙板标准板的尺寸为 2400～3600mm×1200(600)mm；非标准板的复合保温板可根据工程实际要求加工，且非标准板的宽度尺寸不宜小于 200mm。墙板的规格尺寸应符合表 4.16 的要求。

钢丝网架珍珠岩复合保温外墙板规格尺寸　　表 4.16

长度（mm）	宽度（mm）	厚度（mm）
2400～3600	1200，600	根据热工计算确定

根据《钢丝网架珍珠岩复合保温外墙板建筑构造》J17J177 中的规定，钢丝网架珍珠岩复合保温外墙板 B 型板外抹面层通常做 5mm 抗裂砂浆＋25mm 水泥砂浆，内抹面层做 25mm 水泥砂浆＋5mm 混合砂浆，内外侧珍珠岩板的厚度通常为 30mm，保温层厚度为 70～130mm，可根据各类保温材料的特性及热工性能计算进行确定。

（3）墙板性能

1）单点吊挂力

根据图集《钢丝网架珍珠岩复合保温外墙板建筑构造》J17J177 中的规定，墙板单点吊挂力达到 1kN。符合吊挂力试验中加荷 1000N 静置 24h，板面无宽度超过 0.5mm 裂缝的要求。在实际工程中，建议采取加强措施。

2）防火性能

钢丝网架珍珠岩复合保温外墙板的保温材料置于墙体内部，有效避免传统外墙保温引发的火灾。墙体在 1000℃耐火极限达 4h，满足《建筑设计防火规范》GB 50016 中不燃性 1h 的规定。

3）隔声性能

钢丝网架珍珠岩复合保温外墙板中珍珠岩板材为微孔状材料，加上保温板的厚度，可以有效地阻止声波的传播，确保了墙体的隔声性能，空气声计权隔声量大于 45dB。满足《民用建筑隔声设计规范》GB 50118 中外墙的空气声隔声标准量不小于 45dB 的规定。

4）装饰性能

根据《钢丝网架珍珠岩复合保温外墙板建筑构造》J17J177 中的规定，钢丝网架珍珠岩复合保温外墙板外饰面外侧机械喷涂水泥砂浆抹面后，优先采用涂料饰面，不宜采用粘贴饰面做饰面层，当采用时，其安全性与耐久性必须符合设计要求。

5）热工性能

钢丝网架珍珠岩复合保温板的热工性能出众，板内金属腹丝不穿透、无冷桥。200mm 墙板的传热系数可达 0.35W/(m^2 · K)，满足规范要求，保温性能突出且不衰减。其保温材料可选用模塑聚苯乙烯泡沫板、挤塑聚苯乙烯泡沫板（XPS）和岩棉带保温板。墙板的具体热工指标及厚度可参考《钢丝网架珍珠岩复合保温外墙板建筑构造》J17J177 中的要求。

6）耐久性能

根据《钢丝网架珍珠岩复合保温外墙板建筑构造》J17J177 中的规定，板材抗冻融性强，寒冷地区 80 次冻融循环后无空鼓、脱落，无渗水裂缝现象，满足《建筑用混凝土复合聚苯板外墙外保温材料》JG/T 228 中对耐候性、耐冻融的要求。

4.3.6 发泡水泥轻质复合板

（1）墙板介绍

发泡水泥轻质复合板简称 ASA 板（图 4.17）。板材采用粉煤灰为填充料，以水泥为胶凝料，以耐剪玻纤网格布或钢筋为增强材料制成的一种建筑板材，具备锯、钉、钻、刨和粘等操作性。板材质量轻，120mm 厚板材的面密度为 64kg/m^2。一般情况下，外墙由

图 4.17　发泡水泥轻质复合板

双层板构成，双层板间留 10～20mm 厚空气层，内外层板错缝排列，根据不同地区的气候特征，可将双层墙体组合成不同热工性能的墙体。根据图集《钢结构镶嵌 ASA 板节能建筑构造》08CJ13[35] 中的规定，其适用于 3 层及 3 层以下抗震设防烈度 8 度及 8 度以下地区的低层钢结构镶嵌 ASA 板建筑体系。应用时需对墙板的适用范围进行调研。

(2) 规格尺寸

ASA 板材的生产具有加工模具标准化和成品组装多样化的特性。不仅能够标准化生产，而且可以根据不同地区的气候条件、不同部位的实际构造要求，组合成不同规格的复合材料，运用到不同类型的建筑部位。

ASA 板材所用材料的抗压强度为 7.6MPa，标准宽度为 600mm，有 60mm、90mm、120mm 三种模数的厚度，单体墙高度不宜大于 3m，墙长不宜大于 6m，若墙高、墙长超过该范围，应采取适当的构造措施，如增加钢梁、钢柱等。

板材采用流水线生产模式，工业化程度高，容易实现产业规模化，生产过程易于掌握和控制。在实际应用中，可以根据需求组合成不同规格的复合墙体。例如，可将两块复合保温外墙板组合成一块较厚的外墙板，增加其保温性能。常见 ASA 系列板材断面示意图见图 4.18。

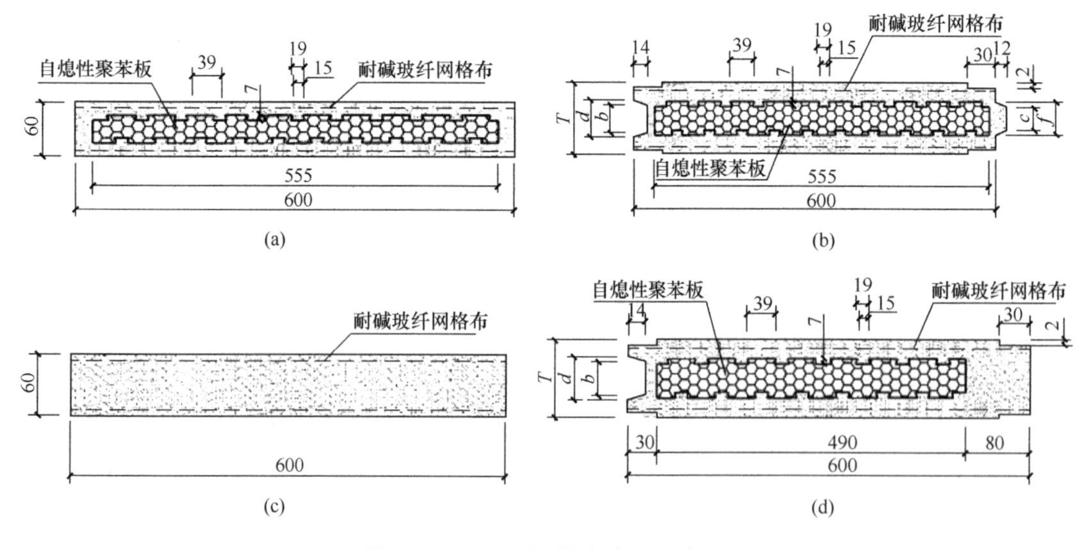

图 4.18　ASA 系列板材断面示意图

(a) 60 厚复合保温外墙板 (ASA-FX60)；(b) 复合保温外墙板 (ASA-FX)；
(c) 实心墙板 (ASA-SX60)；(d) 门窗洞边复合保温外墙板 (ASA-FXD)

(3) 墙板性能

1) 吊挂力

根据图集《钢结构镶嵌 ASA 板节能建筑构造》08CJ13 中的规定，荷载 1000N 静置

24h，板面无裂缝。符合《建筑隔墙用轻质条板通用技术要求》JG/T 169 中的规定。

2）防火性能

经调研，60mm 厚复合保温外墙板按《建筑构件耐火试验方法　第 8 部分：非承重垂直分隔构件的特殊要求》GB/T 9978.8 进行耐火极限实验，达到 150min，属于 A 级耐火极限。《钢结构镶嵌 ASA 板节能建筑构造》08CJ13 中规定 60mm 厚实心墙板耐火极限不小于 2h，满足《建筑设计防火规范》GB 50016 中不燃性 1h 的规定。

3）隔声性能

ASA 板材采用发泡技术，板材内部为密闭微孔结构，可有效阻隔声音的传递，90mm 厚复合保温外墙板的隔声量为 38dB，120mm 厚复合保温外墙板的隔声量为 40dB。当外墙由双层 ASA 板组成后，组合成的外墙板可增加隔声效果，满足《民用建筑隔声设计规范》GB 50118 中外墙的空气声隔声标准量不小于 45dB 的规定。

4）装饰性能

发泡水泥轻质复合板材的表面平整度好，可贴墙砖或喷涂涂料。

5）热工性能

ASA 复合保温外墙板保温隔热性能出众，保温板内可以加岩棉、聚苯板和加气混凝土等保温隔热材料。一般情况下，外墙由双层墙板组成，中间可留 10～200mm 厚空气层。例如，当高速公路房建工程所在地为寒冷地区时，可将其组合成保温隔热复合墙体，可满足寒冷地区外墙对于热工性能的要求。常用 ASA 组合墙体的热工性能可参考表 4.17。

ASA 组合墙体的热工性能　　　　**表 4.17**

墙体组合构造简图	板型组合	总厚度（mm）	传热系数 K [W/（m^2·K）]
	ASA-FX90＋ASA-FX120	233	0.344
	ASA-FX120＋ASA-FX120	263	0.303
	ASA-FX90＋ASA-FX120	≥283	≤0.340
	ASA-FX90＋ASA-FX120	≥313	≤0.230

6）耐久性能

图集《钢结构镶嵌 ASA 板节能建筑构造》08CJ13 中缺少板材耐久性检测数据，应用该板材时需对板材耐久性能进行调研。

4.3.7 现浇泡沫混凝土轻钢龙骨复合墙体

（1）墙板介绍

现浇泡沫混凝土轻钢龙骨复合墙体（图 4.19）是以轻钢龙骨为支撑，以固定在轻钢龙骨上的纤维增强水泥板为面板，中间现浇泡沫混凝土的新型复合墙体。墙板质量轻，纤维增强水泥板表观密度不小于 1.2g/cm^3，100～200mm 复合墙体的综合容重在 484kg/m^3 之间。龙骨上开设的多排孔洞可增加龙骨腹板传热路径，改善轻钢龙骨的冷桥效应。当高速公路房建工程选用该复合墙体时还需对墙板的适用范围进行进一步调研。

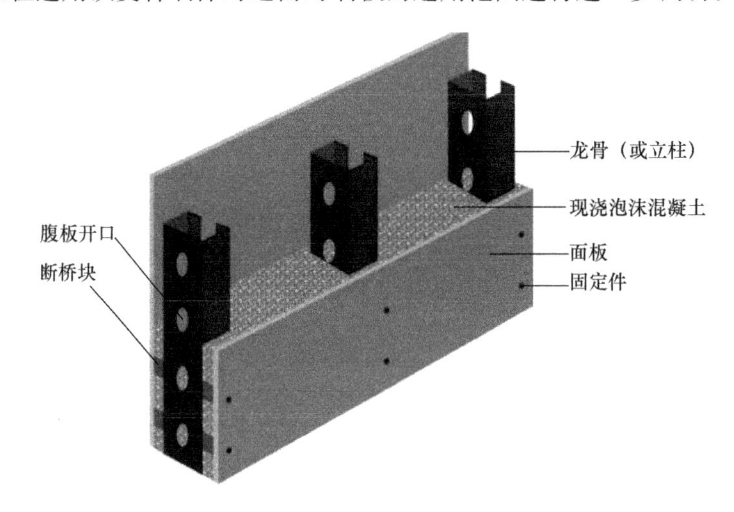

图 4.19 现浇泡沫混凝土轻钢龙骨复合墙体

（2）规格尺寸

根据《现浇泡沫混凝土轻钢龙骨复合墙体应用技术规程》CECS 406[36] 中的规定，现浇泡沫混凝土轻钢龙骨复合墙体的厚度，应根据使用部位、环境气候条件、主体结构承载力要求等因素综合确定，复合墙体尺寸应标准化和模数化。

现浇泡沫混凝土轻钢龙骨复合外墙的选用可参考表 4.18 及表 4.19。外墙中泡沫混凝土的干密度等级不应小于 A06，导热系数不应大于 0.14W/(m・K)；抗压强度不应低于 1.6MPa，吸水率不应大于 20%。当复合墙体厚度大于 150mm 时，宜采用双排轻钢龙骨，复合外墙室内侧面板应选用中密度或高密度纤维增强水泥板。

现浇泡沫混凝土轻钢龙骨复合墙体的厚度选用表　　表 4.18

复合墙体厚度（mm）	面板厚度（mm）	轻钢龙骨宽度（mm）
66、91、100、120	6、8、10、12	50、75、80、100
150～450	8～20	50～75 双排安装 130、180（单排安装）

现浇泡沫混凝土轻钢龙骨复合墙体的选用表　　表 4.19

序号	墙体厚度(mm)	泡沫混凝土密度等级	纤维增强水泥板(mm)	耐火极限(h)	隔声性能(dB)	适用范围
1	200	不低于 A05	≥10	3	48	楼梯间墙、分户墙、外墙
2	200 以上	不低于 A05	≥10	3	≥48	外墙、防火墙

现浇泡沫混凝土复合墙体双排龙骨之间应进行拉结，可采用纤维增强水泥的中密度板条进行拉结；当采用中密度纤维增强水泥板条拉结时，双排轻钢龙骨和拉结板条的尺寸应符合表 4.20 的规定。

双排轻钢龙骨、拉结板条的尺寸表　　表 4.20

复合墙体厚度 b	$150\leqslant b<200$	$200\leqslant b<300$	$b\geqslant 300$
双排轻钢龙骨中的每排龙骨宽度	50、75		75
板条宽度	≥40		
板条厚度	≥8		≥10
拉结间隔	≤800	≤700	≤600

（3）墙板性能

1）吊挂力

现浇泡沫混凝土复合墙体单点吊挂力大于 1.0kN，符合《建筑隔墙用轻质条板通用技术要求》JG/T 169 中的规定。

2）防火性能

现浇泡沫混凝土轻钢龙骨复合墙体中的泡沫混凝土和水泥纤维板均为无机材料，其燃烧性能均能达到《建筑材料及制品燃烧性能分级》GB 8624 中 A 级的要求。200mm 复合墙体耐火极限不小于 3h，见表 4.19，满足《建筑设计防火规范》GB 50016 中不燃性 1h 的规定。

3）隔声性能

现浇泡沫混凝土轻钢龙骨复合墙体中泡沫混凝土独立的闭孔结构促成了空气隔离，起到完全断声桥的作用。复合墙体隔声性能见表 4.19，满足《民用建筑隔声设计规范》GB 50118 中外墙的空气声隔声标准量不小于 45dB 的规定。

4）装饰性能

现浇泡沫混凝土轻钢龙骨复合墙体具有良好的平整度，握钉力强，可满足日常钉挂需求。抹灰后可在外墙表面做涂料饰面，比如刷涂料、外挂板材等。

5）热工性能

现浇泡沫混凝土轻钢龙骨复合墙体中的泡沫混凝土是用物理方法将泡沫剂制备成泡沫，再将泡沫加入到由硅酸盐水泥或普通硅酸盐水泥、骨料、掺合料、外加剂和水等制成的浆料中，经混合搅拌、浇筑成型、养护而成的轻质微孔混凝土。低容重的泡沫混凝土导热系数低，具有优良的保温性能。容重为400～500kg/m^3的泡沫混凝土导热系数为 0.10～0.12W/(m·K)，仅相当于黏土砖的约 1/10～1/8。300mm 复合墙体传热系数 K 值为 0.41W/(m^2·K)，不同容重泡沫混凝土导热系数如表 4.21 所示。

不同容重泡沫混凝土导热系数　　表 4.21

容重（kg/m^3）	400	500	600	700
导热系数［W/（m·K）］	0.10	0.12	0.14	0.16

现浇泡沫混凝土轻钢龙骨复合墙体以薄壁C形钢龙骨或方管组合型钢龙骨（图4.20）为主体支撑件，在龙骨的内外两侧，以螺钉或其他固定件固定无机面板。在两侧面板之间，形成一个空腔。向其中浇筑泡沫混凝土浆体，硬化后形成保温芯层。

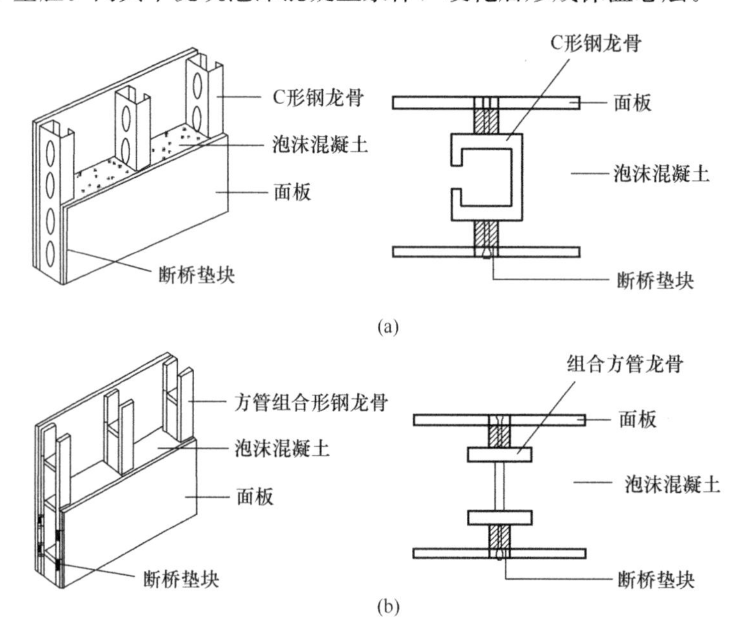

图4.20　现浇泡沫混凝土轻钢龙骨复合墙体主体支撑件示意图

（a）C形钢结构示意图；（b）方钢管组合结构示意图

在高速公路房建工程中，现浇泡沫混凝土轻钢龙骨复合墙体还可另设附加层（空气层、保温层），参见表4.22。

现浇泡沫混凝土轻钢龙骨复合墙体构造（含附加层）　　表 4.22

构造图	墙体构造	地区
②④①⑦③⑤⑥	①纤维水泥板；②轻钢龙骨； ③泡沫混凝土；④EPS板； ⑤纤维增强水泥板（装饰面板）； ⑥弹性密封胶；⑦隔汽层	寒冷地区

6）耐久性能

《现浇泡沫混凝土轻钢龙骨复合墙体应用技术规程》CECS 406中缺少板材耐久性检测数据，选用该板材时需对板材耐久性能进行调研。

4.3.8　兼强板

（1）墙板介绍

兼强板是集轻型、保温、耐火、隔声、承重为一体的新型多功能板材，包含预制式板材与现场拼装式两种，因预制式板材安装误差较大，目前多以采用拼装式墙板为主。根据图集《预制及拼装式轻型板—轻型兼强板（JANQNG）》16CG27[37] 中的规定，该墙板适用于抗震设防烈度小于等于 8 度（0.2g）地区的一般工业与公共建筑。其中预制外墙板适用于一般工业建筑和公共建筑的自承重外挂墙板，拼装式自承重外墙适用于外墙为自承重围护结构的一般工业和公共建筑。

预制式板材（图 4.21）是以镀锌冷弯薄壁型钢作为骨架，室外专用板为内、外面板，中间填充保温、隔声材料，采用连接件复合而成的外墙板构件。

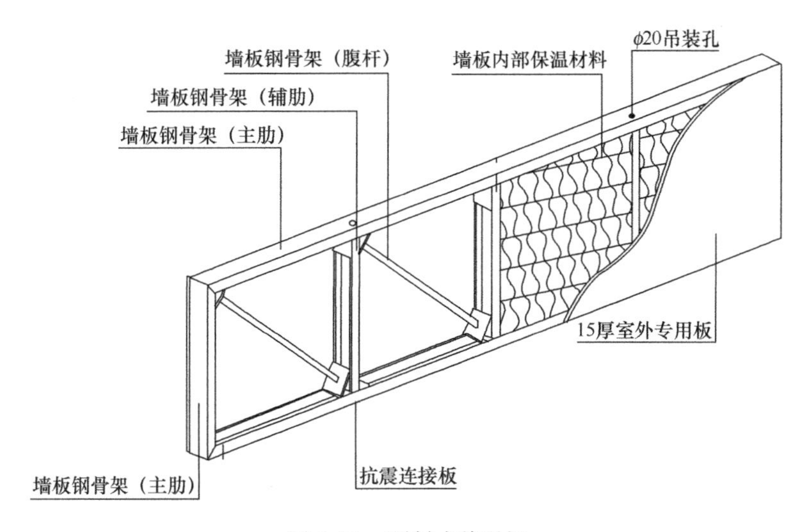

图 4.21　预制式兼强板

拼装式板材（图 4.22）是采用室外专用板、室内专用板、预埋件、连接件、龙骨、密封胶、嵌缝材料、保温材料、冷桥隔离层、聚合物水泥防水涂料等材料现场拼装而成的自承重外墙。

拼装式外墙板所用的室外专用板是以水泥中添加石英砂、粉煤灰材料为主，板面上下辅以耐碱玻璃纤维网格布经制浆、成型、养护制成。室内专用板是以石膏为基础材料添加防水增强剂，板材上下辅以耐碱玻璃纤维网格布经制浆、成型、养护制成。

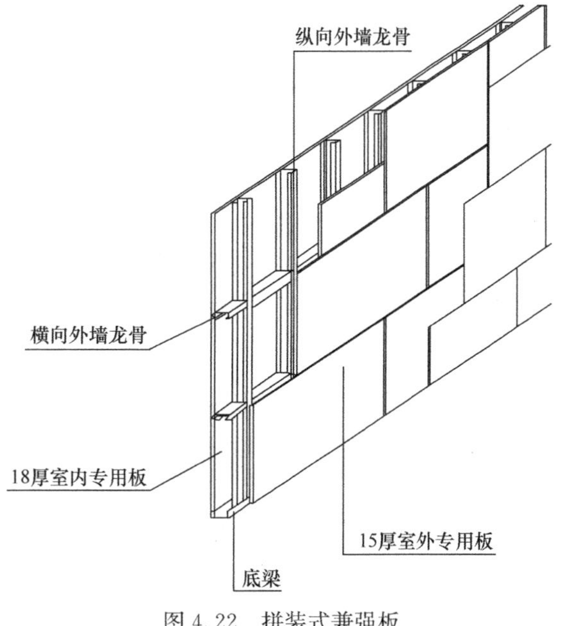

图 4.22　拼装式兼强板

拼装式外墙板内部保温材料采用岩棉或玻璃丝绵；龙骨采用密肋方式排布，根据荷载等级要求，可选用冷弯薄壁型钢、方钢管、轻钢龙骨、水泥基专用龙骨；连接件采用锚栓、自攻螺钉、排钉作为连接材料；冷桥隔离层可采用沥青隔离垫、聚乙烯泡沫塑料垫、硬质聚氨酯垫或丁基橡胶防水条等材料作为拼装式外墙的冷桥隔离层，当拼装式外墙有附加保温层时，不用附加冷桥隔离层。

（2）规格尺寸

兼强板规格尺寸的选用可参考图集《预制及拼装式轻型板—轻型兼强板（JANQNG）》16CG27 中预制外墙板选用表和拼装式外墙规格性能选用表。

其中，当建筑高度小于 24m 或墙体外部没有外墙保温做法时，拼装式外墙的外侧面板宜采用双层 10mm 厚或单层 15mm 厚室外专用板；建筑高度大于 24m 或有外墙保温做法时，拼装式外墙的外侧面板须采用双层 15mm＋10mm 厚室外专用板。拼装式外墙内侧面板宜采用双层 18mm＋10mm、双层 10mm＋10mm 或单层 18mm 厚室内专用板，见图 4.23、图 4.24。

图 4.23　室外建筑专用板

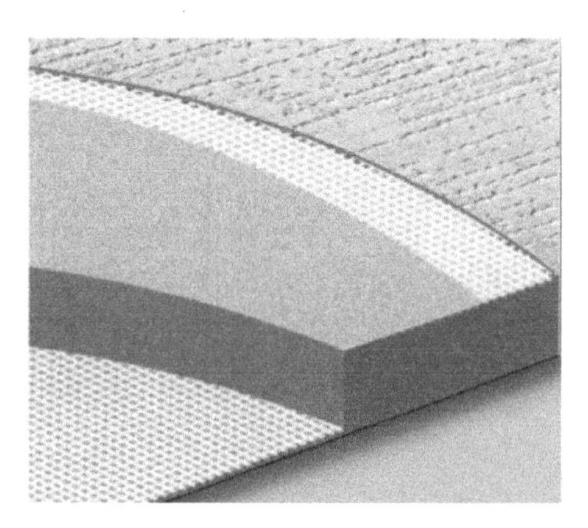

图 4.24　室内建筑专用板

（3）墙板性能

1）吊挂力

经技术调研，10mm 厚轻型兼强板室外板的单板单点吊挂力≥200kg/钉点，符合吊挂力试验中加荷 1000N 静置 24h，板面无宽度超过 0.5mm 的裂缝的要求。

2）防火性能

墙板防火性能可参考图集《预制及拼装式轻型板—轻型兼强板（JANQNG）》16CG27 中外墙规格性能选用表，表内以岩棉及玻璃丝绵为芯材的多种规格的外墙板耐火极限均可达到 2.0h，满足《建筑设计防火规范》GB 50016 中不燃性 1h 的规定。

3）隔声性能

墙板隔声性能可参考图集《预制及拼装式轻型板—轻型兼强板（JANQNG）》16CG27 中外墙规格性能选用表，表内不同面板厚度、芯材、墙板总厚度的外墙板隔声性能≥50dB，满足《建筑隔声设计规范》中外墙隔声量的要求。

4）装饰性能

兼强板外墙室外侧可喷涂装饰类涂料或干挂饰面板，室内侧可喷涂料、贴壁纸及贴砖。兼强板外墙装饰效果如图 4.25 所示。

5）热工性能

(a)

(b)

图 4.25　兼强板外墙装饰效果

(a) 真石漆效果；(b) 挂板效果

预制式墙板保温材料采用岩棉、玻璃丝绵或水泥聚苯填料等 A 级不燃性材料。拼装式墙板墙体的内部保温材料采用岩棉或者玻璃丝棉。预制式墙板在使用时其厚度一般控制在 160～200mm，墙板的热工性能如表 4.23 所示，可根据配套工程在寒冷地区的节能要求选用。

预制式墙板热工性能　　　　**表 4.23**

墙面构造简图	h_1 (mm)	H (mm)	传热系数 [W/ (m² · K)]		
			岩棉	阻燃聚苯板	水泥聚苯颗粒填料
装饰面层 墙体内部 保温材料 室外专用板 15 h_1 15 H	140	170	0.34	0.47	0.75
	190	220	0.25	0.35	0.56
	220	250	0.22	0.30	0.49
	250	280	0.19	0.26	0.43
	300	330	0.16	0.22	0.36

拼装式兼强外墙板保温节能性好，传热系数 0.22～0.62W/(m² · K)，一般采用 200mm 墙体即可满足保温节能的要求，可根据高速公路房建工程在不同地区的节能要求选用。对于不同厚度及保温材料的拼装式墙体（图 4.26）的传热系数可参考国家标准图集《预制及拼装式轻型板—轻型兼强板（JANQNG）》16CG27 中的拼装式自承重外墙规格性能选用表。

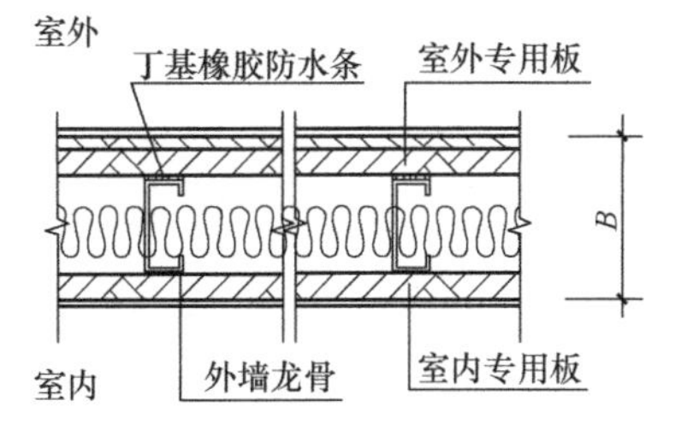

图 4.26　拼装式自承重外墙构造

6）耐久性能

墙板所用到的室内外专用板的材质采用无机材料制作，耐久性大于 50 年设计考虑。室外面板含有石英砂，保证连接件与面板连接刚度及耐磨性，抗冻融不小于 100 次，符合寒冷地区冻融循环 75 次后，板面不出现破裂分层的要求。

4.4 围护墙体构造

4.4.1 围护墙体连接构造

（1）蒸压加气混凝土墙板

蒸压加气混凝土墙板与主体结构的连接分为竖装、横装、大板安装三大类，有多种节点安装工法可供选择。当前在装配式钢结构建筑中蒸压加气混凝土条板的安装方式多以竖板钩头螺栓法及管卡安装工法（仅适用于三层及以下建筑）为主，见图 4.27～图 4.30。可参考图集《蒸压轻质砂加气混凝土（AAC）砌块和板材结构构造》06CG01[38] 中的外墙板连接构造。蒸压加气混凝土墙板通过预埋在墙板内的钩头螺栓及管卡与通长角钢、专用支撑件等连接件焊接，并通过与钢梁焊接或与楼板射钉相连的方式实现与主体结构的连接。

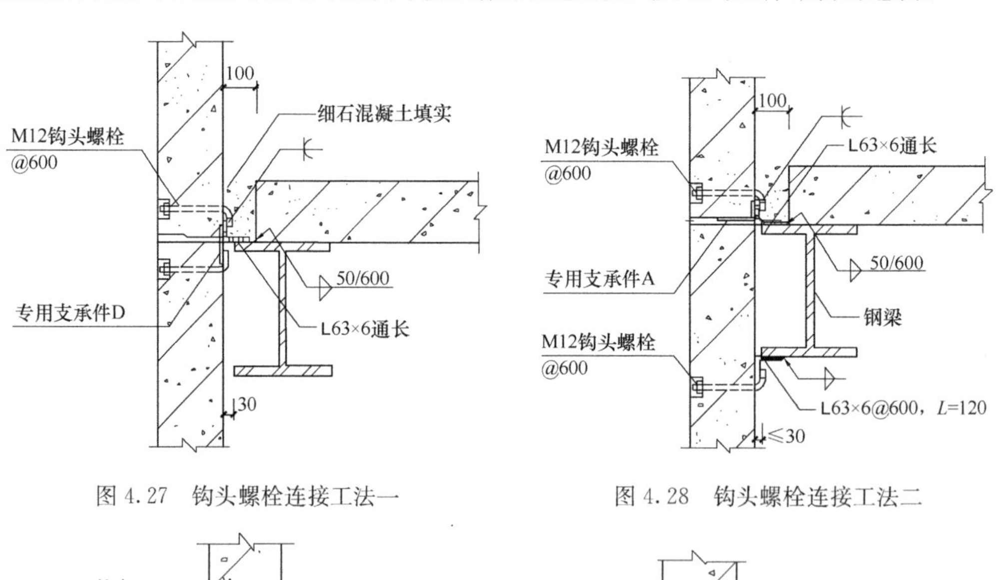

图 4.27　钩头螺栓连接工法一

图 4.28　钩头螺栓连接工法二

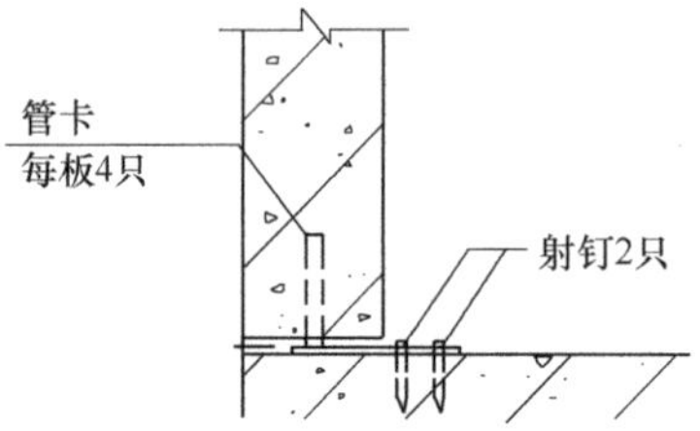

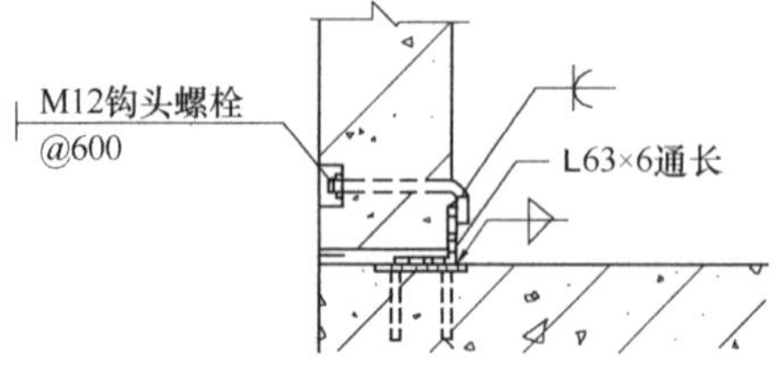

图 4.29　管卡工法

图 4.30　内嵌竖板钩头螺栓连接工法

AAC 板组装单元体外墙（图 4.31）是将多块 AAC 板材进行组装，采用专门的连接件将蒸压轻质加气混凝土墙板固定在钢骨架上，然后在地面拼装，几片小板组合成大板后，一次性连接在钢结构主体上的安装方法。组装单元体外墙在拼装时应先预紧对拉钢筋，再组装加强钢带，为保证单元体整体性，对拉钢筋应预张紧。组成组装单元体的墙板间板缝采用半柔性缝，组装单元体间采用柔性缝。AAC板组装单元体平板螺栓连接节点见图4.31。

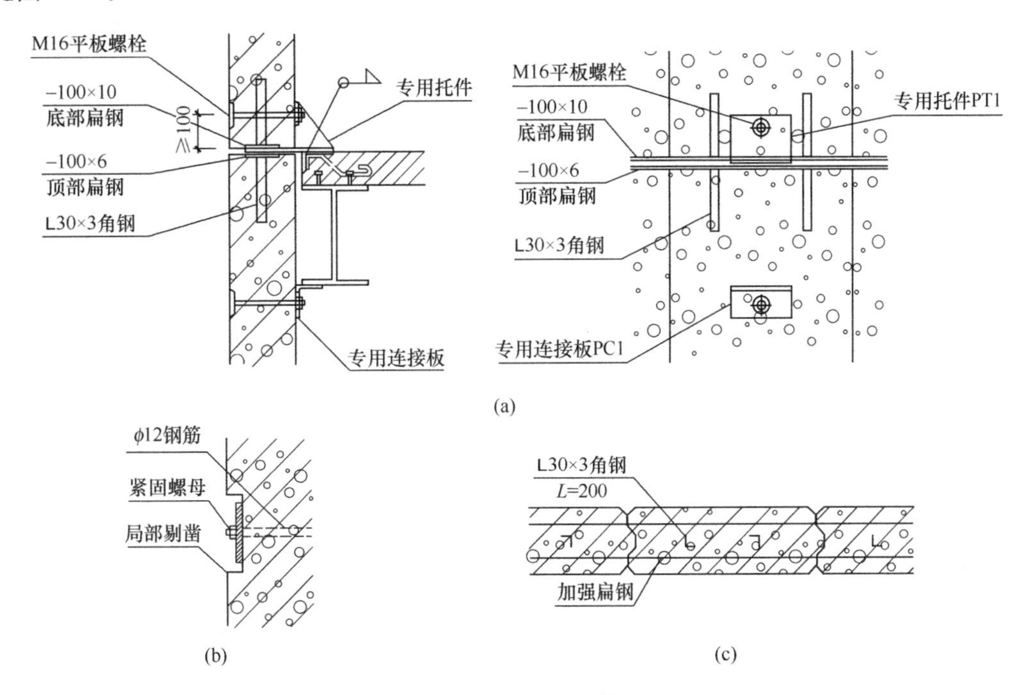

图4.31 AAC板组装单元体外墙节点

(a) AAC板组装单元体平板螺栓连接节点；(b) 对拉钢筋锚固节点；(c) 加强扁钢节点

(2) 纤维增强挤出成型中空墙板

纤维增强挤出成型中空墙板的安装形式分为竖装和横装两种，连接节点形式分为弓形件工法与Z字件工法。

1) 弓形件工法

弓形件工法连接组件由背栓、角码、弓形连接件、锚栓及其附件等组成。支撑角码上设有螺栓螺孔，采用螺栓与托板固定，托板通过预埋件或锚栓固定在主体结构构件上，见图4.32、图4.33。

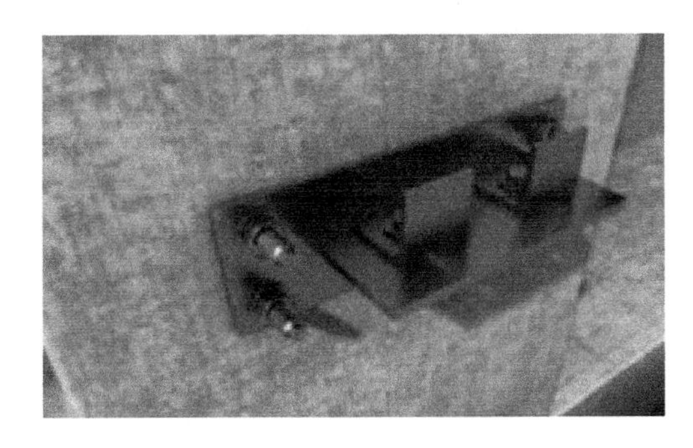

图4.32 支撑角码与托板连接

图4.33 弓形连接件

弓形连接件中部通过背栓固定在墙板上，见图 4.34。其一端设有钩形槽，另一端通过与支撑角码接触保证墙板安装的垂直性，与主体结构连接示意见图 4.34。

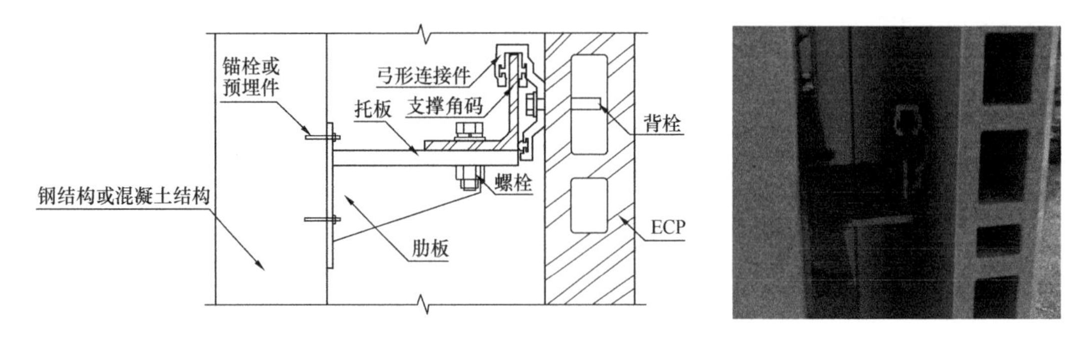

图 4.34　墙板与主体结构连接示意图

2）Z 字件工法

该连接形式由套丝垫板（或角码）、Z 形钢板、锚栓或预埋件组成，套丝垫板设有螺栓螺孔，采用螺栓与托板固定，托板通过预埋件或锚栓固定在主体结构构件上；Z 形钢板通过背栓固定在墙板上，其一端设有沟形槽，另一端通过与套丝垫板接触保证墙板安装的垂直性。

该连接形式可在墙板内侧四角预埋 M20 螺栓。Z 形连接件分为标准型和加宽型（图 4.35、图 4.36），标准型宽为 50mm，加宽型宽为 110mm，厚度分别为 6mm、8mm、10mm，折弯处尺寸为 6～15mm。Z 形连接件材质优先选用 Q235 和 Q345，并应采取热镀锌进行防锈处理，当对 Z 形连接件的耐久性有较高要求时宜采用 S304、S316 或铝合金材质。

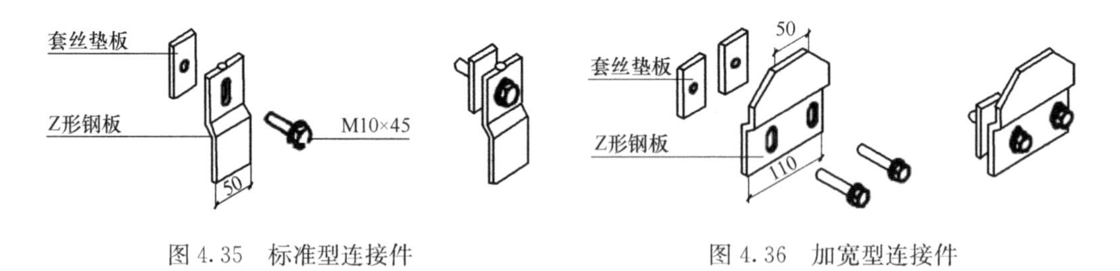

图 4.35　标准型连接件　　　图 4.36　加宽型连接件

孔内垫片用如图 4.37 所示工具，从板孔送入，与上部螺栓及 Z 形连接件上下对齐固定；将螺栓拧紧，但需保证 Z 形连接件可以旋转，且开口朝向板材内侧，以免安装时与龙骨产生碰撞。

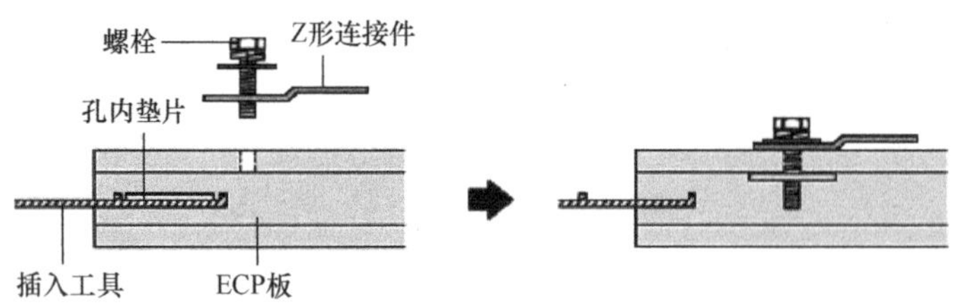

图 4.37　Z 形连接件安装工法

由于纤维增强挤出成型中空墙板具有立面装饰多样的特点，其还可用于房建工程外围护系统的外饰面板，通过连接组件外挂于主体结构外，与主体结构进行柔性连接。墙板设置于保温层外侧，不仅作为建筑围护结构装饰墙板，还可作为保温板的保护层。可有效抵御外界空气温度和湿度变化。

外饰面板复合墙体构造做法类似于外墙干挂石材，见图 4.38。先在钢梁上焊接通长角钢，然后将保温板与 AAC 墙板粘结起来，最后将纤维增强挤出成型中空墙板通过 Z 形连接件锚固在角钢上。因间层每层楼板处均采用防火岩棉进行堵塞，使得保温板与外饰面板间会形成封闭空腔，可进一步提高围护结构保温性能。

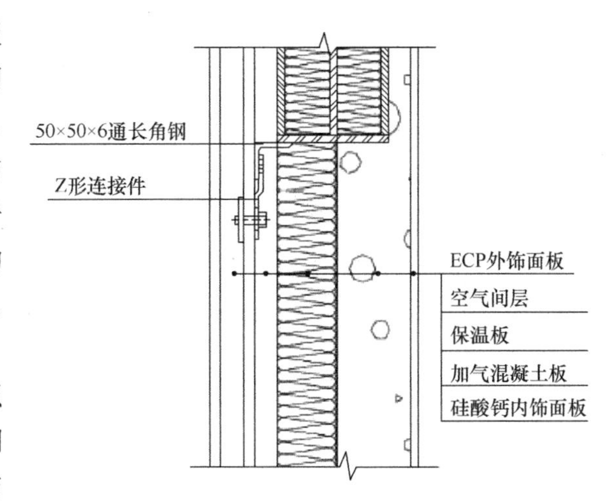

图 4.38　外饰面板复合墙体构造图

外饰面板可采用竖向和横向安装（图 4.39、图 4.40），墙板竖向安装时，建筑外立面呈竖向线条，墙板荷载由钢梁承担。横向安装将墙板水平设置，横装时需在主体承重柱间增设方钢龙骨柱，荷载由承重钢柱和方钢龙骨柱一起承担。

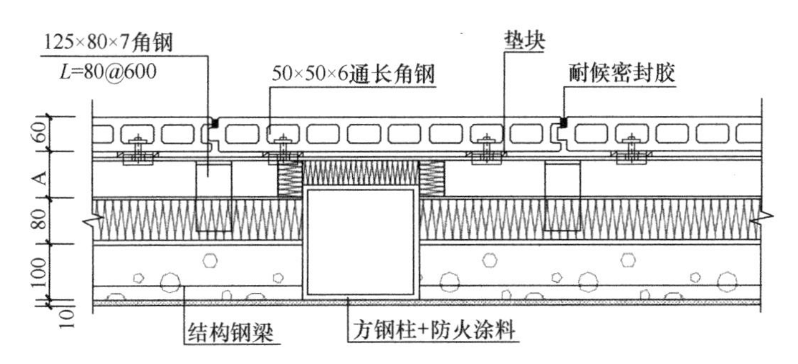

图 4.39　外饰面板竖装构造图

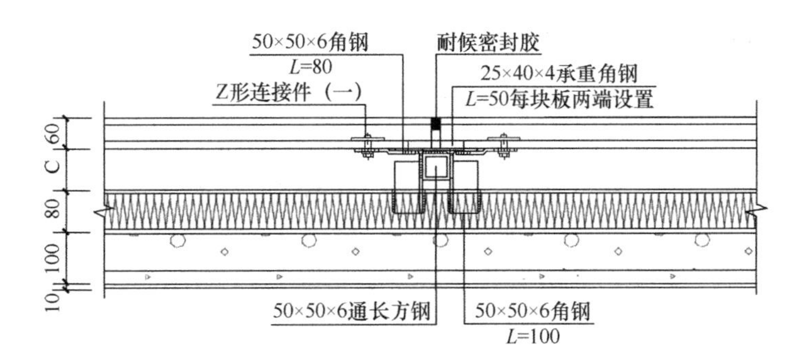

图 4.40　外饰面板横装构造图

（3）预制混凝土夹心保温外墙板

预制混凝土夹心保温外墙板的门窗洞口及饰面可在工厂定型制作完成，无须现场施

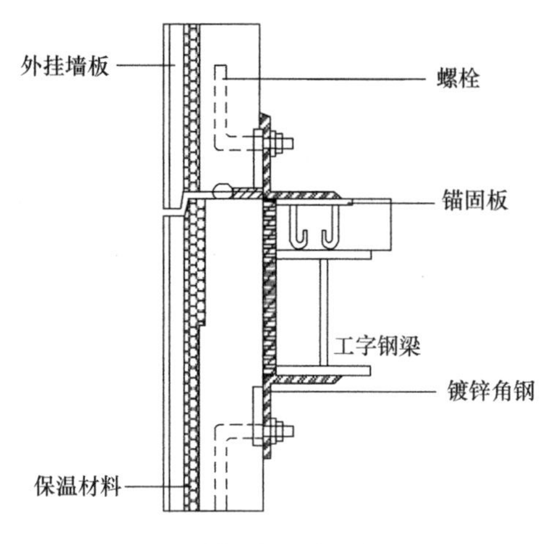

图 4.41 预制混凝土夹心保温外墙板外挂式连接示意图

工，可缩短施工周期，减少高空作业风险。墙板与梁、柱或剪力墙主要采用外挂式和侧连式两种连接方式，侧连式连接方式不适用于钢框架结构，装配式钢结构建筑中主要采用外挂式连接（图 4.41），侧边与底边仅做限位连接。

预制混凝土夹心保温外墙板采用螺栓将外墙板与镀锌角钢相连，螺栓与镀锌角钢间布置垫板及聚四氟乙烯滑移件。镀锌角钢与钢结构主体及预埋在楼板内的连接件采用焊接的连接方式将外墙板外挂于钢结构主体之外。此外，预制混凝土夹心保温外墙板还可借鉴隐式连接节点形式，见图 4.42。其室内看不到节点，是隐藏起来的，后期采用外扣金属铝板盖住。

隐式连接节点将上层墙板下连接点与下层墙板的上连接点合并在一起。其采用加长螺栓、T 型钢牛腿及开孔钢板作为墙板下支撑点及平面外限位下节点，允许墙板平面内转动；采用带有长圆孔角钢及腹板开孔 T 型钢牛腿通过螺栓连接作为上拉结点及平面外限位上节点，长圆孔两侧布置聚四氟乙烯滑移垫片，允许墙体发生相对梁的面内竖向位移，实现墙板转动变形。将该节点应用于钢结构建筑也可实现连接节点的室内隐性化，增加建筑使用空间。

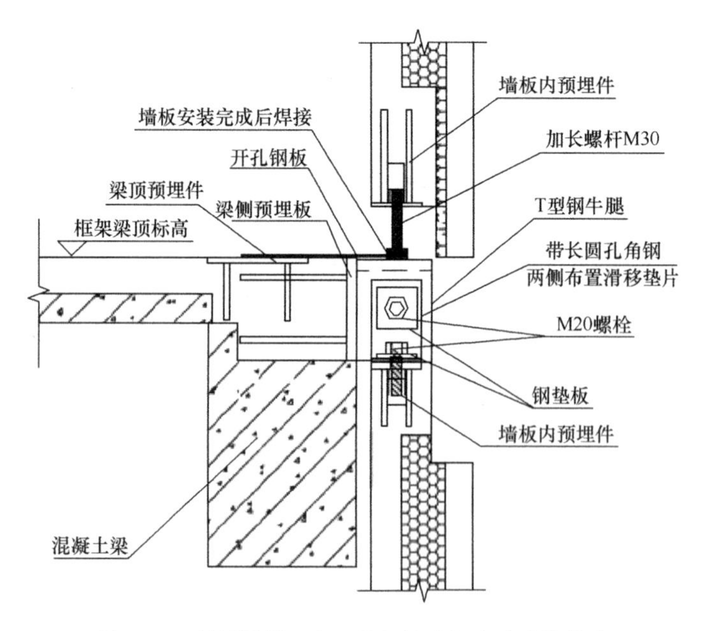

图 4.42 预制混凝土夹心保温外墙板隐式连接节点

（4）发泡水泥轻质复合板

根据图集《钢结构镶嵌 ASA 板节能建筑构造》08CJ13 中的规定，选用 ASA 板时可与钢框架等结构配合使用，当外墙双层板之间的空气层小于 30mm 时，板面之间用直径不小于 100mm 的专用胶粘剂以梅花状布点粘结。发泡水泥轻质复合板与钢柱连接节点构造如图 4.43 所示。

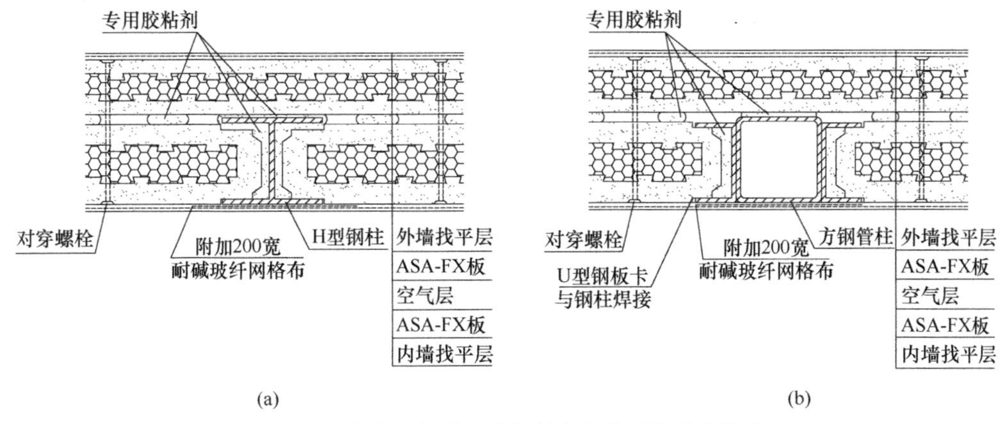

图 4.43 发泡水泥轻质复合板材与钢柱连接节点构造一

（a）外墙与 H 型钢柱连接（一）；（b）外墙与方钢管柱连接（一）

当外墙双层板间的空隙大于 30mm 小于 200mm 时，空隙应用垫块控制板间距，见图 4.44。垫块可用 ASA 板截取，用专用胶粘剂粘牢。墙板安装完毕后，再用对穿螺栓穿孔固定墙板，每平方米墙板至少有一个对穿螺栓连接。

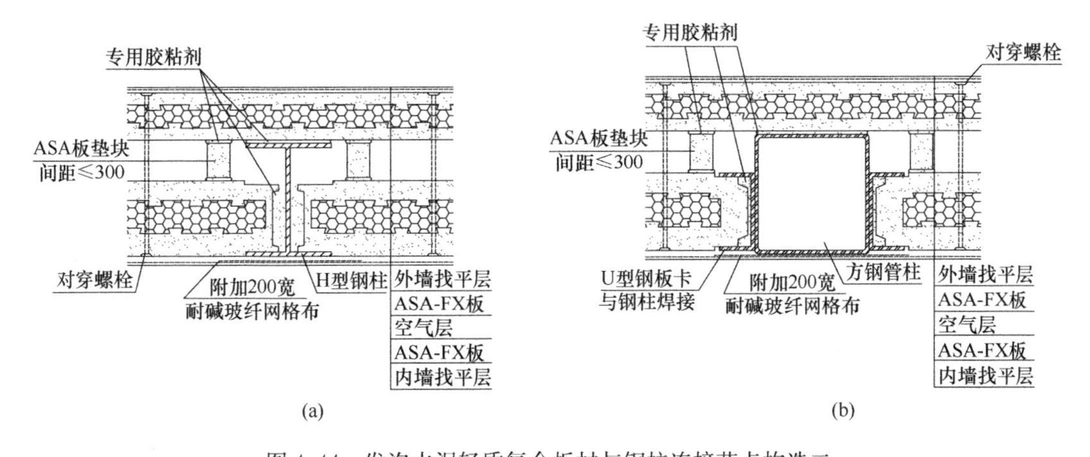

图 4.44 发泡水泥轻质复合板材与钢柱连接节点构造二

（a）外墙与 H 型钢柱连接（二）；（b）外墙与方钢管柱连接（二）

见图 4.45，墙板在连接时，楼（地）面通过预埋件与钢梁钢柱焊接，内层墙采用 U 型钢板卡将条板镶嵌在钢框架平面内，起到加强框架平面内刚度的作用。U 型钢板卡通过焊接或通过钢钉与钢梁及楼面连接。墙板室内一侧表面与框架梁或柱内表面平齐，外层板悬挂在梁或柱外侧，内外层板材错缝排列，可起到阻隔热桥的作用。

（5）钢丝网架珍珠岩复合保温外墙板

钢丝网架珍珠岩复合保温外墙板采用建筑保温与结构一体化技术，避免了传统保温工艺空鼓、脱落、崩裂、使用周期短等问题。根据《钢丝网架珍珠岩复合保温外墙板建筑构造》J17J177 中的要求，复合保温外墙板系统在应用于装配式钢结构建筑时，可分为两个

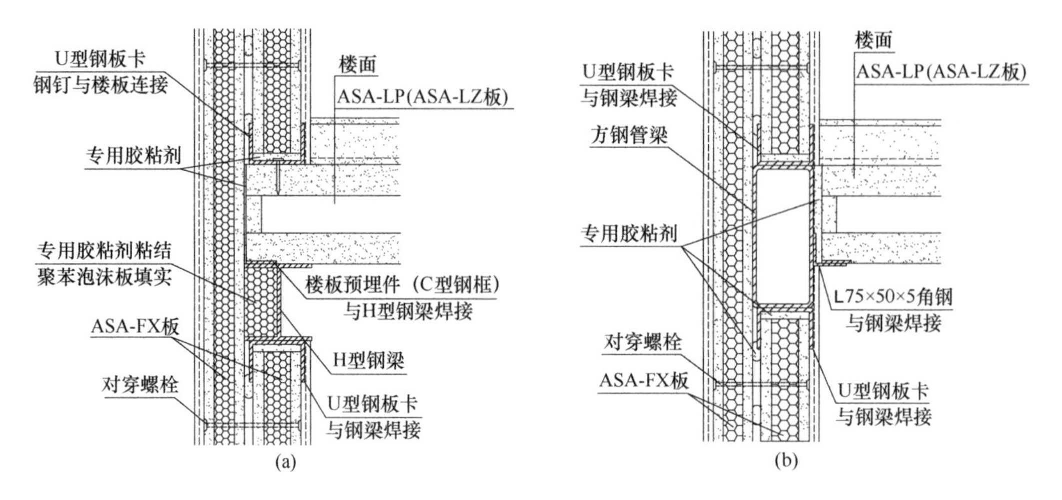

图 4.45　楼板与钢梁连接节点构造

(a) 楼板与 H 型钢梁连接；(b) 楼板与方钢管梁连接

子系统，包括钢结构梁柱系统与填充墙系统。

当钢丝网架珍珠岩复合外墙板应用于钢结构填充墙系统时（图 4.46），墙板以钢结构主体承重构件为支撑，通过插筋或专用角件连接方式，将复合墙板与建筑主体连接组合，在复合墙板两侧做抹面层、饰面层。钢梁处使用聚苯板填充，并在室内侧使用 A 形板材外包，可起到防火及阻隔热桥的作用。

钢丝网架珍珠岩复合保温墙板在应用于钢结构梁柱系统时（图 4.47），板材由外向内套在钢结构梁柱上，内外侧均用钢丝网片，使其与钢结构梁柱有效连接。具体做法为使用钢筋或角件与钢梁钢柱焊接并与钢丝网绑扎连接，钢丝网架珍珠岩复合保温板与结构墙面、地面和顶板连接部位应采取加固措施，采取 300mm 长 $\phi6$ 钢筋段进行固定。随后可在复合保温外墙板内外侧做抹面层、饰面层。

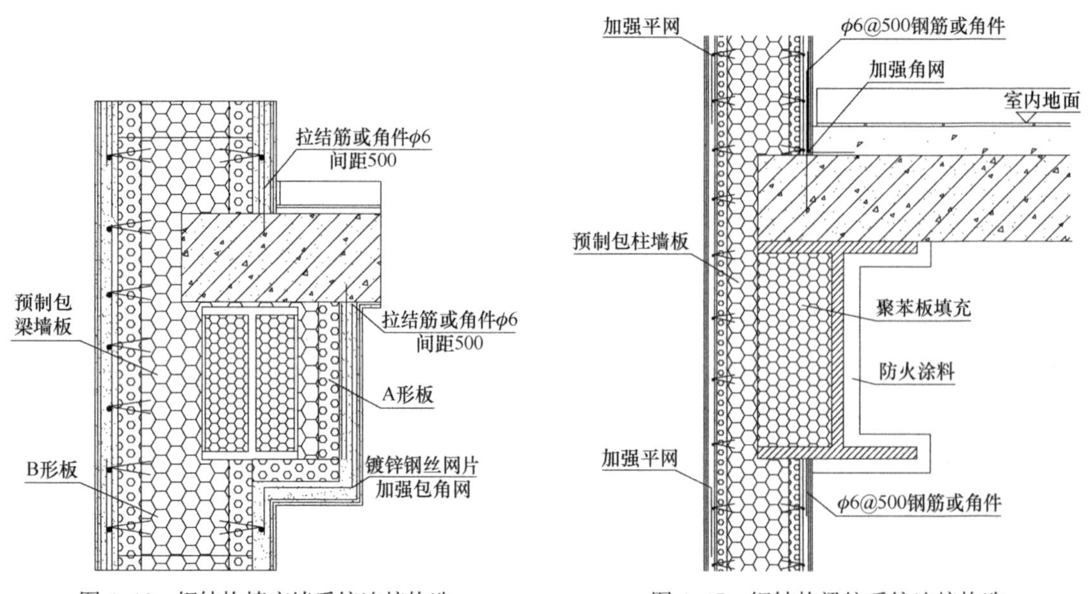

图 4.46　钢结构填充墙系统连接构造　　图 4.47　钢结构梁柱系统连接构造

（6）现浇泡沫混凝土轻钢龙骨复合墙体

现浇泡沫混凝土轻钢龙骨复合墙体可采用外挂的方式与主体结构连接（图4.48），上部复合墙体通过螺栓将固定垫板与打折钢板连接，下部复合墙体通过M14螺栓将专用连接件与L加劲板固定使其外挂于主体结构之外。

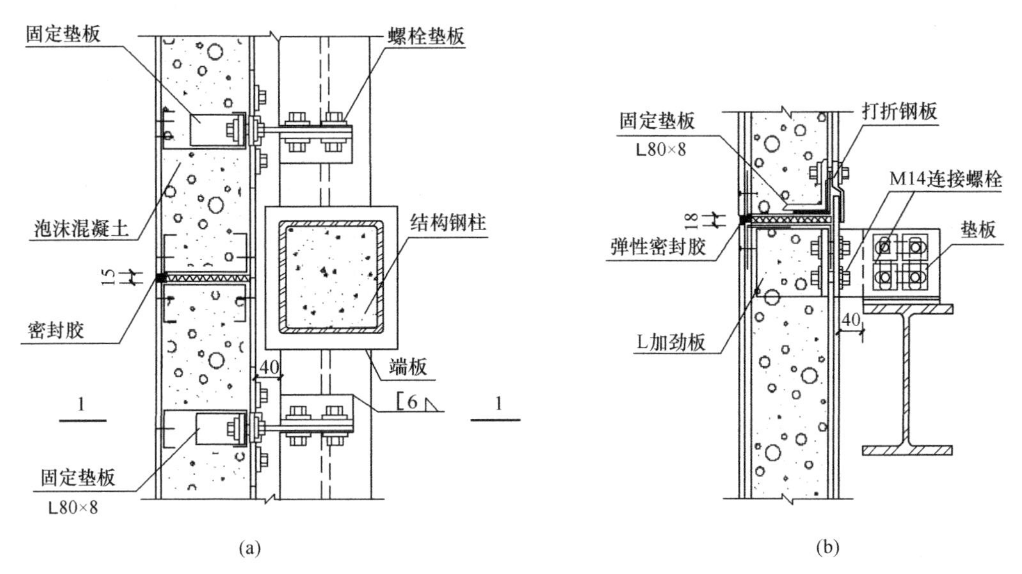

图4.48　复合外墙与钢结构连接

（a）复合外墙与钢结构连接；（b）复合外墙与钢结构连接1-1剖视图

现浇泡沫混凝土轻钢龙骨复合墙体中的轻钢龙骨与楼板连接时（图4.49），需采用膨胀螺栓固定，不得使用射钉固定。当上横龙骨固定在钢结构基层上时，需在上横龙骨和钢结构基层之间增设一层橡胶垫板，垫板宽度与上横龙骨同宽，厚度不宜小于3mm。

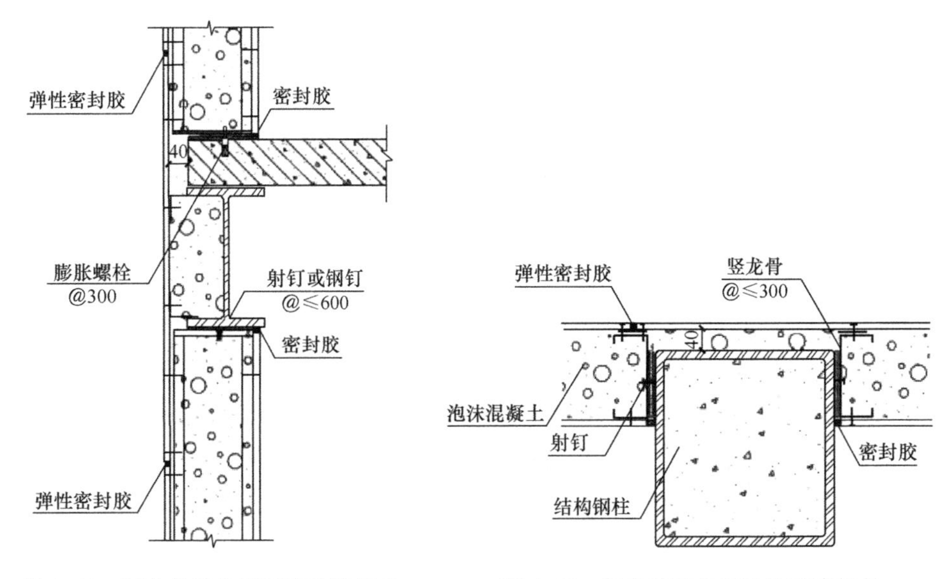

图4.49　复合外墙在楼层处连接节点

图4.50　复合外墙在钢柱处连接节点

根据《现浇泡沫混凝土轻钢龙骨复合墙体应用技术规程》CECS 406 中的规定，复合墙体中纤维增强水泥板间应留有 3～5mm 缝隙并使用弹性密封胶嵌缝。纤维增强水泥板的四边均应与轻钢龙骨固定，同一轻钢龙骨两侧的纤维增强水泥板应错缝拼接。且纤维增强水泥板应采用沉头自攻螺钉固定，板中的固定点间距不大于 250mm，板边的固定点间距不大于 200mm，固定点距离纤维增强水泥板端部距离为 10～15mm，固定拧紧后的沉头自攻螺钉顶面应微凹入纤维增强水泥板表面下 0.5～1mm。

对于墙体所用的轻钢龙骨，竖向龙骨的间距不应大于 600mm，竖龙骨顶部与上横龙骨顶部底面应留置 10mm 间距，边竖龙骨与建筑主体构件固定的间距不应大于 700mm。竖龙骨需要接长时，宜采用内衬钢龙骨进行对接连接，内衬的轻钢龙骨与竖龙骨应采用拉铆钉或龙骨钳固定。在门窗洞口等开洞处，轻钢龙骨应设置加强措施，复合外墙的门窗洞口两侧应采用双排 75mm 轻钢龙骨或 20 号槽钢的安装形式，轻钢龙骨或槽钢的开口不应朝向洞内。

（7）兼强板

由于完全在工厂中预制的预制式兼强板在施工现场安装时易造成误差，多地区在进行项目建设时多以使用拼装式墙板为主。

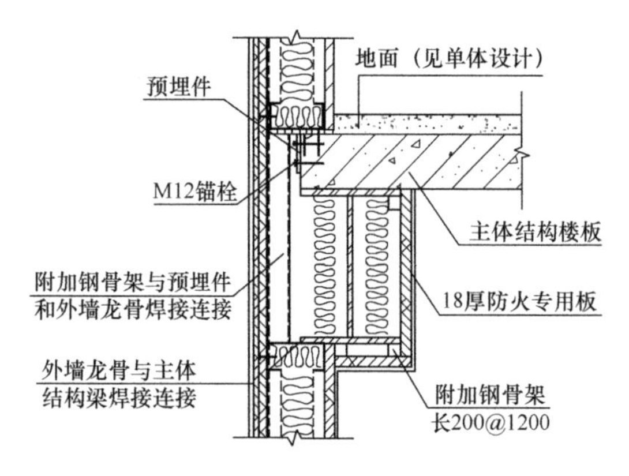

图 4.51 拼装式外墙与主体结构梁连接

参见图集《预制及拼装式轻型板—轻型兼强板（JANQNG）》16CG27，拼装式外墙板与主体结构梁通过附加钢龙骨和预埋件进行连接（图 4.51）。预埋件通过 M12 锚栓固定于主体结构楼板内，上部墙体通过附加钢骨架与预埋件和外墙龙骨焊接连接；下部墙体通过附加钢骨架、外墙龙骨、主体结构梁间的焊接完成连接。

拼装式外墙与主体结构柱的连接见图 4.52。图（a）与图（b）中，外墙龙骨与附加钢骨架焊接并通过附加钢骨架与主体结构柱的焊接实现外墙与主体结构柱的连接；图（c）与图（d）中，外墙龙骨通过附加钢梁与钢支托、钢支托与主体结构柱的焊接连接实现其与主体结构柱的连接。

4.4.2 热桥处理

当建筑物遇到夏热冬冷、室内结露、墙体发霉等问题，这可能与外墙的热桥处理有关。热桥存在于传热能力强、热流较密集的部位。以某低层装配式钢结构建筑为例，该建筑采用钢框架结构，外墙采用 120mmASA 外墙板，采用红外热像仪对其进行现场测试，测试的墙面实景图如图 4.53 所示，图 4.54 为外墙的红外热成像图。

图中显示出外墙测量点为外墙板、钢梁、钢柱交接处的温度分布。L0 为钢梁处温度、L1 为钢柱处温度、L2 为墙板垂直方向任意处的温度。图 4.54 中 L0、L1 的温度普遍高于 L2 的温度，墙板处的温度分布较为稳定，隔热效果优于钢梁钢柱，与钢梁、钢柱相接触

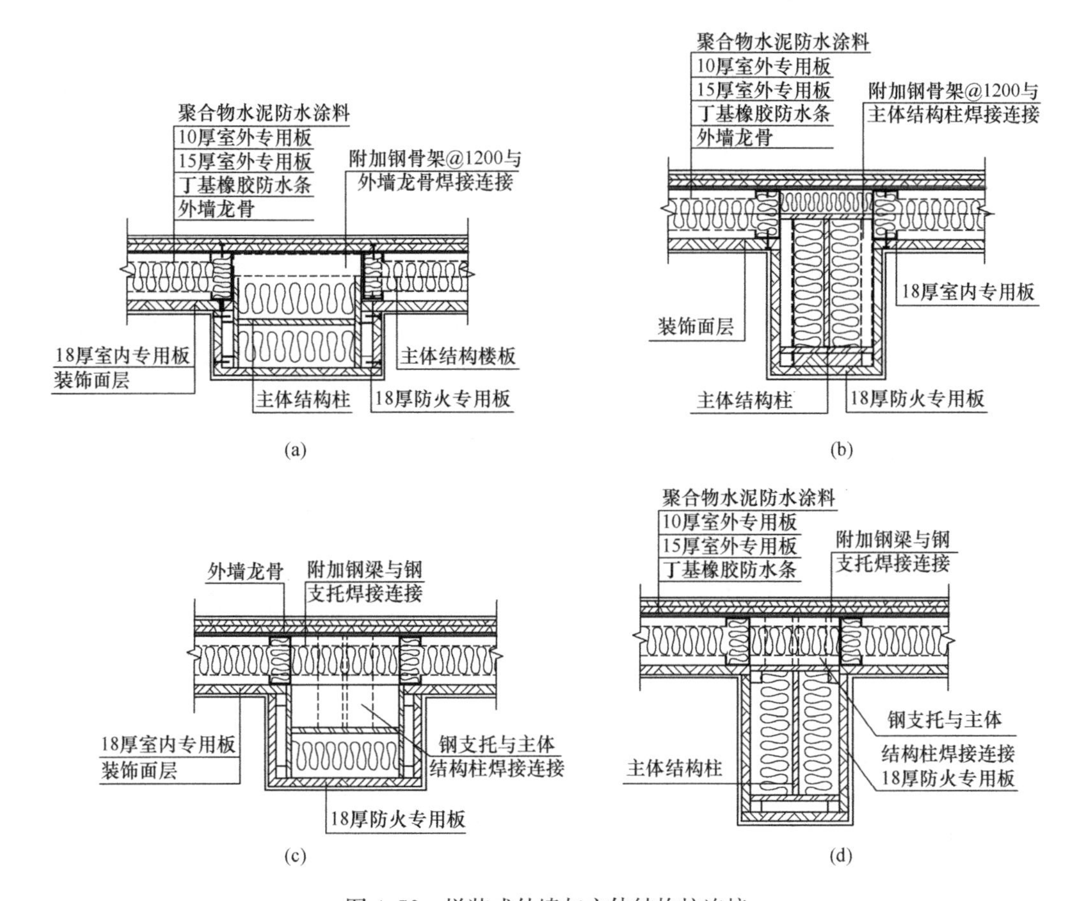

图 4.52　拼装式外墙与主体结构柱连接

(a) 钢结构外墙构造（一）；(b) 钢结构外墙构造（二）；(c) 钢结构外墙构造（三）；(d) 钢结构外墙构造（四）

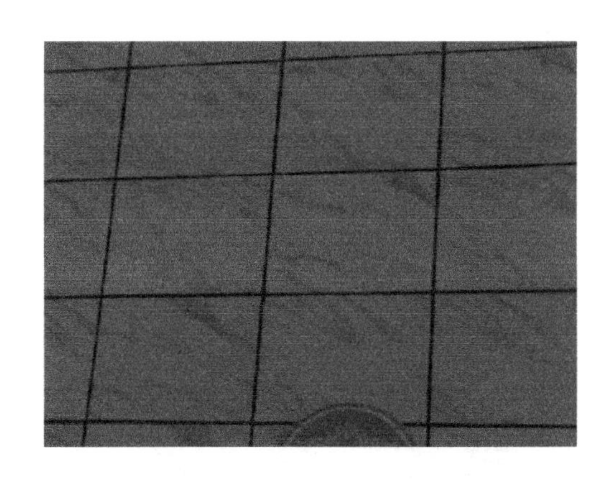

图 4.53　外墙面实景拍摄图

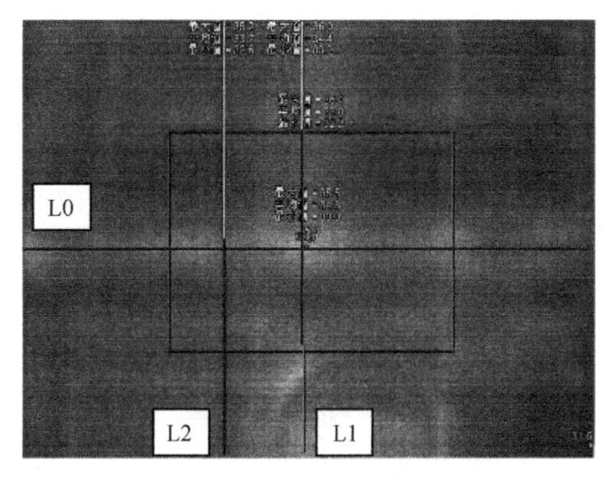

图 4.54　外墙红外热成像图

位置的温度存在较为明显的热桥缺陷。除墙板与钢梁钢柱连接处外，墙板地面和钢梁连接处、墙板间的拼缝处、屋面墙板与梁柱连接处、龙骨及钢丝网架等位置均可能产生热桥缺陷。

热桥缺陷位置的传热效率更高，热量交换更加明显。例如，冬天室内外温差较大，且室内湿度较大，在热桥靠室内一侧水汽易液化形成凝结水，造成墙体内部发霉(图 4.55)，影响墙体正常使用，因此需要对热桥进行阻断。在进行外墙构造设计时，对于以上可能存在的热桥缺陷，常用的方法是采用保温材料对热桥进行阻断，切断热量的传播途径，从而提高外墙的保温隔热能力。天津中建钢构绿建楼外墙（图 4.56）采用 ALC 条板内嵌＋装饰板的做法，通过在钢梁钢柱部位填充保温材料来对此处的热桥进行处理。

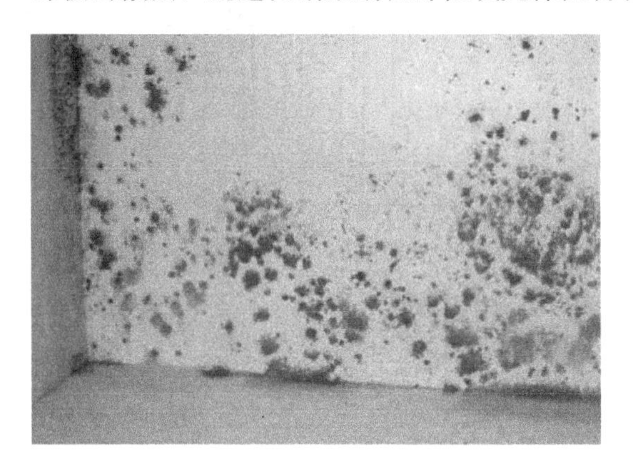

图 4.55　墙角内部发霉实景

图 4.56　天津中建钢构绿建楼外墙

此种做法也被应用于钢丝网架珍珠岩复合保温外墙板、现浇泡沫混凝土轻钢龙骨复合墙体、兼强板等墙板与主体结构连接中，图 4.57 中为钢丝网架珍珠岩复合保温外墙板在钢结构框架梁、柱处的热桥处理构造。钢柱内采用聚苯材料填充，并在梁、柱外喷涂防火涂料或包覆珍珠岩防火板，珍珠岩防火板（图 4.58）可起到隔热、隔声、防火的作用。

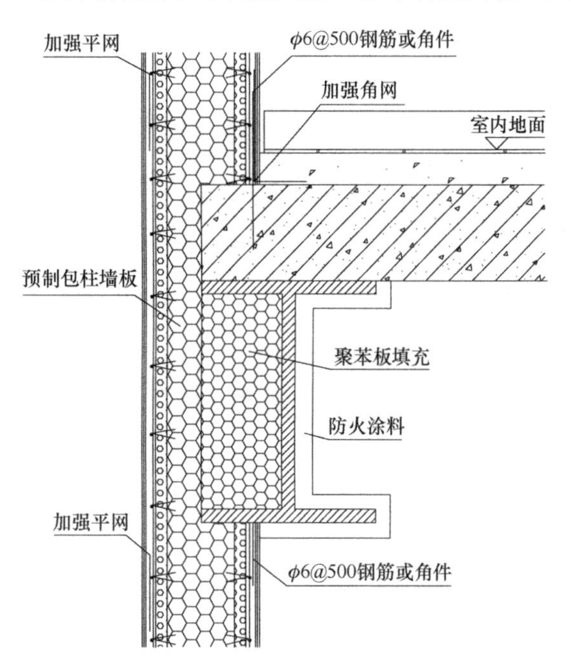

图 4.57　钢结构框架梁、柱处的热桥处理构造

图 4.58　珍珠岩防火板

除钢梁钢柱部位填充保温材料的方法外，还可采用外贴保温或保温装饰一体板的处理方法降低热桥，保温层的厚度可根据热工计算确定。北京建谊成寿寺钢结构项目中（图 4.59），外墙采用 150mmAAC 条板+50mm 保温装饰一体板的做法，在基层墙体与钢结构外另做保温层，这种做法解决了梁柱以及楼板处的热桥问题，同时也对板材接缝处进行了保温。

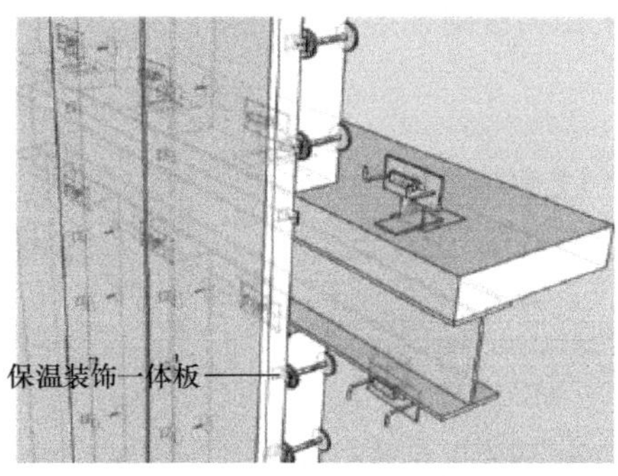

图 4.59 北京建谊成寿寺钢结构项目

国标图集《钢结构镶嵌 ASA 板节能建筑构造》08CJ13 中介绍 ASA 板作为外墙安装时，可通过双层板结构实现热桥的阻断，墙板室内一侧表面与框架梁或柱内表面平齐，外层板悬挂在梁或柱外侧，起到阻隔热桥的作用（图 4.45）。这种做法在甘肃兰州新区钢结构项目中得到了实际应用（图 4.60）。

图 4.60 甘肃兰州新区钢结构住宅项目

双层 ASA 墙板的原理与墙板外侧外贴保温或保温装饰一体板相同，但注意要对内外层板材的缝隙进行错缝处理。如图 4.61 所示，附加保温层的接缝与基层墙板接缝错开，不仅可以提高外墙的保温隔热性能，也可解决墙板的

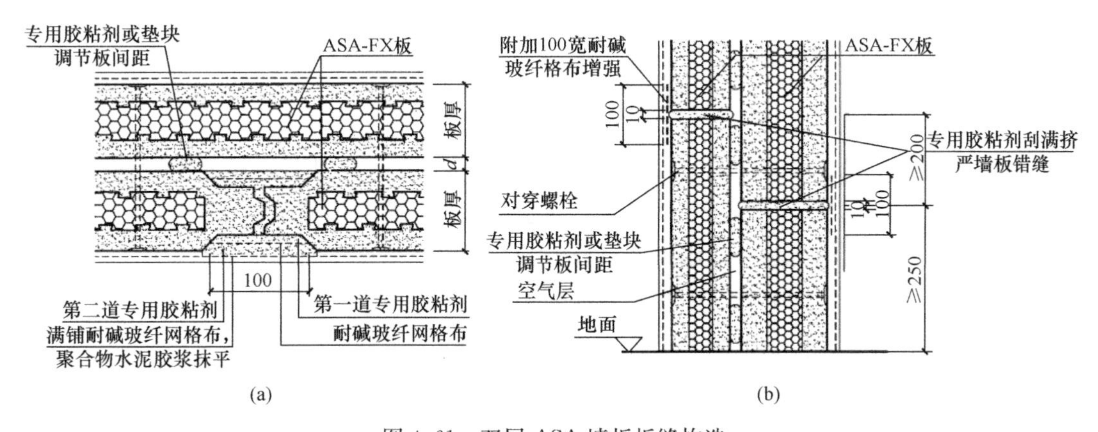

图 4.61 双层 ASA 墙板板缝构造

（a）横向板缝；（b）竖向板缝

接缝处的热桥问题。

在金属骨架外墙中，其龙骨骨架由轻钢组成，钢材的导热性能比混凝土材料要大得多，也需要对此进行处理。兼强板中的拼装式外墙采用沥青隔离垫、聚乙烯泡沫塑料垫、硬质聚氨酯垫或丁基橡胶防水条等材料作为外墙的冷桥隔离层，如图 4.62 所示。现浇泡沫混凝土轻钢龙骨复合墙体在钢龙骨处设置断桥垫块以减小热桥的影响，如图 4.63 所示。其也可采用另设附加层（空气层、保温层）的方式以阻断热桥。

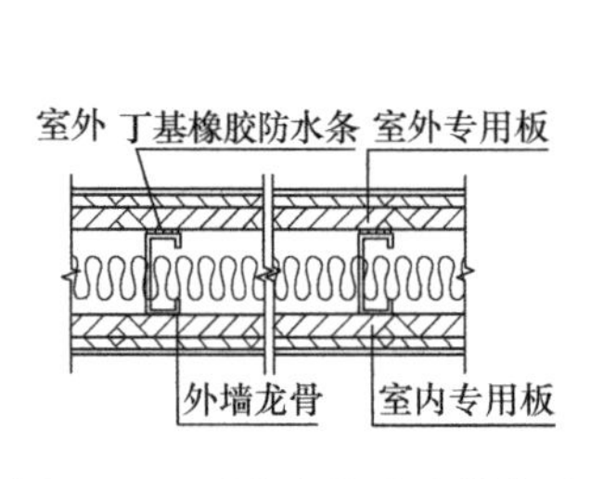

图 4.62　拼装式外墙墙体构造

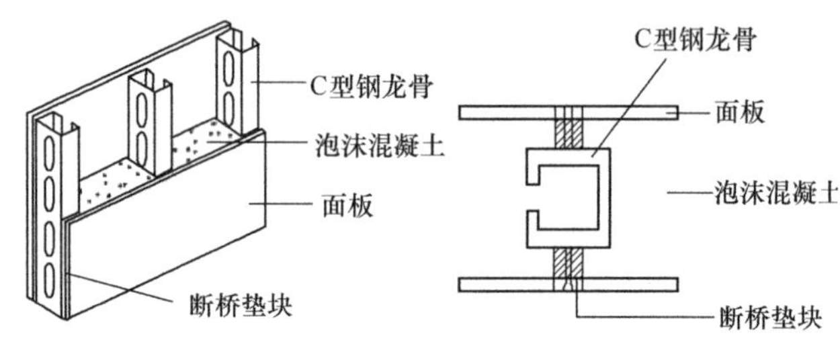

图 4.63　现浇泡沫混凝轻钢龙骨复合墙体 C 型钢结构构造

除设置垫块用作隔离层外，日本某公司在苏州开发的姑苏裕沁庭项目采用的是骨架外墙，设置夹心保温的形式，保温层粘贴于外附面板内部，并与内附面板之间留有空隙间层，一方面对阻断轻钢龙骨骨架处的热桥，同时空隙间层也提高了外墙的隔声性能(图 4.64)。

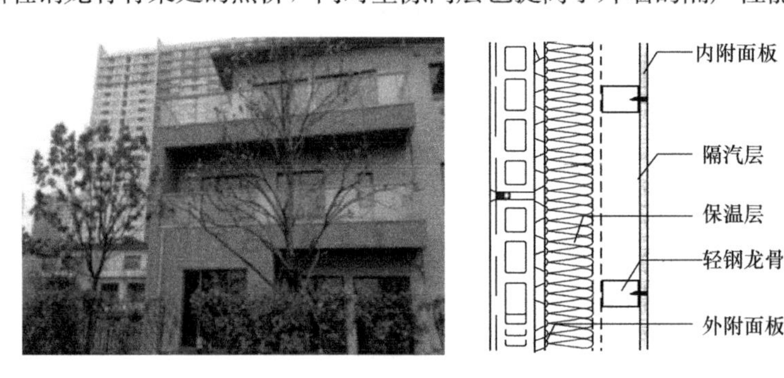

图 4.64　姑苏裕沁庭项目及外墙构造

4.4.3　围护墙板防渗漏做法

（1）渗裂、渗漏部位分析

在高速公路房建工程中墙体各层材料间的接缝（图 4.65）可能是渗漏发生的主要部位，渗漏通道出现在基层墙体之间的接缝、保温板之间的接缝以及饰面板接缝。

预制条板墙各层绝大部分采用现场复合方式施工，各层材料间包括预制条板、基层条板、保温层、饰面层等都可能产生渗漏通道。无论是横板或者竖板，基层板缝相较于其他类型的墙体需要处理的板缝更多。

预制整间板的宽度一般为整个柱网开间或者建筑的功能开间，高度为层高，其接缝数量相比条板接缝数量明显减少。整间板渗漏通道与预制条板相似，分别出现在相邻大板间的板缝、保温层接缝以及饰面板接缝处。

(a)

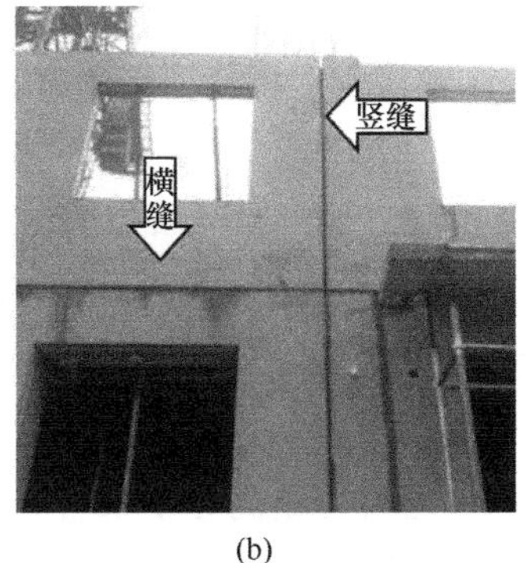

(b)

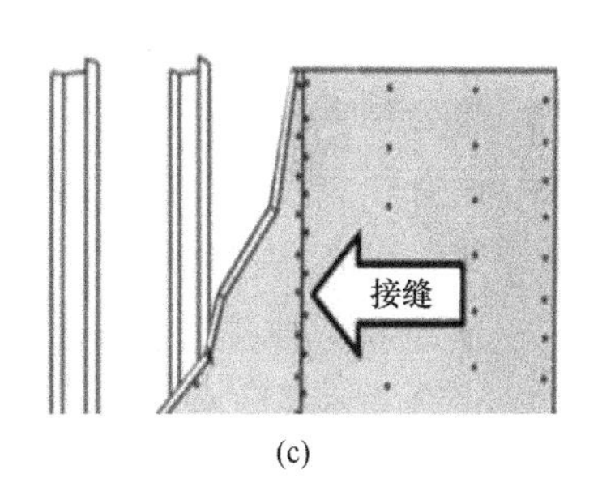

(c)

图 4.65　基层墙体接缝位置

(a) 预制条板接缝；(b) 预制整间板接缝；(c) 骨架外墙接缝

骨架外墙渗漏可能出现在基层墙体中密肋骨架与内外附面板形成的板肋之间，渗漏通道更多出现在附面板之间接缝、保温层接缝以及饰面板接缝。

(2) 防水做法

对于高速公路房建工程装配式钢结构外墙的防水做法，主要可采用材料防水与构造防水两种方式，部分外墙板在安装时同时采用材料防水与构造防水相结合的方式以增强外围护系统的防渗裂、防渗漏性能。

1) 材料防水

材料防水是指在外墙材料接缝之间填入防水材料或在墙板上做防水层，以阻止雨水进入外墙内部。

材料防水主要依靠防水材料阻断水的通路，达到防水的目的，常见的防水密封材料有：

① PE 棒

PE 棒（图 4.66）无臭、无毒、手感似蜡，具有优良的耐低温性能（最低使用温度可达－100～－70℃），化学稳定性好，能耐大多数酸碱的侵蚀（不耐具有氧化性质的酸），常温下不溶于一般溶剂，吸水性小，水汽渗透率低，化学稳定性好。

② 建筑密封胶

建筑密封胶(图4.67)大都属于合成胶粘剂，其主体是聚合物，其中硅酮、聚硫、

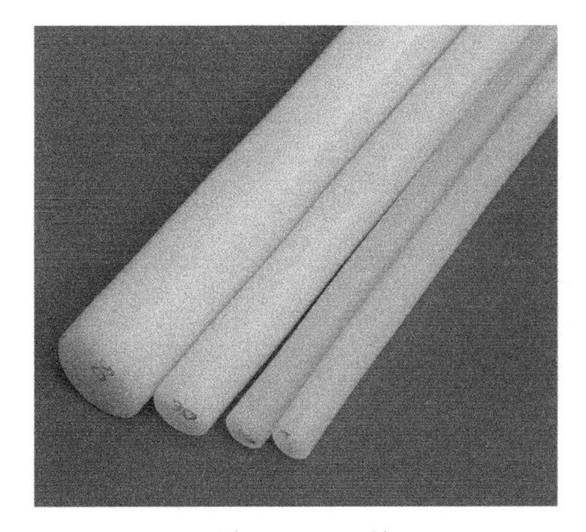
图 4.66　PE 棒

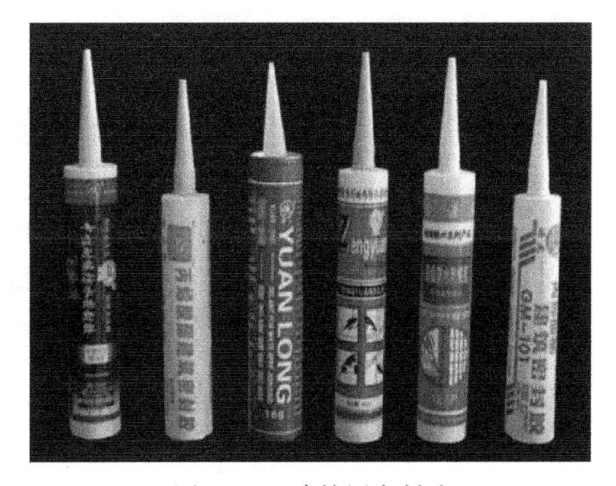

图 4.67　建筑用密封胶

聚氨酯三大室温固化弹性密封胶在我国应用最广泛，尤其是硅酮密封胶产品，其具有良好的防水性、抗老化性及隔热、隔冷性能，是一种新型防水密封材料。

③ 聚合物水泥砂浆

聚合物水泥砂浆（图 4.68）由水泥、骨料和可以分散在水中的有机聚合物搅拌而成。聚合物必须成膜覆盖在水泥颗粒子上，使水泥机体与骨料形成强有力的粘结。其具有抗渗效果好、耐高温、耐老化、抗冻性好的特点。

④ 聚合物水泥防水涂料

聚合物水泥防水涂料（图 4.69）是由合成高分子聚合物乳液及各种添加剂优化组合而成的液料和配套的粉料复合而成的双组分防水涂料，是一种既具有合成高分子聚合物材料弹性高，又有无机材料耐久性好的防水材料，是柔性防水涂料，即涂膜防水的一种。

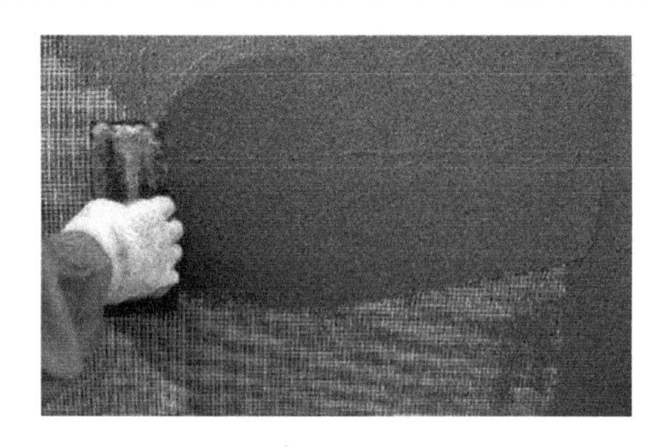

图 4.68　聚合物水泥砂浆

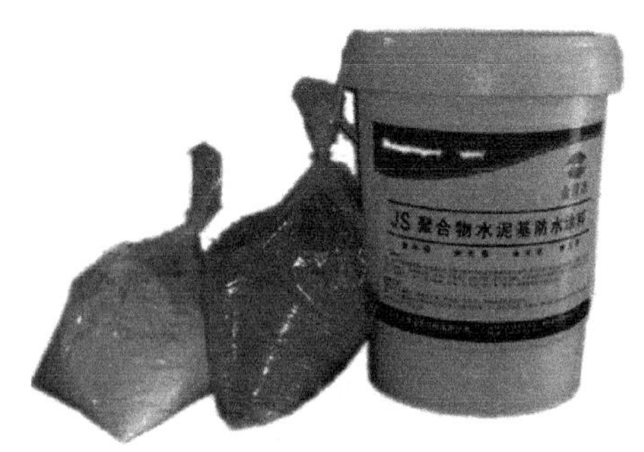

图 4.69　聚合物水泥防水涂料

⑤ 防水透气膜

防水透气膜是一种新型的高分子防水材料，主要由 PP 纺粘无纺布、PE 高分子透气膜、PP 纺粘无纺布构成，见图 4.70。

⑥ 遇水膨胀止水条

该种防脱水材料在遇水后产生 2～3 倍的膨胀变形，并充满接缝的所有不规则表面、空穴及间隙，同时产生巨大的接触压力，彻底防止渗漏，是一种新型防水材料，见图 4.71。

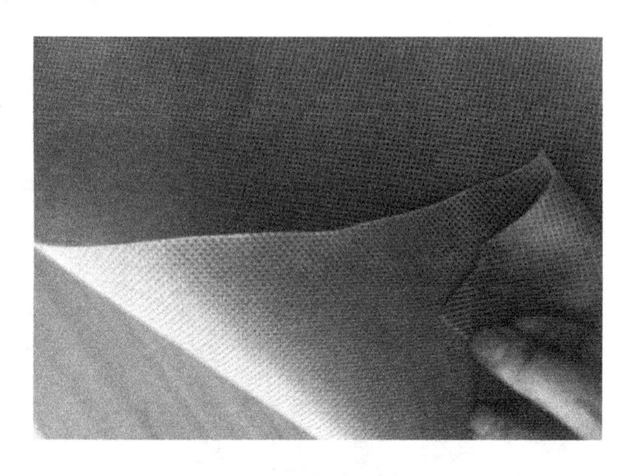

图 4.70　防水透气膜

图 4.71　遇水膨胀止水条

2）构造防水

构造防水是指通过改变外墙材料的接缝形状。如：企口缝或不同材料的错缝搭接，从而阻止雨水渗透。

（3）预制条板防水

预制条板在安装连接时产生的接缝相对较多，受力较大，墙板板缝的处理更加重要。钢丝网架珍珠岩复合外墙板接缝处采用密封胶或其他弹性填缝材料填实，板面喷抹水泥砂浆抹面。对于门窗洞口外墙及窗框之间采用防水隔汽膜和防水透气膜组成的密封系统密封。除此之外，部分板材在安装时除材料防水外还采用了构造防水的做法。根据国标图集《蒸压轻质加气混凝土板（NALC）构造详图》03SG715-1，蒸压加气混凝土墙板横缝及竖缝的主要构造形式见图4.72。

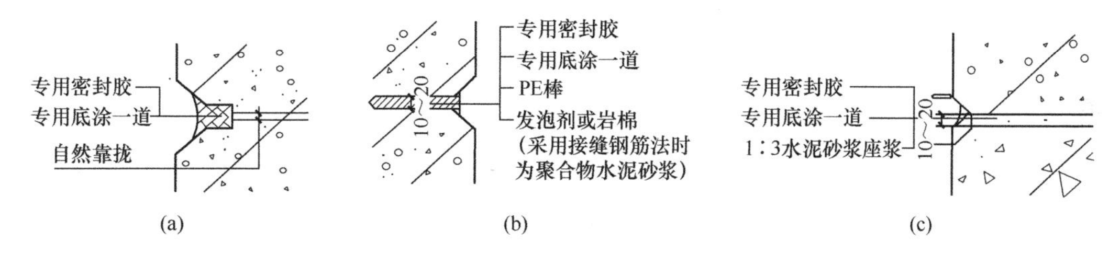

图4.72 蒸压加气混凝土外墙板缝构造形式

(a) 外墙一般缝；(b) 外墙胀缩缝；(c) 外墙胀缩缝（用其他构件相接）

图4.72中板缝处做成倒角或圆弧可加快雨水排离板缝的速度[39]，表示的是AAC板作为单一材料外墙外挂安装时的板缝构造。当房建工程选用其采用内嵌的形式进行安装，并与其他材料复合成轻质复合外墙时，基层墙板不直接与室外环境接触，墙板之间无须进行构造防水，只需要自然靠拢并做嵌缝处理。

除AAC墙板外，发泡水泥轻质复合板、纤维增强挤出成型中空墙板等板材端部也呈企口状。雨水在缝隙处易停留，板缝设计成企口缝并采用嵌缝材料填充可降低渗水的几率，一定程度增强外墙的防渗漏性能。发泡水泥轻质复合板间采用专用胶粘剂刮满挤严，使用聚合物水泥胶浆抹平。纤维增强挤出成型中空墙板用作幕墙挂板时，其防水做法可采用柔性防水层和金属板防水层，柔性防水层可选用防水透气膜，金属面防水层可选用铝合金板、镀锌钢板等材料。柔性防水层沿建筑外墙全部铺满，金属板防水层安装时考虑压槎设计。当墙板用作外围护系统基层墙体时，可在板缝处增设遇水膨胀止水条。

（4）整间板防水

整间板墙体外挂于钢结构之外时，大板基墙之间会存在接缝，由于大板外挂随钢结构的变形比条板内嵌产生的形变大得多，其板缝尺寸也更大，因此通常按照膨胀缝进行设计，考虑到整间板的板缝宽度，墙板随结构形变而发生位移太大，基层墙板板缝位置只采用材料防水是不够的，因此可采用构造防水或材料与构造防水相结合的方式。

以预制混凝土夹心保温外墙板为例，墙板在拼接时会形成缝隙，立面的雨水容易从横缝渗进板的缝隙和内部，造成渗漏问题，影响建筑的使用和建筑寿命。预制混凝土夹心外墙板缝采用构造防水时，水平缝应采用企口缝或高低缝，可以有效阻止立面雨水的渗透。竖缝宜采用双直槽缝，并在外墙板每隔三层的垂直缝底部设置排水管，板拼缝处，应采用防水材料结合企口和槽口构造封堵，内侧宜填充设置背衬材料，如图 4.73 所示。

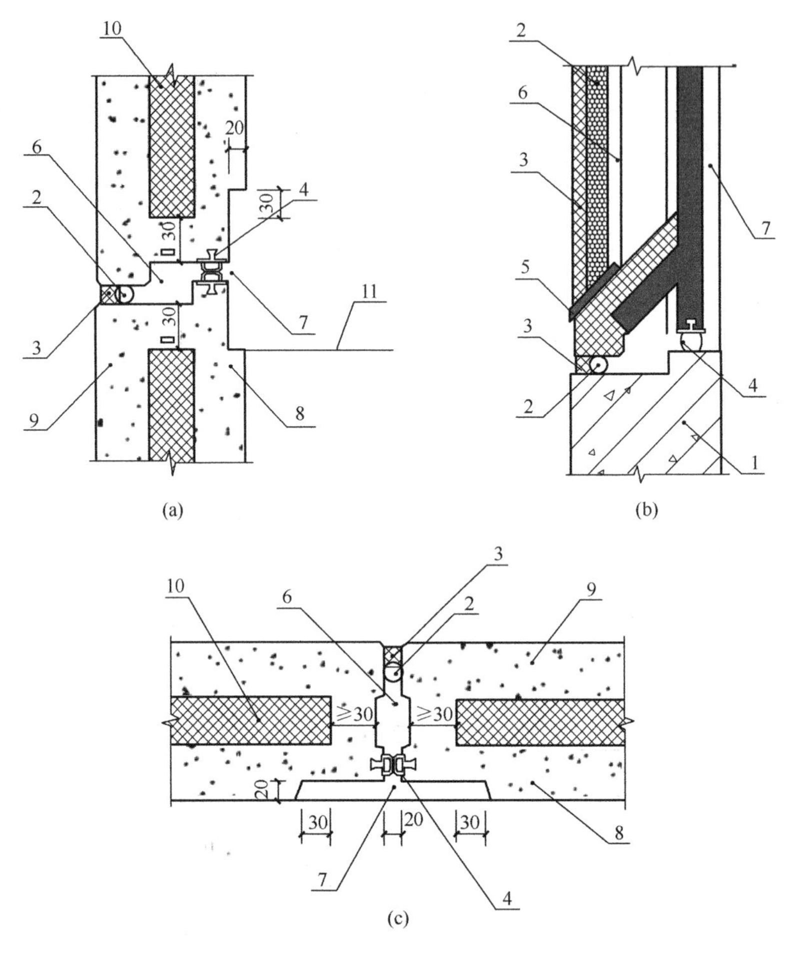

图 4.73　预制夹心保温外墙板接缝构造示意图

(a) 水平构造防水缝示意图；(b) 竖缝排水管处构造示意图；(c) 竖向构造防水缝示意图

1—现浇部分；2—背衬条；3—防水密封胶；4—止水条；5—排水管；6—减压空仓；

7—填补保温材料；8—内叶板；9—外叶板；10—夹心保温材料；11—室内标高完成面

(5) 金属骨架外墙防水

现浇泡沫混凝土轻钢龙骨复合墙体采用材料防水的处理方法，见图 4.74、图 4.75，龙骨与钢梁钢柱间采用密封胶或其他弹性材料填缝，墙体能较好地适应变形。纤维增强水泥板在出厂时采用六面防水处理，水泥板接缝处同样采用弹性材料填实，墙体板缝处嵌填保温棒并用密封胶条填实。

兼强板拼装式外墙的防水做法与现浇泡沫混凝土轻钢龙骨复合墙体相似，见图 4.76，其同样采用材料防水的方法，龙骨处粘贴丁基橡胶防水条。外墙面板与面板之间预留 5～10mm 间隙缝，外墙室外专用板面板处理采用耐候胶嵌缝或聚合物防水涂料整体罩面，外墙室内专用板面板板缝用膨胀性嵌缝材料嵌缝。

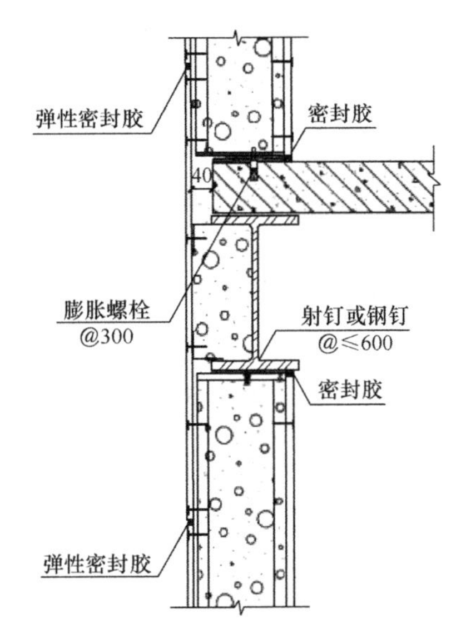

图4.74　复合外墙在楼层处连接节点

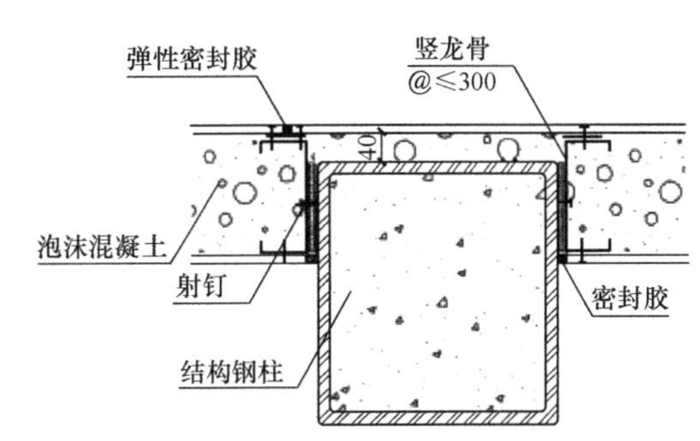

图4.75　复合外墙在钢柱处连接节点

（6）保温层防水

国标图集《外墙外保温建筑构造》10J121推荐保温板竖缝应逐行错缝粘贴，错缝粘结保温板避免竖向通缝，增加保温材料之间的连接。当使用外饰面板时，饰面板与外保温层之间形成连通空气层（图4.77），利于形成排水通道，同时又能促进空气流通，使外墙保温层内部保持干燥，从而达到防水的目的。

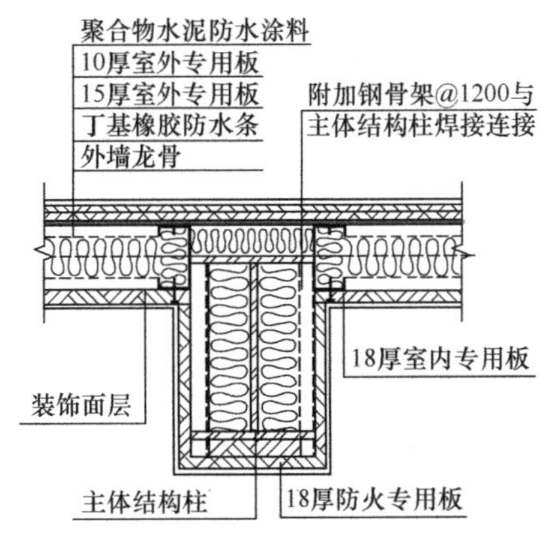

图4.76　拼装式外墙连接构造

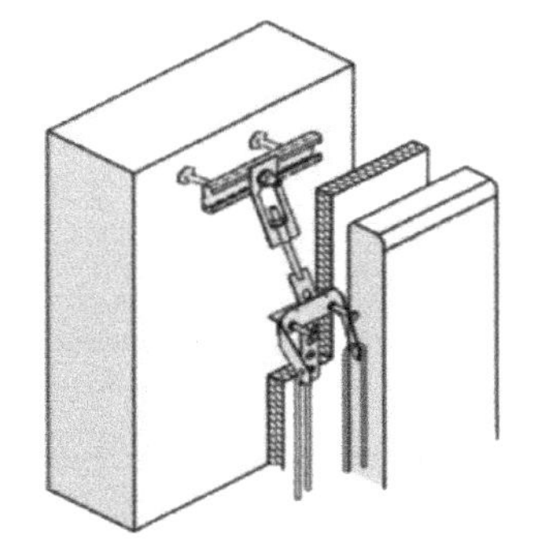

图4.77　空气层设置

4.5　外围护墙体施工技术

4.5.1　条板体系施工技术

（1）蒸压加气混凝土板施工技术

1）AAC 条板安装工艺流程

AAC 条板的施工工艺可参考蒸压加气混凝土板连接构造选择，以螺栓安装工法为例，AAC 条板安装工艺流程为：

① 放线、锯板。基线与楼板底或梁底基线垂直，保证安装墙板平整和垂直度。当墙板端宽度或高度不足一块整板，应使用补板，根据要求锯板，见图 4.78。

② 安装连接件。墙板顶部预留安装孔，钩头螺栓在板内预先定位；墙板底部在每块板距板端 80mm 位置处安装关卡连接件。

③ 就位、校正、固定。将调好的砂浆抹在墙板凹凸槽和地面基线内，上下对好基线，挤靠墙板，挤出并刮去砂浆，最后用木楔将墙板临时固定。墙板初步拼装好后，要用专业铁撬进行校正，用 2m 的靠尺检查平整度。墙面校正平整后，焊接固定板顶的钩头螺栓、U 形卡等连接件，见图 4.79。

图 4.78　锯板

图 4.79　板材安装

④ 灌浆补缝、贴防裂布。专用砂浆填补板间缝隙；墙体与钢框架间隙采用柔性材料填充并用专用砂浆嵌缝。砂浆灌浆完毕，待 3～5d 干缩定型后，用粘结砂浆将玻纤网格布贴在板的接缝处，见图 4.80。

⑤ 抹灰、涂料。使用砂浆找平，并用耐碱玻纤网格布加固，随后刷涂料或粘贴面砖，见图 4.81。

图 4.80　耐碱玻纤网格布加固

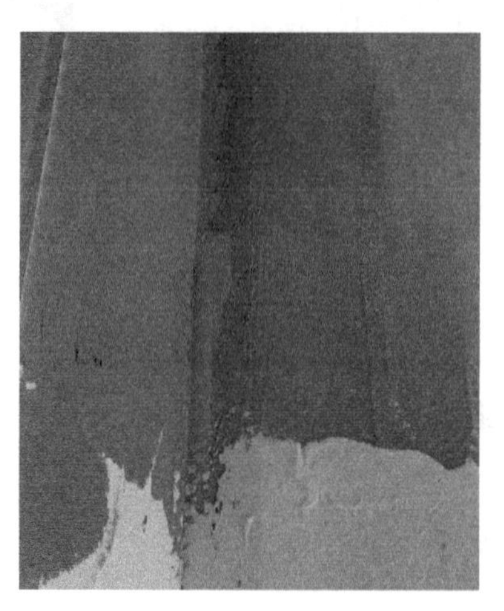

图 4.81　抹灰找平

2）AAC板材质量控制

① 蒸压加气混凝土板堆放场地需坚硬、平整、无积水，板材不得直接接触地面，存放时需做好防止雨雪污染等措施，一般堆放于室内或不受雨雪影响的场所，室外露天堆放时应采用覆盖措施，如图4.82所示。

② 由于板材强度相对于混凝土强度较低，搬运时应轻装轻放平行搬运或两侧支撑平行运输，严禁单边抬起、拖地拉运或单边支撑运输，防止对板材的破坏，如图4.83所示。

图4.82 板材堆放

图4.83 板材运输

③ 为了避免墙体开裂的问题，板材与主体结构间应采用柔性连接构造，板材间竖缝应涂刷胶粘剂后再安装下一块板，涂抹胶粘剂前应先将基层清理干净，胶粘剂灰缝应饱满均匀。板材施工完成后，对所有板缝处采用耐碱网格布粘贴，外墙采用高弹性腻子，最后使用高弹性涂料进行施工。

④ 板材切割、开槽、位置调整等需采用专用工具，在墙板上钻孔开槽等（如安装门、窗框、预埋铁件等）应在板材安装完毕且板缝内胶粘剂达到设计强度后才可进行，严禁剔凿，避免操作过程中破坏板材外观。

（2）纤维增强水泥挤出成型中空墙板施工技术

1）纤维增强水泥挤出成型中空墙板安装工艺流程

纤维增强水泥挤出成型中空墙板安装施工如图4.84所示，主要按照以下流程进行安装：

根据排板图确定板材规格、数量，处理基层→施工放样弹线→安装支撑构件并调平→打孔，安装墙板弓形、U形卡、Z形连接件→涂刷专用接缝胶、安装墙板、处理板缝。

2）纤维增强水泥挤出成型中空墙板质量控制

① 为使墙板安装后具有一定抗变形位移能力，在安装时，各板之间需预留一定缝隙，接缝宽度宜设置为8～15mm。对这些接缝处理是保证建筑外墙性能的关键，可通过结构粘结实现，可采用通用型MS密封胶或中性硅酮密封胶，结合聚乙烯胶（泡沫）棒、硬质垫块或披水板等配合处理。

② 由于板材的主要原料为水泥，由于水泥本身化学反应引起的“白化”现象，表面色彩难以完全一致，故清水板会存在轻微色差，且随着时间推移，色差会逐渐消失。

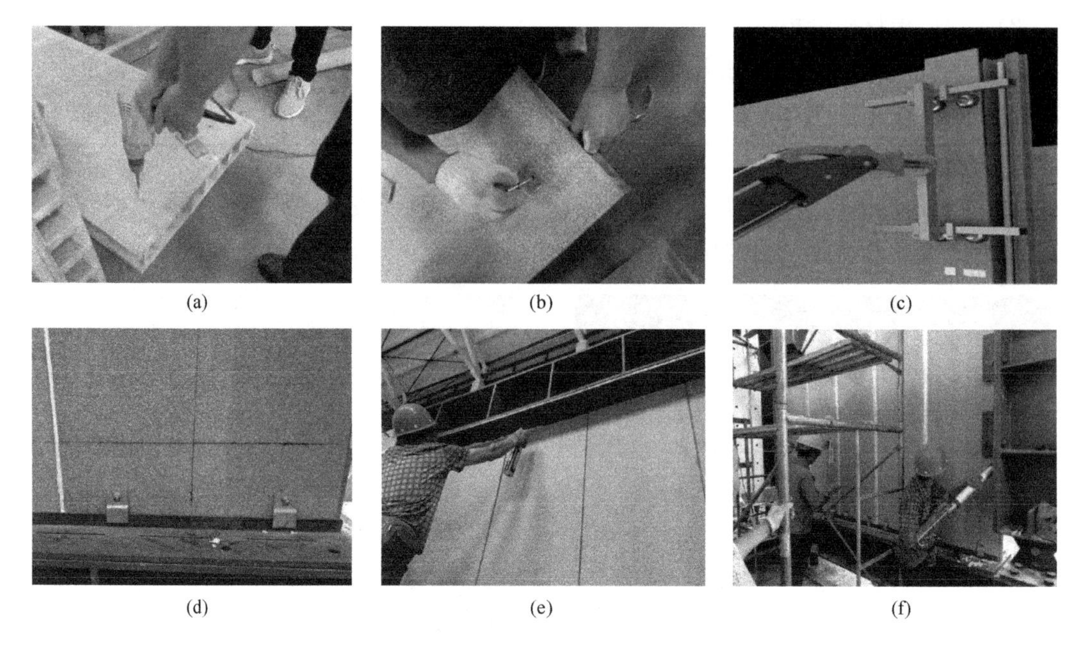

图 4.84　纤维增强水泥挤出成型中空墙板安装流程

(a) 板材打孔；(b) 安装连接件；(c) 吸盘车安装；(d) 板材与钢框架连接；
(e) 填充泡沫胶；(f) 密封胶勾缝

③ 板材在窗口处应做好排板处理，处理原则为：门窗的墙体可由门窗洞口向两侧同时排板，窗户周边的板材宜采用整板；条纹板切割时应保持条纹的完整性，避免影响墙体的装饰效果；在墙体安装过程中，不应直接在板上用螺栓或螺丝安装机械和设备。

(3) 发泡水泥轻质复合墙板施工技术

1) 发泡水泥轻质复合墙板安装工艺流程

发泡水泥轻质复合板的安装工艺流程如下：

放线→卡件固定→配置粘结石膏→立单面板→板连接块粘结→立另一侧墙板→墙体加固→墙面开槽、预埋管线→墙板找平→贴玻纤网格布。

ASA 外墙由双层墙板组成，中间可留空气层，当外墙双层板之间的空气层小于 30mm 时，板面之间用直径不小于 100mm 的专用胶粘剂以梅花状布点粘结；当外墙双层板之间的空隙大于 30mm 小于 200mm 时，空隙应用垫块控制板间距，用专用胶粘剂粘牢。墙板安装完毕后，再用对穿螺栓穿孔固定墙板，每平方米墙板至少有一个对穿螺栓连接。内层墙可采用 U 形卡将条板镶嵌在钢框架平面内，墙板室内一侧表面与框架梁或柱内表面平齐，外层板悬挂在梁或柱外侧，内外层板材错缝排列，构成中空组合墙体（图 4.85、图 4.86）。

图 4.85　板材与钢框架连接

2) 发泡水泥轻质复合墙板质量控制

① 为了避免开裂，在 ASA 板材安装完成后，

应用弹性腻子双面刮涂并粘贴耐碱玻纤网格布以增强墙体的整体性，消除内部应力不均匀而产生应力的隐患。

② 板材以低碱硫铝酸盐水泥和粉煤灰为主要成分，需注意在蒸汽养护一周及常温养护21d后才宜出厂使用，在尚未完成常温养护、出厂强度和湿度未达标准的情况下就运进施工现场宜产生缺棱掉角的情况，在这种情况下进行安装，墙体继续干缩徐变，从而产生较大收缩应力，导致接缝、节点处开裂。

图4.86　板材安装

③ U形钢板卡在运输及安装焊接的过程中易产生变形，从而引发现场安装效率降低，甚至二次加工等问题。可使U形钢板卡与主体连接进行工厂预制，保证焊接质量，在运输过程中做好成品保护措施，避免发生变形。

4.5.2　整间板体系施工技术

(1) 预制混凝土夹心保温外墙板施工技术

1) 预制混凝土夹心保温外墙板安装工艺

预制混凝土夹心保温外墙板的安装工艺流程为：

① 起吊、就位（图4.87）。起吊前仔细核对预制构件型号是否正确，待无问题后将吊环用卡环连接牢固后即可起吊。立起时，预制构件根部应放置厚橡胶垫或硬泡沫材料保护预制构件慢慢提升至距地面500mm处，略作停顿，再次检查吊挂是否牢固，板面有无污染和破损，若有问题立即处理。

图4.87　外挂墙板吊装

预制构件靠近作业面后，安装工人采用两根溜绳与板背吊环绑牢，然后拉住溜绳使之慢慢就位。根据标高差，铺放垫子和铁楔子。

② 微调。用线坠、靠尺同时检查预制构件垂直度和相邻板间接缝宽度，使其符合标准。用拉线定位，水平尺检查板的水平度，用铁楔子调节水平，确认水平调整完成后，可将预埋件焊接固定。

③ 最终固定。将预制构件埋件与柱上埋件连接固定或采用斜拉撑撑牢预制构件。一个楼层的每侧外墙轴线预制构件全部完成安装后，需进行一次全面的检查，确认安装精度全部符合规范的要求后，便可进行最终的固定（图4.88）。

2) 预制混凝土夹心保温外墙板质量控制

图 4.88 外挂墙板安装节点

① 墙板的定位应有控制线，按照楼层纵、横控制线与外墙板上所弹墨线相对应控制，使墙板与墙板之间、墙板与楼面控制线保持吻合和对直。为减少累计误差，墙板定位测量应由低层原始点引测。

② 外墙板质量较重，当预制混凝土夹心保温外墙板进行吊装时，为防止起吊过程中内、外叶墙体因受力不均匀造成外墙板破坏，在外墙板安装起吊过程中，要求将内外叶墙体的吊点连接为一个吊点进行起吊。

③ 墙板吊装就位要避免猛放、急刹等现象，以防碰撞破坏外墙板。

（2）AAC 板组装单元体外墙施工技术

1）AAC 板组装单元体外墙安装工艺

AAC 板组装单元体（图 4.89）是将多块蒸压加气混凝土板材进行组装，连接用的专用构件有压板、专用连接杆和专用螺栓。组装单元体的骨架可以采用槽钢或工字钢，骨架和骨架的连接可采用法兰连接，便于安装和水平方向的调节。在钢梁处应设置连接构件，用来传递水平风荷载，应留竖向椭圆孔，便于垂直方向的调节，连接构件可以采用角钢或槽钢。每隔一定高度应设置一段拉结角钢，防止骨架失稳，在吊装大板时也可以起到加固作用。

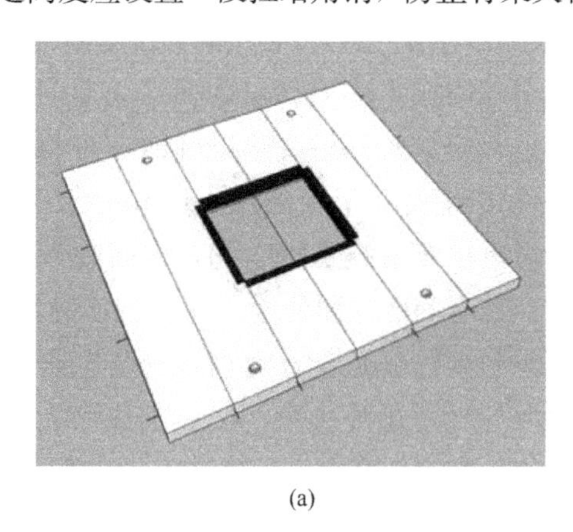

(a)

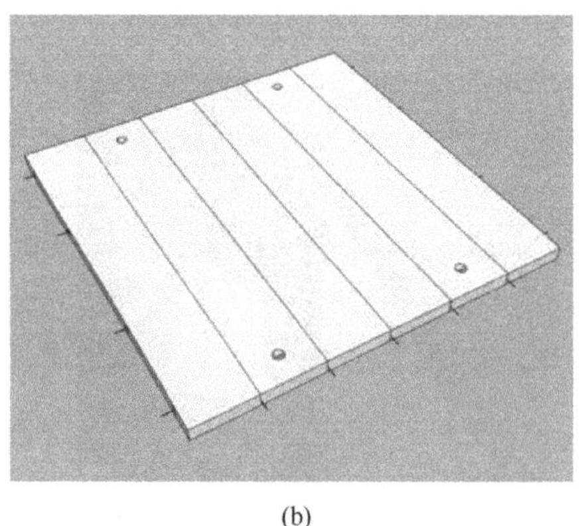

(b)

图 4.89 AAC 板组装单元体

（a）带门窗洞口组装大板；（b）标准大板

板材与骨架的连接，可以采用螺栓连接，也可以加设压板，焊接在骨架上。采用螺栓连接时，安装前要在骨架上打孔，但必须保证打孔精确度，特别注意在板材的变形缝位置，孔位应错开 20mm。安装时，对齐板材上的孔、专用连杆的孔和骨架上的孔，然后拧紧螺栓，就可以把板材固定在骨架上。采用压板连接时，骨架上不必打孔，在调节好板材位置后，固定好压板焊接即可。

2）AAC 板组装单元体外墙质量控制

① 应注意 AAC 板组装单元体的组装及板缝处理工作应在工厂内完成。单元体拼装时应先预紧对拉钢筋，张紧力 5～10kN。再组装加强钢带。

② AAC 板组装单元体（图 4.90）整体性较强，组成组装单元体的墙板间板缝宜采用半柔性缝，组装单元体之间采用柔性缝。

③ 加强扁钢相交时采用焊接连接，焊缝长除图 4.91 中注明外均需为满焊，焊缝高度不小于 6mm，不大于构件厚度。

图 4.90 AAC 板组装单元体

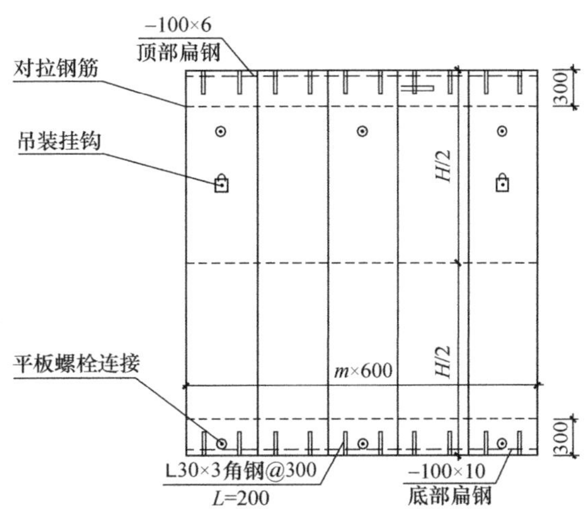

图 4.91 AAC 板组装单元体构造图

4.5.3 金属骨架外墙施工技术

（1）兼强板施工技术

1）兼强板安装工艺

兼强板包括预制式板材和现场拼装式板材两种，预制式兼强板可采用横向布置或纵向布置方案，通过专用连接板进行连接。但在实际施工过程中预制式兼强板会产生较大的安装误差，以下主要介绍现场拼装式兼强板。

拼装式兼强板（图 4.92）龙骨采用薄壁方钢以及 C 型钢，面板与龙骨可采用钻尾丝连接。拼装式兼强板龙骨安装工艺流程为：

图 4.92 拼装式外墙安装

主体结构墙面、地面清理和找平→拼装式自承重外墙墙体放线→安装拼装式自承重墙体预埋件→竖向龙骨分档→安装竖向龙骨→安装横向龙骨→龙骨安装工程验收→龙骨上粘贴丁基橡胶防水条→主体结构梁柱上粘贴保温材料→安装室外专用板面板→墙体内部保温芯材填充→安装室内专用板面板（采用双层面板时应错缝铺设）→外墙室外专用板面板处理采用耐候胶嵌缝或聚合物水泥防水涂料整体罩面→外墙室内专用板面板板缝用膨胀性嵌缝材料嵌缝→外墙室内专用板面板板缝处粘贴防裂带→拼装式自承重外墙安装完毕、验收。

2）兼强板质量控制

① 应分别安装沿顶、沿地和沿边龙骨，按已放好的位置线安装并用膨胀螺丝固定，随后根据放线的位置安装竖向龙骨。

②安装面板时应从门口处开始，无门洞口的由墙的一侧开始，面板应与龙骨靠近，墙体面板用沉头钻尾丝与龙骨固定。

③在填充保温隔声材料时，为防止芯材坍塌，可每隔 500mm 间距加设横向挡板，且将芯材固定在一侧面板上，两侧墙体面板竖向板缝不得在同一竖向龙骨上。

（2）现浇泡沫混凝土轻钢龙骨复合墙体施工技术

1）现浇泡沫混凝土轻钢龙骨复合墙体安装工艺

现浇泡沫混凝土复合墙体施工工艺与兼强拼装式外墙安装做法相似，主要包括：放线、安装墙体龙骨、安装水泥纤维板（图 4.93）、浇筑泡沫混凝土（图 4.94）。

图 4.93　安装水泥纤维板

图 4.94　浇筑泡沫混凝土

2）现浇泡沫混凝土轻钢龙骨复合墙体质量控制

① 选用现浇泡沫混凝土复合墙体施工时，应注意上、下横龙骨应按平面控制线固定于顶面和底面。竖龙骨安装时，应先安装边竖龙骨，再安装中竖龙骨，竖龙骨应根据施工图规定的尺寸进行裁切，安装时翼缘应朝向板面方向推入横龙骨内。

② 纤维增强水泥板安装时，纤维增强水泥板应自上而下、逐块逐排安装；当需对接时，应紧靠，但不得强压就位。纤维增强水泥板的四边均应落在轻钢龙骨的中线上。螺钉应先从板中部固定，再向四周扩散，螺钉顶面略沉入板内，固定后应补刷防锈漆。板缝处应嵌满、嵌实，并与坡口刮平，板面不得残留多余的密封材料。

③ 泡沫混凝土应分层浇筑，每层浇筑高度宜控制在 800～1200mm，两层浆料浇筑的

间隔时间以不胀模为准，且不宜小于 3h。浆料浇筑过程中，宜采用橡皮锤随时轻轻敲击平板表面进行外部振动，当浆料从上横龙骨与主体结构的缝隙中溢出可结束浇筑。

4.5.4　保温与结构一体化外墙施工技术

（1）钢丝网架珍珠岩复合保温外墙板安装工艺

钢丝网架珍珠岩复合保温外墙板的部分安装流程如图 4.95 所示，墙板主要按照以下流程进行安装：

复合保温外墙板进厂验收→放线、排板→安装复合保温外墙板→板缝、阴阳角补强→门窗洞口补强→安装预埋件→质量检查校正→复合保温外墙板两面分批抹砂浆→饰面处理。

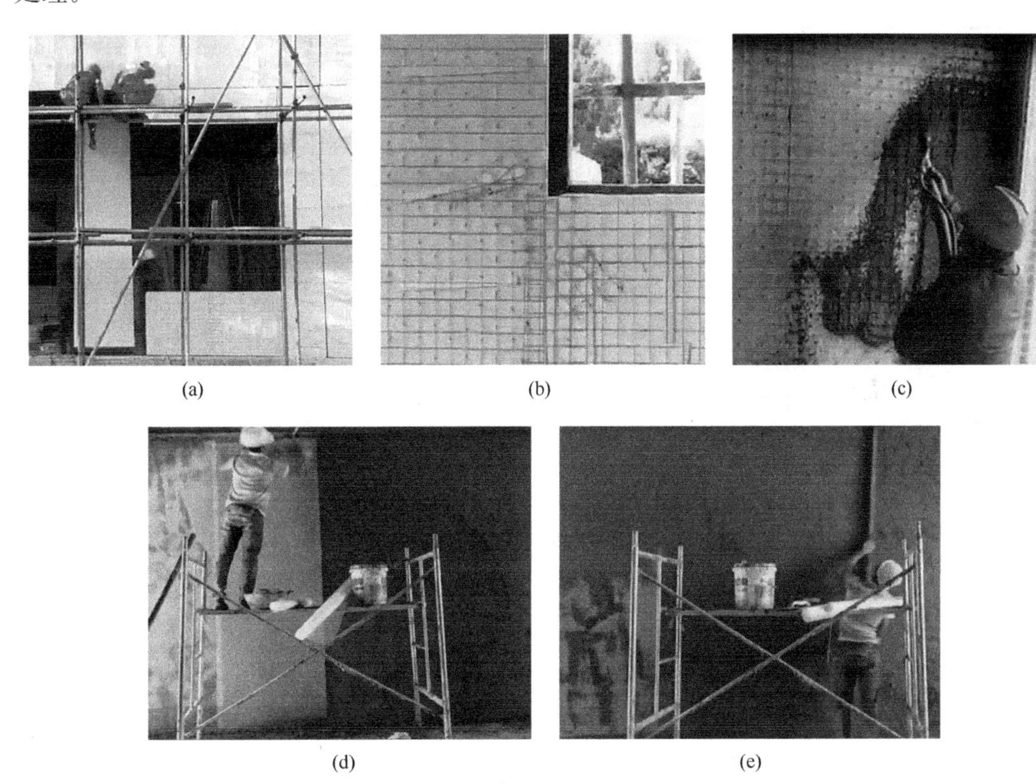

(a)　(b)　(c)　(d)　(e)

图 4.95　钢丝网架珍珠岩复合保温外墙板部分安装工艺

（a）安装复合墙板；（b）洞口补强；（c）喷浆；（d）贴网格布；（e）抹抗裂砂浆

（2）钢丝网架珍珠岩复合保温外墙板施工质量控制

① 墙板在安装时应拼接紧密。当出现板缝时，可视板缝宽度采用发泡聚氨酯或聚苯板条封堵。复合板材在喷（抹）砂浆前，可在保温芯板上开槽，出现破损时可用聚苯板条或发泡聚氨酯填堵修补。复合保温外墙板成型后，不应在砂浆层上再开槽或开洞。

② 用于外墙抹灰的水泥砂浆不应低于 M20，掺适量抗裂剂，水泥采用硅酸盐水泥。复合保温外墙板一侧抹灰时，另一侧应加水平支撑。墙体抹灰应分底层、中层、面层和抗裂层四层，在抗裂砂浆抹面层外可做建筑涂料饰面。

③ 施工过程严格按照节点构造要求，特别要注意网件、钢筋的间距，对于洞口等薄弱部位需使用钢丝网进行加强处理。

4.6 外围护墙系统选用综合比较

表 4.24 中对装配式钢结构围护墙系统各类墙板的防火、隔声、装饰、热工等技术性能及优缺点进行总结，可供高速公路房建工程进行技术决策（数据来源于厂家及技术文献）。

各类墙板性能比较 **表 4.24**

墙体材料	防火性能	隔声性能	热工性能	装饰	施工方面	成本
蒸压加气混凝土板	板材防火性能突出，150mm 墙体≥5h，满足规范要求	隔声性能良好，200mm 墙体≥45dB，满足规范要求	板材热工性能一般，单一材料墙板较难满足规范要求，可另外附加保温层	可直接使用或刷涂料、贴面砖、外挂饰面板	采用专用连接件，需吊装、焊接，安装较快	200mm 厚外墙板建造成本 370 元/m^2
纤维增强挤出成型中空墙板	板材防火性能良好，140mm 墙体≥3h，满足规范要求	隔声性能突出，140mm 墙体≥50dB，满足规范要求	板材热工性能一般，可在板材空腔内填充或外贴保温材料来增强墙体保温性能	可塑性强，自身具有简洁外饰效果，可实现各种条纹立体或雕刻图案	需吊装或采用吸盘车，部分连接件需焊接，施工安装较快	建造成本较高，150mm 厚外墙附加 50mm 保温层 798 元/m^2
预制混凝土夹心保温外墙板	板材防火性能良好，满足规范要求	隔声性能良好，＞45dB，满足规范要求	与选用的保温材料有关，材料导热系数不宜大于 0.040W/(m·K)	可采用无饰面或采用饰面砖、石材或涂料饰面在工厂一体化成型	需采用专用机械吊装，部分连接件需焊接，板材较重，施工速度较快	200mm 厚外墙板建造成本 380 元/m^2
发泡水泥轻质复合板	板材防火性能＞2h，满足规范要求	隔声性能一般，双层 ASA 板组成后可满足规范要求	热工性能一般，233mm 双层墙板传热系数 0.344W/(m^2·K)，满足规范要求	可贴墙砖或喷涂涂料	常采用双层组合外墙，需吊装，部分连接件需焊接，施工安装较快	ASA-FX90＋空气层＋ASA-FX90 外墙板建造成本 430 元/m^2
钢丝网架珍珠岩复合保温外墙板	1000℃耐火极限达 4h，满足规范要求	隔声量＞45dB，可满足规范要求	板材热工性能突出，200mm 厚墙板的传热系数达到 0.35 W/(m^2·K)，满足规范要求	可采用涂料饰面或粘贴面砖作饰面层	需吊装及喷浆，部分连接件需焊接，施工安装较快	珍珠岩板 25mm＋聚苯板 100mm＋珍珠岩板 25mm 外墙板 420 元/m^2

续表

墙体材料	防火性能	隔声性能	热工性能	装饰	施工方面	成本
现浇泡沫混凝土轻钢龙骨复合墙体	耐火极限≥2h，满足规范要求	隔声性能良好，200mm墙体≥50dB，满足规范要求	板材热工性能良好，300mm墙体传热系数为0.41W/(m²·K)	刷涂料、贴面砖、外挂板材等	墙体各功能材料现场复合，施工工序较复杂，需现场灌浆	200mm复合外墙板建造成本410元/m²
兼强板	板材防火性能良好，170mm墙体≥2.0h，满足规范要求	隔声性能良好，170mm厚墙体≥45dB	板材热工性能突出，200mm墙体可满足规范要求	室外侧可喷涂装饰类涂料或干挂饰面板，室内侧可喷涂料、贴壁纸及贴砖	墙体各功能材料现场复合，施工工序较复杂	200mm复合外墙板建造成本515元/m²

(1) 蒸压加气混凝土板

优点：蒸压加气混凝土板的特点在于重量轻，具备优良的隔热、隔声及耐火性能，可采用非砌筑的快速安装方式，板材生产施工工艺相对成熟，可满足高速公路配套房建工程采用轻质材料、便于运输、施工速度快的需求。

不足：蒸压加气混凝土板保温性能相对一般，干燥收缩值较大，比较容易出现干缩裂缝。吸水、吸湿，堆放不善容易引起翘曲、开裂等损失。

选用要点：选用蒸压加气混凝土板材应合理堆放养护，当外墙在建筑物防潮层以下或长期处于浸水和化学侵蚀的环境中时，需谨慎考虑采用蒸压加气混凝土制品。在寒冷地区板材可配合保温材料或保温装饰一体板使用以增加外墙的保温性能。

(2) 纤维增强挤出成型中空墙板

优点：墙板具有强度高、吸水率低、隔声效果好、耐久性好等特点，通过调节模具，可实现各种不同粗细条纹、波纹立体造型效果，结合使用需要增设涂装层，可使建筑呈现出丰富多样的墙面装饰效果，减少多道墙体材料的施工工序，可满足部分高速公路配套房建工程外立面装饰多样的需求。

缺点：由于工艺水平的限制，生产厂家较少，年产量一般，板材造价较高。

选用要点：对于工期、安装机械紧张的工程，选用该墙板可采用吸盘车安装，无需大型起重机械即可施工，还可减少装饰面处理的二道繁琐工序，降低板面处理成本。板材亦可用作装饰板与其他类型基层墙板配合使用或用作市政、交通工程中的围墙及绿化墙体。

(3) 预制混凝土夹心保温外墙板

优点：预制混凝土夹心保温外墙板成型规整，质量稳定，精准度高，平整度好，可采用外挂式安装，施工安装方便，可满足高速公路房建工程标准化、模数化设计，施工速度快的需求。

缺点：墙板重量大，需专用设备安装。外叶板及夹心保温层易受外界环境的冷热影响，夹心墙板使用的拉结件可能也会对墙板的热工性能产生不利的影响，锚固件的锚固性能受安装工艺和质量影响较大。

选用要点：预制混凝土夹心保温外墙板生产工艺较为成熟，成型规整，大部分生产工艺均集中在工厂中完成，墙板在施工安装时较为方便，饰面可在工厂预制成型。但需要注意墙板的养护时间，避免过早出厂引起内外叶墙板干燥收缩产生裂缝。

（4）钢丝网架珍珠岩复合保温外墙板

优点：钢丝网架珍珠岩复合保温外墙的特点在于墙板采用建筑保温与结构一体化的技术，保温性能突出，可避免传统保温工艺空鼓、脱落、崩裂、使用周期短等问题。钢丝网架不穿透可避免冷桥。外墙喷涂水泥砂浆抹面后，可采用涂料饰面或粘贴面砖作饰面层，符合建筑、结构、保温、防火、防水、装饰等一体的协同设计需求。

缺点：需在现场进行较多的湿作业，板材在现场安装后需在钢丝网架上喷抹水泥砂浆。

选用要点：钢丝网架珍珠岩复合保温外墙板采用的是保温结构一体化技术，保温材料与墙板在工厂内形成一个整体，保温隔热性能突出，200mm 厚墙板的传热系数可达到 0.35W/(m^2·K)，即满足配套工程在寒冷地区的热工性能要求，无需另外附加保温材料。

（5）发泡水泥轻质复合板

优点：ASA 板材具有高效节能、环保隔声、防火耐腐、施工便捷等性能特点。不仅能够标准化生产，而且可以根据不同地区的气候条件、不同部位的实际构造要求，组合成不同规格的复合材料，运用到不同类型的建筑部位。板材以工业固体废弃物为主要原料，既是废物利用又可以回收再加工使用。

缺点：板材与抹面材料的相容性相对较差，施工后易产生裂缝。内嵌墙板与钢框架主体的连接主要方式为 U 形钢板卡与钢柱或钢梁焊接。该种方法用钢量大，焊接质量难以保证，易使 U 形钢板卡易发生变形，可能引发现场安装效率降低，甚至二次加工等问题。

选用要点：板材应用较为成熟、广泛、绿色环保。具有加工模具标准化和成品组装多样化的优势，建设方可根据各个项目的特点选用不同类型的板材进行组装。

（6）现浇泡沫混凝土轻钢龙骨复合墙体

优点：现浇泡沫混凝土轻钢龙骨复合墙体隔声性能突出，且由于泡沫混凝土中的气泡是闭孔结构，比开孔结构的加气混凝土有更好的防水性能，加之复合墙体芯层是现场灌浆浇筑整体成型，没有接口，不会渗水，并且构成材料单一，伸缩比相同，避免了墙面开裂的问题。

缺点：墙体需要现场拼装龙骨及浇灌浆料，施工工序较为繁琐，市场应用较少，防火及保温隔热性能一般。

选用要点：现浇泡沫混凝土轻钢龙骨复合墙体相较于其他墙体的优势在于复合墙体芯层是现场灌浆浇筑整体成型，减少了墙面渗水及开裂的问题。

（7）兼强板

优点：兼强板质量轻，两面混凝土板中间夹玻璃岩棉，其保温性能较传统建筑的外墙外保温或内保温性能更好，既满足节能要求，又可节约安装时间、人工和材料费。拼装式兼强板能与钢结构主体同步变形位移，减少或杜绝因钢结构变形位移对墙体产生开裂影响。

缺点：板材目前应用较少，现场拼装较为繁琐，兼强板内外面板板材单块面积较小，板厚较薄，运输过程中易磕碰损坏。

选用要点：兼强板的优势在于保温隔热性能突出且板材能与钢结构主体同步变形位移，减少因钢结构变形对墙体产生开裂影响。但吊装时要注意成品保护，增加护边、护角措施。

第5章　内隔墙系统应用技术

装配式钢结构建筑中的轻质隔墙是指满足建筑使用功能，用于分隔内部空间的非承重轻质墙体，相比传统砌块砌筑内墙，其更适合装配式钢结构建筑的发展。本章从制作工艺、性能效果、建造成本、连接构造、施工技术等方面对多种轻质墙板进行技术介绍，针对内隔墙在实际安装及使用过程中可能出现的隔声、防火、防水性能差，管线敷设困难的问题，分别对墙板的连接构造、防水做法、声桥处理等问题进行了重点分析，可为高速公路房建工程内隔墙系统的选择提供多种较高水平的技术方案。

5.1　内隔墙体系性能要求

高速公路配套房建工程在选用轻质隔墙时应在满足物理力学性能要求的前提下符合设计标准化、内装工业化的要求。当前内隔墙体系在选用过程中应注意以下几方面：

（1）轻质高强

内隔墙所用板材应具有轻质高强的特点。虽然内隔墙作为非结构构件，但其与周边钢框架紧密连接，内隔墙本身参与结构整体受力，其本身的强度及刚度会直接影响到整体结构的抗震受力性能。内隔墙自重轻可有效减轻对楼板的荷载，也便于室内空间分隔的灵活布置及改变。轻质隔墙的厚度往往比较薄，有利于增加房间的有效面积，提高平面利用系数。对于房建工程中的装配式钢结构建筑，选择轻质高强的墙体材料能发挥钢结构建筑的优势，减小建筑的地震作用。

（2）隔声性能要求

建筑的隔声性能是影响室内声环境的主要因素。内墙隔声性能的优劣，直接影响办公和居住质量。因此，轻质隔墙的隔声性能为设计的重点，并且作为评判轻质隔墙物理性能优劣的重要指标。内隔墙应满足《民用建筑隔声设计规范》GB 50118 中规定的空气声计权隔声量不小于45dB的要求。

（3）防火性能要求

在轻质隔墙的材料选型时注意按照规范选取不燃或难燃且高温下不会放出有毒气体的材料，并满足《建筑设计防火规范》GB 50016 中对不同部位内墙的燃烧性能及耐火极限的要求。配套房建工程的耐火等级一般为二级，规范中对不同部位内墙的燃烧性能及耐火极限要求如表5.1中所示。

内墙的燃烧性能及耐火极限要求　　　　**表5.1**

构件名称		耐火等级二级
墙	楼梯间和前室的墙、电梯井的墙	不燃性 2.00h
	疏散走道两侧的隔墙	不燃性 1.00h
	房间隔墙	不燃性 0.50h

（4）防潮防水性能

轻质隔墙墙体本身应同样具有一定的防潮防水性能，除此之外，轻质隔墙应用于厨房、卫生间等长时间处于潮湿环境中时，墙面应采用必要的防潮防水构造措施，以适用于各种潮湿环境，提高墙体质量。

（5）集成特征

内隔墙体的集成特征主要体现在内隔墙非砌筑和内隔墙与管线、装修一体化两方面，对于集成度较低的内隔墙板，其适应性较差，一旦安装好，更换和改装都比较麻烦，如果后期使用过程中有空洞开设需要，开设孔洞时容易造成破裂等。带空腔的轻质隔墙内可敷管线，实现内隔墙与管线一体化，有利于工业化建造施工与管理，便于后期空间的灵活改造和使用维护。

5.2　内隔墙体系选型

5.2.1　内隔墙体分类

装配式钢结构具有轻质、集成化程度高及施工便捷的特点，内隔墙体的选用也应与之相匹配，与轻质砌块相比，板材类与骨架类内隔墙更加符合装配式钢结构的特点。轻质砌块虽然具有施工便捷、轻质等优势，但其应用于装配式钢结构建筑中，缺点也较为明显。例如，使用轻质砌块现场湿作业太多，不能够满足装配式钢结构建筑工业化的要求。目前建筑市场上墙体材料种类繁多，《装配式建筑评价标准》GB/T 51129[40]中规定："装配式建筑应采用全装修、宜采用装配化装修"，装配式钢结构建筑往往要求达到管线、饰面一体化的效果，内隔墙集成一体化设计在装配式钢结构建筑中尤为重要。我国的内隔墙体系按照设计水平可划分为非一体化隔墙和集成一体化隔墙，常见内隔墙种类如表5.2所示。

装配式钢结构建筑内隔墙分类　　　　表5.2

<table>
<tr><td rowspan="5">内隔墙体系</td><td>非一体化隔墙</td><td colspan="2">蒸压加气混凝土条板内隔墙</td></tr>
<tr><td rowspan="4">集成一体化隔墙</td><td rowspan="2">轻质条板</td><td>玻璃纤维增强水泥条板内隔墙</td></tr>
<tr><td>轻集料混凝土条板内隔墙</td></tr>
<tr><td colspan="2">轻钢龙骨内隔墙</td></tr>
<tr><td colspan="2">预制轻钢龙骨内隔墙</td></tr>
</table>

5.2.2　蒸压加气混凝土条板内隔墙

（1）板材介绍

蒸压加气混凝土板（图5.1），简称为AAC板，它由黏土、石灰、硅砂等组成，在制作过程中采用了经过防锈技术处理的钢筋，经过高温、高压、蒸汽等养护形成。板材在安装时能锯、刨、钉、打眼等，通常采用干式施工，表面可直接面层施工，其工效是墙体砌块的3～4倍，可减少现场湿作业，有效缩短工期。该材料的干密度通常为500kg/m³，制成的内隔墙轻质性比重为0.5，是普通混凝土的1/4，可降低墙体的自重，是一种轻质的新型节能建筑材料。

图5.1　蒸压加气混凝土条板内隔墙

（2）规格尺寸

AAC板的标准宽度为600mm，最小宽度应不小于200mm，非标准板可锯割配块。当用作内隔墙板时，厚度多采用100～200mm板材。蒸压加气混凝土板的规格要求见表5.3。板材在建筑设计中应尽量选择常用规格板材以节省造价，如需其他尺寸应在工厂或施工现场采用专用锯进行切割。

蒸压加气混凝土板的规格要求　　表5.3

类别	厚度（mm）	宽度（mm）	长度（mm）
内墙板	75～200	200～600 1/10模数	600～6000 1/10模数

（3）板材性能

1）强度。蒸压加气混凝土板的抗压强度不小于3.5MPa，满足《建筑用轻质隔墙条板》GB/T 23451中对板材抗压强度的要求。

2）吊挂力。蒸压加气混凝土墙板的单点吊挂力不小于1.2kN。满足国家标准《建筑用轻质隔墙条板》GB/T 23451中对板材吊挂力的要求。

3）抗冲击性。抗冲击性不小于10次，满足《建筑用轻质隔墙条板》GB/T 23451中板材经5次抗冲击试验后，板面无裂纹的要求。

4）防火性能。蒸压加气混凝土墙板是由硅质材料及钙质材料等无机材料制成，具有不燃性，预热时不会产生有害气体，板材防火性能见表5.4。

蒸压加气混凝土板防火性能　　表5.4

产品类型	厚度（mm）	耐火极限（h）	燃烧性能
墙板	100	≥4	不燃烧体
	150	≥5	
	>150	>5	

蒸压加气混凝土内部气孔的存在使得其耐热耐火性能非常好，满足《建筑设计防火规范》GB 50016 中对不同部位内墙的耐火极限要求。其还可作为钢结构梁柱外包防火板使用（图 5.2、图 5.3），安装时板缝处采用专用耐高温胶粘剂密封，自攻螺钉钉头、直头螺栓螺眼采用专用耐高温胶粘剂与板抹平。

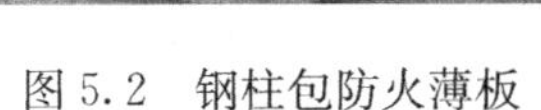

图 5.2　钢柱包防火薄板

图 5.3　钢梁包防火薄板

5）隔声性能。150mm B06 级板材墙体无抹灰层的计权隔声量为 46dB，可满足《民用建筑隔声设计规范》GB 50118 中规定的隔墙隔声量为 45dB 的要求。

6）防水性能。板材的干燥收缩值较大，比较容易出现干缩裂缝。吸水、吸湿、堆放不善容易引起翘曲、开裂等损失。根据图集《装配式建筑蒸压加气混凝土板围护系统》19CJ85-1 中的规定，建筑物防潮层以下及长期处于浸水环境的墙体不得直接使用 AAC 板，与潮湿环境接触部位应涂刷具有透气性的防水界面剂。

5.2.3　玻璃纤维增强水泥条板内隔墙

（1）板材介绍

玻璃纤维增强水泥条板内隔墙（图 5.4）简称 GRC 轻质隔墙板或 GRC 轻质墙板。该墙板是采用低碱度硫铝酸盐水泥或快硬硫铝酸盐水泥作为胶结材料，以耐碱玻璃纤维无捻粗纱及其网格布作为增强材料，以珍珠岩、陶粒等轻质无机复合材料为轻集料，并掺加粉煤灰矿渣等外掺料制成的空心条板。150mm 板材的面密度为 150kg/m^2，质量轻，适用于

图 5.4　玻璃纤维增强水泥条板

非抗震设防地区和抗震设防烈度≤8度地区的民用与工业建筑，可组成单层、双层隔墙，用于分户隔墙、分室隔墙、走廊隔墙等。

（2）规格尺寸

根据图集《内隔墙-轻质条板（一）》10J113-1[41]中的规定，板材常用产品型号及规格尺寸如表5.5所示，其他尺寸可由供需双方协商解决。其中90mm厚条板隔墙接板安装高度应不大于3.6m；120mm厚条板隔墙接板安装高度应不大于4.2m；150mm厚条板隔墙接板安装高度应不大于4.5m。采用单层条板作为分户墙时，其厚度不应小于120mm。

产品型号及规格尺寸 **表5.5**

名称	长×宽（mm）	厚度
玻璃纤维增强水泥条板	2400～3000×600	90、120、150

（3）板材性能

玻璃纤维增强水泥条板的性能如表5.6所示。

玻璃纤维增强水泥条板性能要求 **表5.6**

项目	玻璃纤维增强水泥条板		
板厚（mm）	90	120	150
抗冲击性能（次）	≥5	≥5	≥5
单点吊挂力（N）	≥1000	≥1000	≥1000
抗弯破坏荷载（板自重倍数）	≥5	≥5	≥5
干燥收缩值（mm/m）	≤0.6	≤0.6	≤0.6
耐火极限（h）	>2	>2	>2
软化系数	≥0.8	≥0.8	≥0.8
抗压强度（MPa）	≥3.5	≥3.5	≥3.5

玻璃纤维增强水泥条板的单点吊挂力、抗冲击性能、防火性能等物理指标均满足相关国家标准中的要求。

不同厚度玻璃纤维增强水泥条板的隔声量在35～51dB之间，其可采用双层条板的形式，双层板材中间可设置空气层及填塞隔声材料以增强墙体的隔声性能，见图5.5。

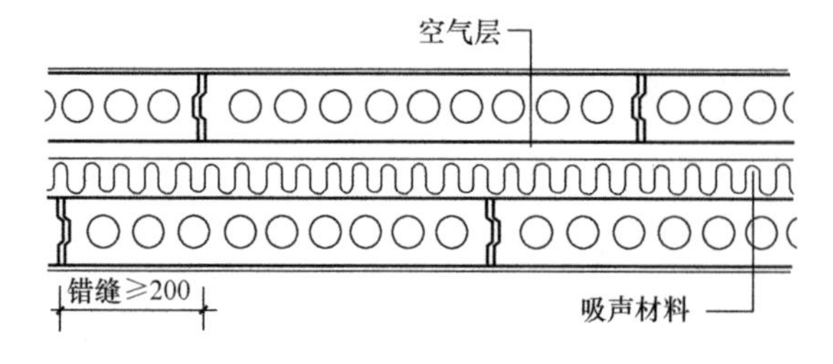

图5.5 双层条板内隔声墙平面

玻璃纤维增强水泥条板除了具有轻质、高强、防火、隔声等特点外，还具有集成化的特性，其表面可不进行水泥砂浆抹平，即马上开始腻子灰施工，可实现内隔墙非砌筑。板材作为空心板，可在其孔内预埋管线，无须剔凿墙板进行敷管线，可实现内隔墙与管线一体化。可减轻现场的工作量，加快现场的施工进度。

5.2.4　轻集料混凝土条板内隔墙

（1）板材介绍

轻集料混凝土条板内隔墙，简称轻混凝土条板内隔墙，分为空心和实心两种类型。空心条板的面密度更低，150mm 板材的面密度不大于 160kg/m^2，更适合被应用于内隔墙。空心条板以普通硅酸盐水泥或低碱硫铝酸盐水泥为胶结材料，低碳冷拔钢丝或短切纤维为增强材料，掺和粉煤灰、浮石、陶粒、煤矸石、炉渣、石粉、建筑施工废渣等工业灰渣以及其他天然轻集料、人造轻集料制成的预制条板，适用于非抗震设防地区和抗震设防烈度≤8 度地区的民用与工业建筑，见图 5.6。

图 5.6　灰渣混凝土空心条板

（2）板材尺寸

轻集料混凝土条板的长度宜不大于 3.3m，宽度尺寸的主规格为 600mm，厚度尺寸的主规格为 90mm、120mm、150mm，其他规格尺寸可由供需双方协商确定。

（3）墙板性能

轻集料混凝土条板的性能如表 5.7 所示。

轻集料混凝土条板性能　　表 5.7

项目	轻集料混凝土条板		
板厚（mm）	90	120	150
抗冲击性能（次）	≥5	≥5	≥5
单点吊挂力（N）	≥1000	≥1000	≥1000
抗弯破坏荷载（板自重倍数）	≥2.5	≥2.5	≥3.5
干燥收缩值（mm/m）	≤0.41	≤0.41	≤0.43
耐火极限（min）	≥120	≥180	≥180
软化系数	≥0.85	≥0.85	≥0.87
抗压强度（MPa）	≥7.0	≥7.0	≥7.5

轻集料混凝土条板的单点吊挂力、抗冲击性能、防火性能等物理指标均满足相关国家标准中的要求。其与 GRC 轻质墙板相比，除材料组成不同外，其规格形状、墙板性能、构造做法等均与 GRC 轻质墙板相似，现场安装后墙面整体垂直度平整度观感好，可以直接在上面刮腻子做装饰层，管线可以在墙板的孔洞内进行预埋。

两种墙板防潮、防水性能良好，条板隔墙板与板之间的横向连接可采用榫接、平接、双凹槽对接等方式。当隔墙用于厨房、卫生间及有防潮、防水要求的环境时，板面可以贴瓷砖或涂刷防水涂料。

5.2.5 轻钢龙骨内隔墙

(1) 板材介绍

轻钢龙骨内隔墙(图5.7)是由钢龙骨与覆面结构板材组成的龙骨式复合墙体，适用于非抗震设防地区和抗震设防烈度≤8度地区的民用与工业建筑。面板间可填充功能材料以增强墙体的隔声、保温性能。

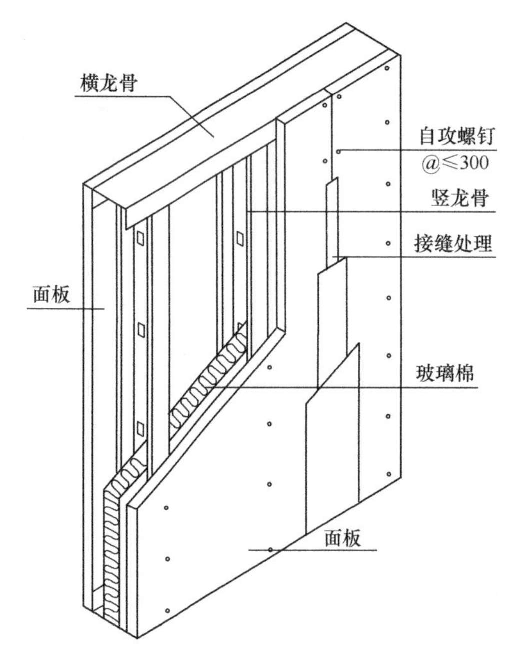

图5.7 轻钢龙骨内隔墙示意图

1) 轻钢龙骨：轻钢龙骨是以厚度为0.5～1.5mm的镀锌钢板(带)、薄壁冷轧退火钢板卷(带)或彩色喷塑钢板(带)为原料，采用冷弯工艺制作而成的轻质隔墙骨架支撑材料。常用的轻钢龙骨有C形龙骨、U形龙骨、贯通龙骨等。

2) 面板材料：纸面石膏板、纤维石膏板、纤维水泥加压板、硅酸钙板等。

① 纸面石膏板

板材(图5.8)以石膏为主要材料，可用钉、锯、刨、粘等方法施工。普通纸面石膏板应用最为广泛，但其本身物理性能欠佳，所以针对不同的用途，衍生出的特殊石膏板类型较多。可掺入轻质骨料、制成空心或引入泡沫，以减轻自重并降低导热性，又可以掺入含硅矿物粉或有机防水剂以提高其耐水性，表面可贴纸或铝箔增加美观和防湿性。耐火纸面石膏板可用于有防火要求的部位；耐水纸面石膏板可用于卫生间、厨房、外墙贴面板等有防潮要求的部位；纤维石膏板(图5.9)可用于分户墙、有撞击要求的部位等。厚度为12.5mm的纤维石膏板的螺丝握裹力达600N/mm^2，而纸面石膏板仅为100N/mm^2。

图5.8 纸面石膏板

图5.9 纤维石膏板

② 纤维水泥加压板

纤维水泥加压板(图5.10)是采用木纤维、改性维尼纶纤维、矿物纤维、水泥及添加料，经抄造（铺料）成型，加压、蒸养、砂磨等工艺制成的高强度、轻质、不燃、防水、高密度、耐久、抗冻融的建筑板材。

③ 加压低收缩性硅酸钙板

加压低收缩性硅酸钙板采用硅质、钙质材料和木纤维、矿物纤维及添加料，经抄造（铺料）成型，加压、蒸养、高温高压蒸压、砂磨等工艺制成的新型建筑板材，经加压后的板材材料性能稳定，具有耐久性、耐水性、抗冻融性、防火性。

④ 粉石英硅酸钙板

粉石英硅酸钙板（图 5.11）是以天然粉石英为主，辅以钙质材料、植物纤维材料，按一定硅钙比优化工艺配方，经高温高压蒸养处理制成的板材。粉石英硅酸钙板具有耐潮、防冻、高强、保温、阻燃、隔声、耐腐蚀等特点。

图 5.10　纤维增强水泥板

图 5.11　硅酸钙板

⑤ 玻璃纤维增强水泥板

板材以高强低碱的硫铝酸盐类水泥为基材，以抗碱玻璃纤维作增强材料，经过先进流浆辊压复合型工艺制成。具有轻质、高强、高韧、耐火、不燃、防腐、耐水等优良性能，不含石棉等污染环境的有害物质，同时具有优良的加工性能。

3）填充材料：玻璃棉、岩棉、聚苯乙烯泡沫塑料。玻璃棉保温隔声效果最好，但价格昂贵；岩棉的价格适中，保温隔声效果较好，而且耐高温，是目前应用较多的填充材料；聚苯乙烯泡沫塑料价格便宜，其保温隔声效果较好，但不能直接与高温物体接触，在装配式钢结构建筑中，由于不可避免地会有现场焊接的工艺，所以不建议采用聚苯乙烯泡沫塑料[42]。

4）辅助材料：自攻螺丝、射钉、嵌缝剂、接缝带、金属膨胀螺栓、密封胶、金属护角条等。

（2）轻钢龙骨隔墙规格

轻钢龙骨隔墙的形式多种多样，其不同主要在于龙骨和面板的相互组合。不同规格的龙骨和不同材料的面板相互组合，可以满足不同使用部位对轻钢龙骨轻质隔墙的要求。

1）面板规格

轻钢龙骨内隔墙所用面板的规格可参考《轻钢龙骨内隔墙》03J111-1[43]中的规定，采用较多的轻钢龙骨面板材料主要有：纸面石膏板、纤维水泥板、硅酸钙板三种形式，三种面板材料常见规格见表 5.8。

轻钢龙骨隔墙常用面板材料 **表 5.8**

名称	常用规格		
	长度（mm）	宽度（mm）	厚度（mm）
纸面石膏板	3000	1220	12、15
纤维水泥板	2440～2980	1220	6、8、10、12、15
硅酸钙板	2440～2980	1220	6、8、10、12、15

2）轻钢龙骨规格

轻钢龙骨轻质隔墙所采用的龙骨形式基本分为三种：C 形龙骨、U 形龙骨与贯通龙骨。不同的龙骨在隔墙内的作用并不相同，C 形龙骨一般作为竖龙骨，为隔墙的主要受力构件，U 形龙骨一般作为隔墙的沿顶、沿地龙骨，贯通龙骨一般作为整个龙骨构件的水平连接件。其作用及常见的规格如表 5.9 所示。

轻钢龙骨常见规格 **表 5.9**

名称	龙骨示意图	尺寸规格			使用范围
		A（mm）	B（mm）	壁厚（mm）	
C 形龙骨	B A	50	45/47.7	0.6/0.7/0.8	墙体的主要受力构件，为钉挂面板的骨架，树立于上下横龙骨之中
		75	45/47.7	0.6/0.7/0.8	
		100	45/47.7	0.7/0.8	
		150	45/47.7	0.8/1.0	
U 形龙骨	B A	50	35	0.6/0.7	墙体与主体结构的连接构件，用于楼板底或楼地面固定竖龙骨
		75	35	0.6/0.7	
		100	35	0.6/0.7	
贯通龙骨	B A	38	12	1.0	竖龙骨的水平连接构件，用于竖龙骨的稳定

（3）墙板性能

轻钢龙骨内隔墙的墙体性能可参考《轻钢龙骨内隔墙》03J111-1 中的墙体性能选用表。

1）吊挂力。轻钢龙骨内隔墙竖龙骨部位单点吊挂力不小于 1000N。当内隔墙吊挂重物时，应根据使用要求在龙骨处设计埋件。

2）防火性能。轻钢龙骨隔墙以及下文中提到的预制轻钢龙骨隔墙的防火性能主要与采用的面板材料有关，预制轻钢龙骨隔墙面板采用硅酸钙板，具有卓越的耐火、阻燃性能，可在高温下保证墙体的稳定性。轻钢龙骨隔墙目前采用最多的面板材料为纸面石膏板。其燃烧性能为难燃（B1 级），防火性能欠佳，所以在采用纸面石膏板为轻钢龙骨轻质隔墙的面板材料时，特别需要注意墙体的防火设计。为了提高轻钢龙骨隔墙的防火性能，可以增加面板的厚度与层数，具体可参照《轻钢龙骨内隔墙》03J111-1 中的隔墙选型表进行选择。以双层普通石膏板为例，见表 5.10。墙体选择双层 12mm 普通纸面石膏板，耐火极限为 70min，满足规范中部分位置内隔墙的性能要求。

双层普通石膏板轻钢龙骨隔墙耐火极限　　　表 5.10

图示	尺寸（mm）				耐火极限（min）	
	板厚	排板方式	龙骨宽度	墙厚	普通板	耐火板
龙骨间距	12	2+2	75	123	70	—

除增加面板厚度与层数外，也可采用耐火性能更好的面板材料来代替石膏板，从而获得更好的防火性能，如纤维水泥板。纤维水泥板自身属于 A1 级不燃材料，其防火性能如表 5.11 所示，可满足《建筑设计防火规范》GB 50016 中对不同部位内墙的燃烧性能及耐火极限的要求。

面板材料为纤维水泥板的轻钢龙骨隔墙物理性能　　　表 5.11

墙体厚度（mm）	板材厚度（mm）	龙骨型号	填充物	耐火极限（min）
91	8+8	QC75	80kg/m^{2}岩棉	120
91	8+8	QC75	泡沫混凝土	177
116	8+8	QC100	轻质混凝土	240
118	9+9	QC100	80kg/m^{2}岩棉	180
120	10+10	QC100	80kg/m^{2}硅酸铝纤维棉	240

以某高层装配式钢结构公共建筑为例，根据《建筑设计防火规范》GB 50016 中的要求，楼梯间和前室、电梯井的墙体应采用燃烧性能为不燃性、耐火极限为 2.00h 的墙体，疏散走道两侧的墙体应采用燃烧性能为不燃性、耐火极限为 1.00h 的墙体，房间隔墙应采用燃烧性能为不燃性、耐火极限为 0.75h 的墙体，如表 5.12 所示。

内墙防火性能要求　　　表 5.12

部位	燃烧性能（h）
楼梯间和前室的墙、电梯井的墙	不燃性 2.00
疏散走道两侧的隔墙	不燃性 1.00
房间隔墙	不燃性 0.75

项目在进行轻质隔墙设计时，为了满足不同部位内墙的防火要求，对轻钢龙骨轻质隔墙采用了相应的措施。

① 对面板材料及填充材料进行选择

项目中不同部位墙体的防火设计表　　表 5.13

墙体位置	采用的轻钢龙骨形式	墙体厚度
防火墙	四层 12mm 厚防火石膏板＋84mm 厚岩棉板＋四层 12mm 厚防火石膏板	180mm
楼梯间、前室、电梯井处	三层 12mm 厚防火石膏板＋78mm 厚岩棉板＋三层 12mm 厚防火石膏板	150mm
管井与管井间、管井与其他空间处、楼梯间与卫生间处	单层 10mm 厚硅酸钙板＋130mm 厚岩棉＋单层 10mm 厚硅酸钙板	150mm

项目中不同部位轻质隔墙的防火做法如表 5.13 所示。从上述做法中可以看出，针对面板材料对防火性能的影响，项目中从两个方向进行提升：一是增加防火石膏板的厚度，二是更换防火性能更好的硅酸钙板。针对采用的两种方式，后者更为可取，过多的面板层数不仅影响轻质隔墙的厚度，同样面板材料的安装会降低轻质隔墙的施工效率。

② 采取的防火构造措施

除面板材料选用防火性能较好的硅酸钙板，内部填充 A 级防火材料，在进行防火节点的设计时，可采取相应的防火构造措施。例如，在轻钢龙骨轻质隔墙面板安装时，在面板与钢结构主体间预留 20mm 的预留口，并在墙体安装完成后采用防火密封胶进行嵌缝处理，如图 5.12 所示。面板材料采用错缝安装的方式同样有利于提高轻质隔墙的防火性能，在遇火灾时可以有效避免火势的蔓延，如图 5.13 所示。

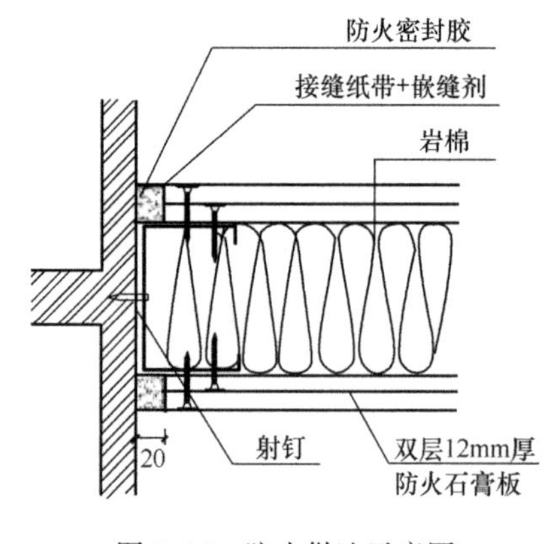

图 5.12　防火做法示意图

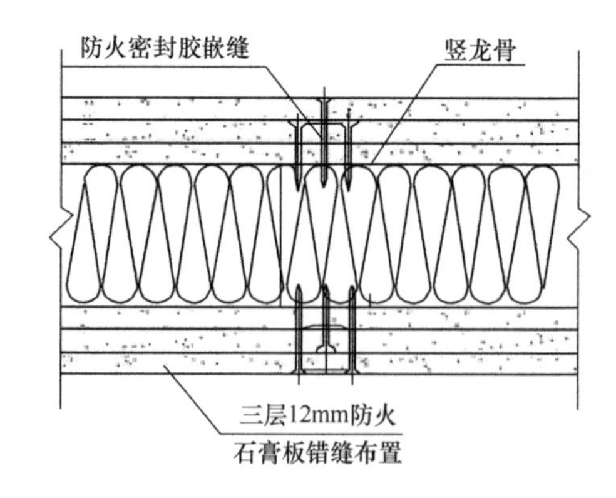

图 5.13　面板错缝示意图

3）隔声性能。轻钢龙骨内隔墙的隔声性能可参考《轻钢龙骨内隔墙》03J111-1 中的墙体性能选用表。如表 5.14 所示，墙体选择双层 12mm 普通纸面石膏板的隔声量为 46dB，满足《民用建筑隔声设计规范》GB 50118 中规定的空气声计权隔声量不小于 45dB 的要求。另外，墙体隔声性能也与墙体内填充的吸音材料厚度有关，优化措施可参见本章 5.3.2中的做法。

双层 12mm 普通纸面石膏板轻钢龙骨内隔墙隔声性能　　　　表 5.14

图示	尺寸（mm）				隔声性能（dB）	
	板厚	排板方式	龙骨宽度	墙厚	空腔	吸声材料
龙骨间距	12	2+2	75	123	46	—

4）防水性能。轻钢龙骨内隔墙的防水性能与面板材料有关，对于潮湿房间的内隔墙应采用耐水石膏板、纤维水泥加压板等板材，墙板底部做墙垫并在面板的下端嵌密封膏。

5）集成特征。轻钢龙骨内隔墙及下文提到的预制轻钢龙骨内隔墙安装后，墙板表面平整，可达到内隔墙非砌筑的要求。隔墙设备管线的安装相对较为简单，在内部骨架安装完成后，墙体可在面板间的空腔中内穿暗装管线（墙内敷设电气线路时，应对其进行穿管保护），完成设备管线的敷设。

5.2.6　预制轻钢龙骨内隔墙

（1）板材介绍

预制轻钢龙骨轻质隔墙（图 5.14）适用于民用与工业建筑非承重内隔墙。该墙体与工厂预制成型的板材类轻质隔墙相似，需要在工厂完成墙板的生产及管线的预埋安装并运

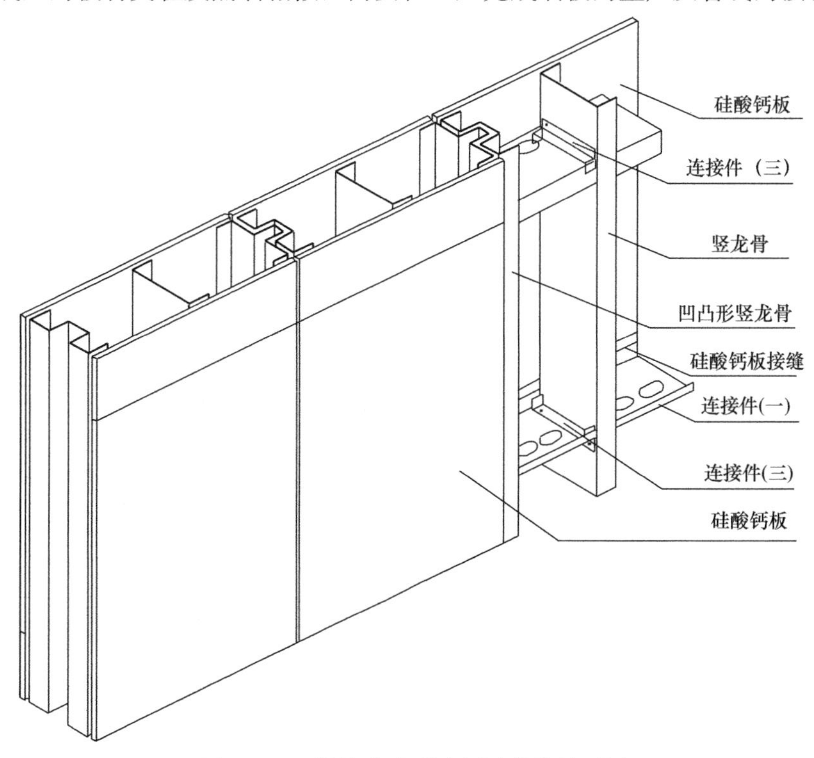

图 5.14　预制轻钢龙骨内隔墙拼接轴测图

送至施工现场。而轻钢龙骨内隔墙的墙体材料及管线需要现场进行安装。

根据《预制轻钢龙骨内隔墙》03J111-2[44]中列入的预制轻钢龙骨内隔墙有两种，见图5.15。一种是硅酸钙板与轻钢龙骨组合，另一种是硅酸钙板与轻钢龙骨及防火、隔声材料组合。预制轻钢龙骨内隔墙只需将工厂预制好的标准化成品和标准化固定件运至施工现场，采用“拼积木式”的施工方法就可拼成墙体，可以多次拆装重复使用。

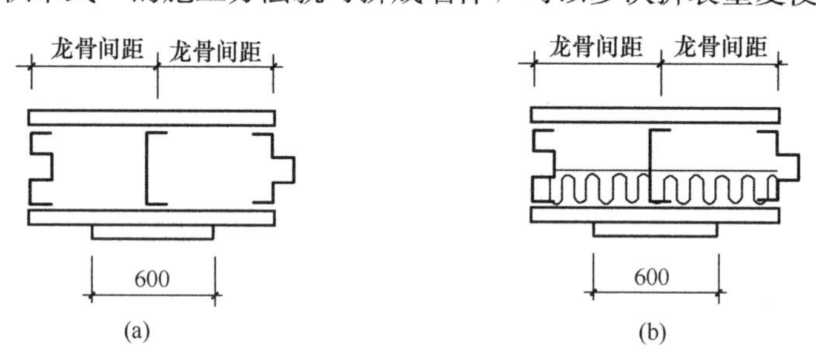

图5.15　预制轻钢龙骨内隔墙分类

（a）硅酸钙板与轻钢龙骨组合；（b）硅酸钙板与轻钢龙骨及填充材料组合

预制轻钢龙骨内隔墙与非预制轻钢龙骨内隔墙的主材虽均为轻钢龙骨和面板，但它们之间存在如下四个方面的差别：

1）就轻钢龙骨采用的材料而言。两者采用的虽然都是镀锌钢带，但因为预制轻钢龙骨内隔墙设计、生产、安装标准化的因素，预制轻钢龙骨内隔墙所用的竖龙骨厚度均在0.8mm，而非预制轻钢龙骨内隔墙所用的竖龙骨厚度为0.6～1.0mm（大部分为0.6～0.8mm）不等。

2）就沿顶沿地U形龙骨而言，非预制轻钢龙骨内隔墙采用的是镀锌钢带。而预制轻钢龙骨内隔墙的沿顶材料是2mm厚的角钢，沿地是0.8mm厚的不锈钢固定件，便于拆装和重复使用。

3）就墙体构件之间拼缝处的竖龙骨截面形状而言，预制轻钢龙骨内隔墙纵向采用的是2根呈凹凸形的竖龙骨（图5.16）镶嵌而非预制轻钢龙骨内隔墙采用的是U形竖龙骨，前者的受力性能以及墙板连接后的整体性能显然要好于后者。

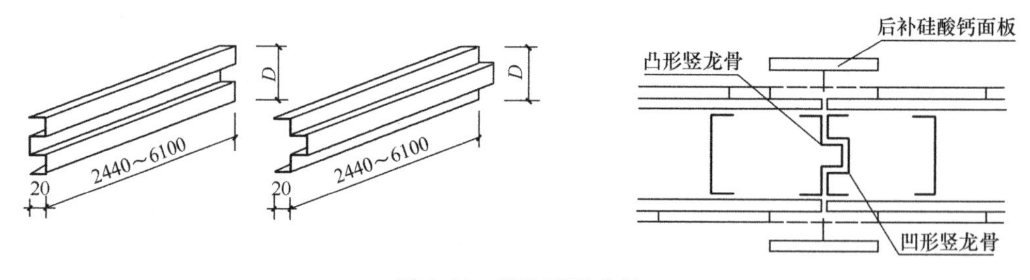

图5.16　凹凸形竖龙骨

4）预制轻钢龙骨隔墙面板全部采用硅酸钙板，硅酸钙板具有耐潮、高强、阻燃、隔声、耐腐蚀等特点，尤其在抗裂防水方面更有优势。

（2）墙板规格

预制轻钢龙骨内隔墙的规格可参考《预制轻钢龙骨内隔墙》03J111-2中的墙体选用

表，墙板主要规格如表5.15所示。其他尺寸可由供需双方协商解决。

预制轻钢龙骨内隔墙主要规格　　**表5.15**

长度（mm）	2440～6100
宽度（mm）	400、600、1220
厚度（mm）	76、80、100、150

（3）墙板性能

预制轻钢龙骨内隔墙的物理性能指标详见表5.16。

预制轻钢龙骨内隔墙物理性能指标　　**表5.16**

项目	板厚（mm）		
	76	100	150
抗冲击性能（次）	砂带30kg，6次冲击，面板无裂纹、无破损		
单点吊挂力（N）	龙骨位置单只螺钉1200N	板面位置单只螺钉300N	
抗折破坏荷载（800mm跨距）	1000N	—	—
干燥收缩值（mm/m）	≤0.7	—	—
气干面密度（kg/m^2）	21.0	24.9	30.0
空气声计权隔声量（dB）（玻璃棉）	41	—	—
耐火极限（h）（25厚玻璃棉，密度20kg/m^3）	1.1	—	—
燃烧性能	非燃烧体		

预制轻钢龙骨内隔墙的物理性能指标与轻钢龙骨内隔墙类似，但值得注意的是：

1）吊挂力。墙上吊挂物品时需注意，竖龙骨部位单点吊挂力不大于1200N，硅酸钙板部位单点吊挂力不大于300N，可不需在龙骨位置上悬挂30kg以内的重物[45]。若需吊挂大于1200N重物时，可将一根角龙骨横向固定在墙板内的竖龙骨上。

2）隔声性能。墙板隔声性能要求较高时，可加大预制墙板内的玻璃棉密度、厚度及硅酸钙板层数。此处还可做双层墙板，板距20mm或40mm作为空气隔声层，空气层内也可填充玻璃棉、岩棉、聚苯板等材料。

3）防水性能。预制轻钢龙骨内隔墙因面材采用硅酸钙板，其防水性能优秀，潮湿部位只需在墙面做瓷砖或瓷板饰面即可。但沿内隔墙设计水池、水箱、盥洗设备时，墙面应涂刷防水涂料或做防水饰面。

5.3 内隔墙体构造

5.3.1 内隔墙连接构造

墙板与主体连接是整个内隔墙系统中的重要环节，在选用墙板时，墙板与主体结构的连接方式设计应从以下几个方面进行考虑：

1）足够的变形空间：由于钢结构建筑本身有较好的变形性能，结构在水平和垂直方向均可能产生相对较大的位移差。同时，墙板在制作和安装过程中可能存在一定误差，将集中体现在墙体与主体结构的连接部位。这就要求墙板与主体的连接方式有适当的调整空间，能适应钢结构变形的随动性能。

2）足够的强度：因结构在受到外力荷载（例如地震作用）时变形相对较大，故而内墙受到更大的主体结构挤压，墙板与主体结构连接应具有足够的强度。

3）安装方便：装配式钢结构的优势在于其安装过程中无湿作业，内隔墙的安装也应符合装配式钢结构的特征。安装过程简单方便，可大大减少施工时间，同时应尽量避免复杂的施工工艺，以免工人技术水平不高，从而影响安装进度以及墙板连接的质量。

轻质隔墙与主体结构的连接形式可分为柔性连接和刚性连接两类。目前，在钢结构建筑中多采用柔性连接或半柔性连接的方式对轻质隔墙进行固定连接。可采用预埋构件或金属连接件的方法，并在接缝位置填充柔性材料，使轻质隔墙与钢结构主体具有一定的随动性，允许发生相对微小的位移，防止轻质隔墙受压被破坏或墙板连接处裂缝的产生。

（1）蒸压加气混凝土条板

蒸压加气混凝土条板内隔墙与主体结构有多种连接方法，主要包括U形卡件连接法及管卡法，此外还有预埋直螺栓、预埋钩头螺栓等连接方法。

1）U形卡件连接法

蒸压混凝土条板内隔墙板多采用U形卡件（图5.17）与钢梁或楼板连接。U形卡通过焊接或锚栓与钢梁及楼板连接。相较于连接件预埋的连接方式，U形卡更适应于隔墙板的安装，适合应用于厚度较薄的轻质隔墙，连接件无须在工厂进行预埋，连接方式较为简单，有利于提高施工的便捷性。

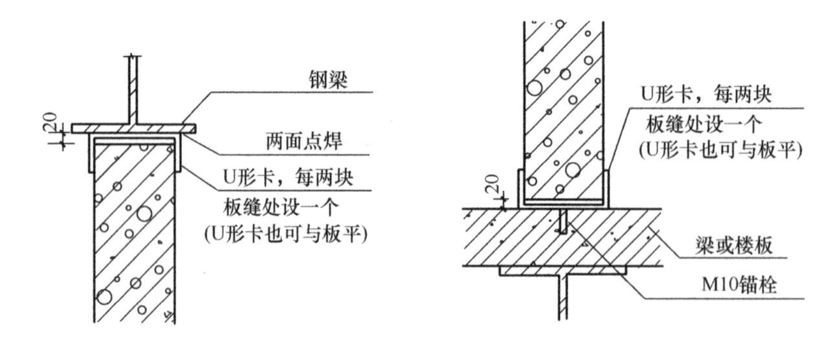

图5.17　U形卡件连接法

2）管卡法

管卡法连接（图5.18）采用焊接和锚栓的方式与钢梁、钢柱、楼板、墙面进行连接。墙板与钢梁、楼板间采用柔性材料填充，以提高墙板与钢结构主体的随动性能，适应钢结构微量变形对墙板的影响，减少墙板连接处裂缝的产生。管卡的形式见图5.19，管卡可采用焊接和锚栓的方式与钢梁、钢柱、楼板、墙面进行连接。

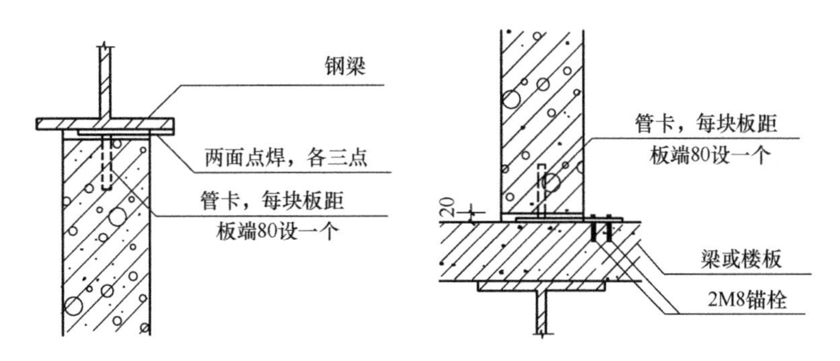

图 5.18 管卡法连接

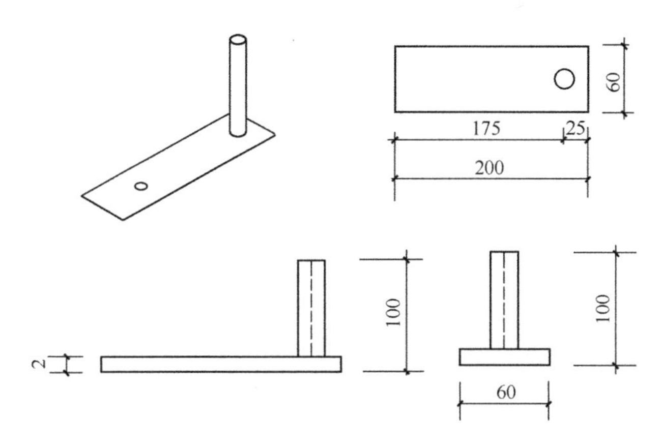

图 5.19 管卡示意图

3）直角钢件连接法

直角钢件连接法见图 5.20。直角钢件通过自攻螺钉固定在墙板上并使用焊接或锚栓连接使其与钢梁及楼板连接。

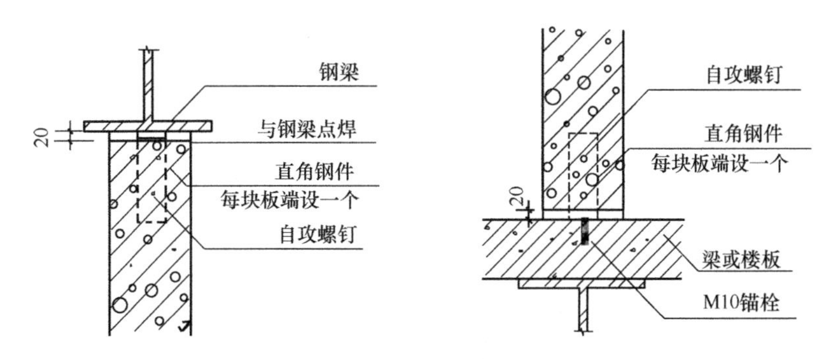

图 5.20 直角钢件法

4）预埋直螺栓

预埋直螺栓的方法需要在工厂完成墙内直螺栓的预埋，并通过 Z 形标准连接件完成墙板与主体结构的连接，采用柔性胶粘剂填充接缝，见图 5.21。Z 形连接件与钢梁的连接通常以焊接为主。但此种方法易受生产工艺的影响，较难在预制阶段完成构件的预埋，预埋的牢固程度直接影响墙体的稳定，且此种方法对 Z 形件要求较高，所以在实际项目中并不常见。

5）预埋勾头螺栓

预埋勾头螺栓的方式与预埋直螺栓方法类似，勾头螺栓需要在工厂进行预埋。勾头螺栓与钢梁之间采用焊接的方式连接，见图 5.22。但此种方法仍然需要额外的预埋工序并且对勾头螺栓的预埋位置要求更为严格，在实际项目中应用也很少。

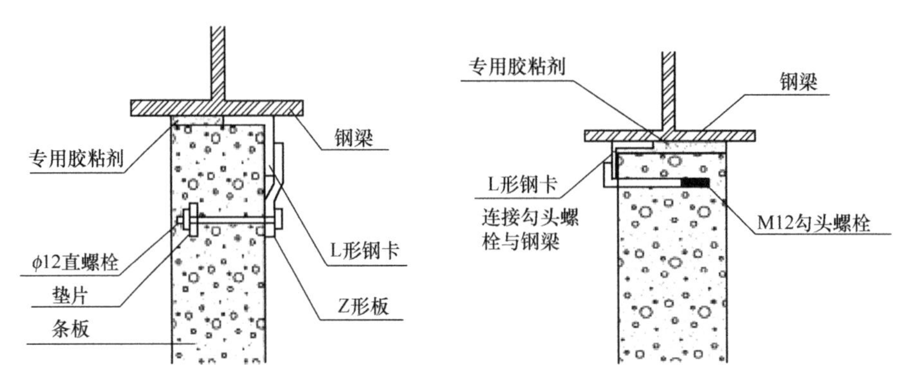

图 5.21　预埋直螺栓　　　　图 5.22　预埋钩头螺栓

(2) 轻集料混凝土、玻璃纤维增强水泥条板

参考图集《内隔墙-轻质条板（一）》10J113-1 中的要求，当前轻集料混凝土条板、玻璃纤维增强水泥条板与钢梁钢柱的连接多采用角钢与型钢焊接连接，见图 5.23、图 5.24。

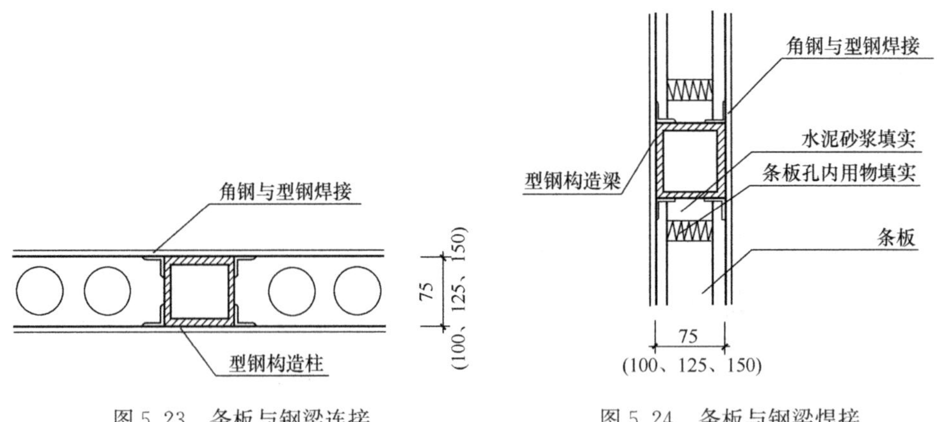

图 5.23　条板与钢梁连接　　　　图 5.24　条板与钢梁焊接

轻集料混凝土条板及玻璃纤维增强水泥条板与楼板的连接多采用 L 形卡件与 U 形卡件连接法。其中 L 形卡件连接法采用较多。L 形卡件的固定，可采用射钉、膨胀螺栓等方式。L 形卡件通过射钉固定于楼板上，在墙板两侧分别固定 L 形卡件完成墙板的固定，应注意连接处专用胶粘剂的饱满。U 形卡连接与 L 形卡件的连接方法类似，采用的连接件为 U 形连接件。以板材与楼板连接为例，L 形卡件与 U 形卡件连接法见图 5.25、图 5.26。

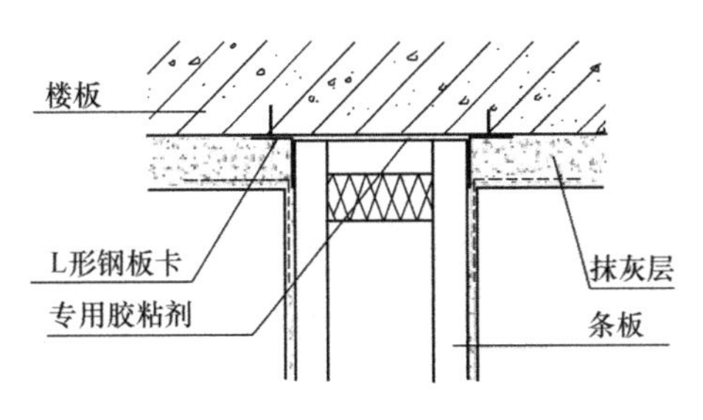

图 5.25　L 形卡件连接

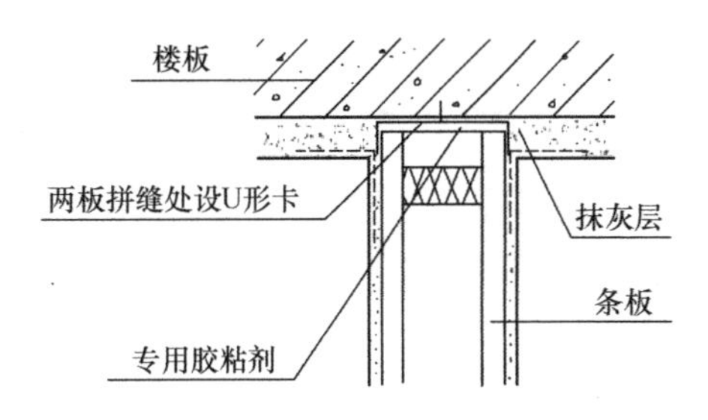

图 5.26　U 形卡件连接

(3) 轻钢龙骨内隔墙

轻钢龙骨内隔墙通过沿顶龙骨、沿地龙骨和竖龙骨与主体结构连接，通常采用膨胀螺栓或射钉固定龙骨。在现场安装时，首先要完成整个龙骨骨架的安装，然后安装龙骨一侧的面板，在骨架内敷设管线、填充保温吸声材料，最后完成另外一侧面板的安装。

轻钢龙骨轻质隔墙待整体骨架安装完毕后，需要对面板材料进行连接。见图 5.27，其面板一般在工厂预制为楔形边，方便面板的连接及墙体的平整。安装时，需保证两块面板板边在竖龙骨中心线的位置，并通过自攻螺丝与竖龙骨连接。两块面板根据设计要求预留缝隙或自然对接，并采用柔性材料进行嵌缝。

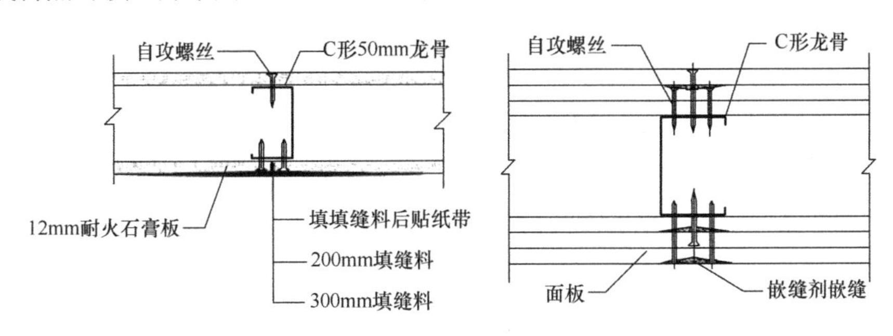

图 5.27　面板拼接示意图

当轻钢龙骨轻质隔墙与主体结构连接时，首先需要对墙体进行放线定位，通过膨胀螺栓或射钉完成沿顶、沿地 U 形龙骨的固定。然后采用射钉固定与钢柱相连的 C 形龙骨。在 C、U 形龙骨与结构连接处需要注意采用密封胶进行嵌缝，其具体连接做法如图 5.28～图 5.31所示。

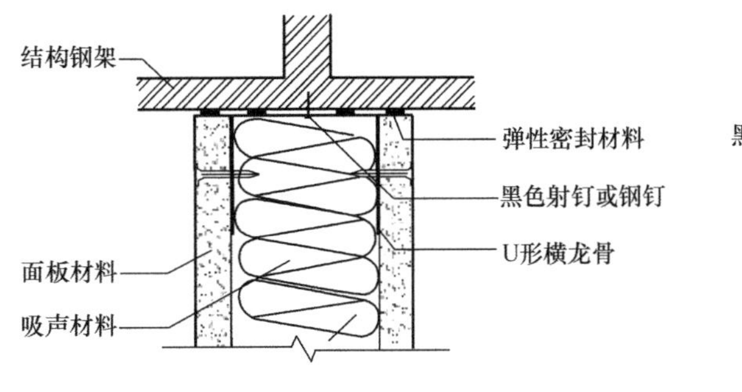

图 5.28　与钢梁连接示意图

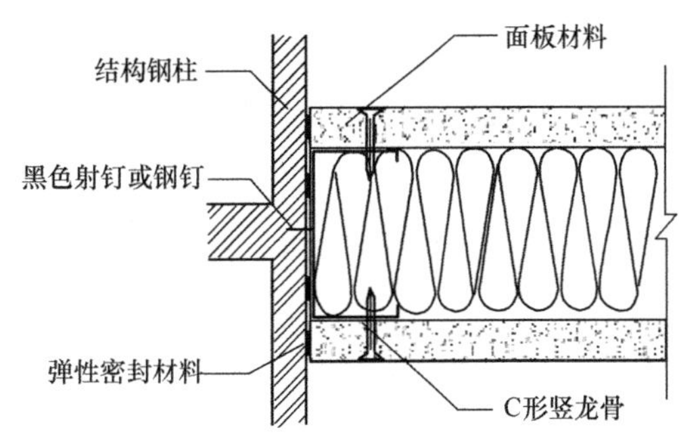

图 5.29　与钢柱连接示意图

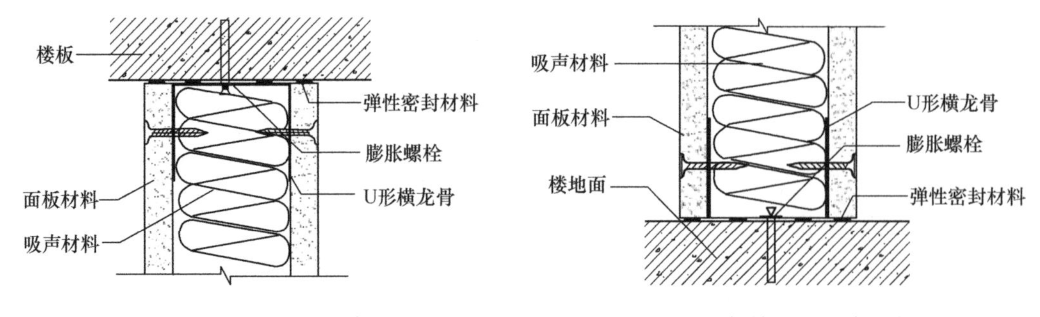

图 5.30　与楼板连接示意图　　　图 5.31　与楼地面连接示意图

对于有防火、隔声等特殊要求的墙体，墙体连接处需要采用防火密封胶、隔声胶条等填充。面板的安装同样需要采用密封胶进行嵌缝，并采用接缝带进行接缝处理，见图 5.32、图 5.33。

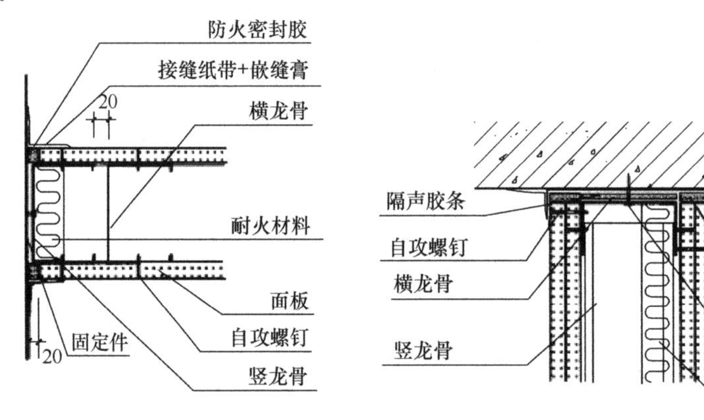

图 5.32　防火节点做法　　　图 5.33　隔声墙与主体结构连接节点

轻钢龙骨轻质隔墙的连接除了单面墙的“一”字形连接之外还有 L 形连接与 T 形连接等情况，两种类型的连接方式见图 5.34、图 5.35。在两道墙交汇处，宜采用自攻螺丝进行相邻两根竖龙骨连接，并在墙体阳角处采用金属护角条，保证墙体的牢固。

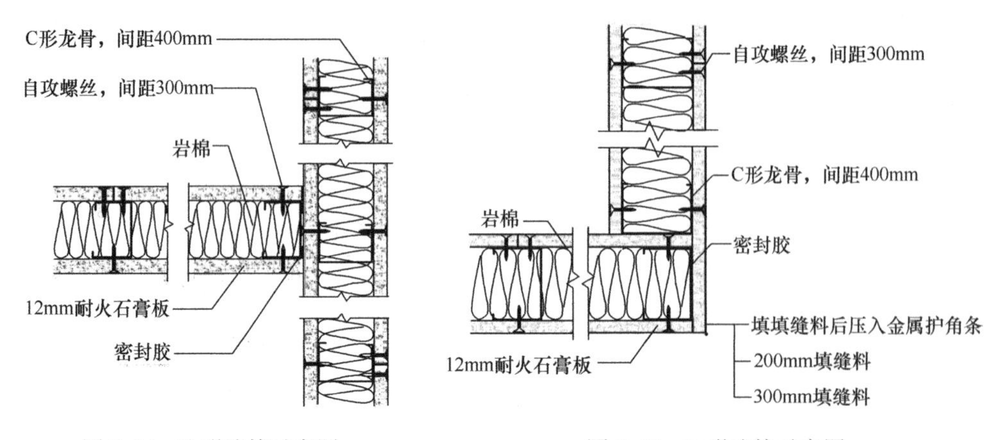

图 5.34　T 形连接示意图　　　图 5.35　L 形连接示意图

（4）预制轻钢龙骨内隔墙

预制轻钢龙骨内隔墙板间的连接与轻钢龙骨内隔墙相似，见图 5.36。为了防止和减轻墙体裂缝，预制轻钢龙骨内隔墙采用了“墙板拼缝连接结构”技术，采用柔性连接，不易产生裂缝。板材可随主体结构共同变形，减小墙体开裂的问题。

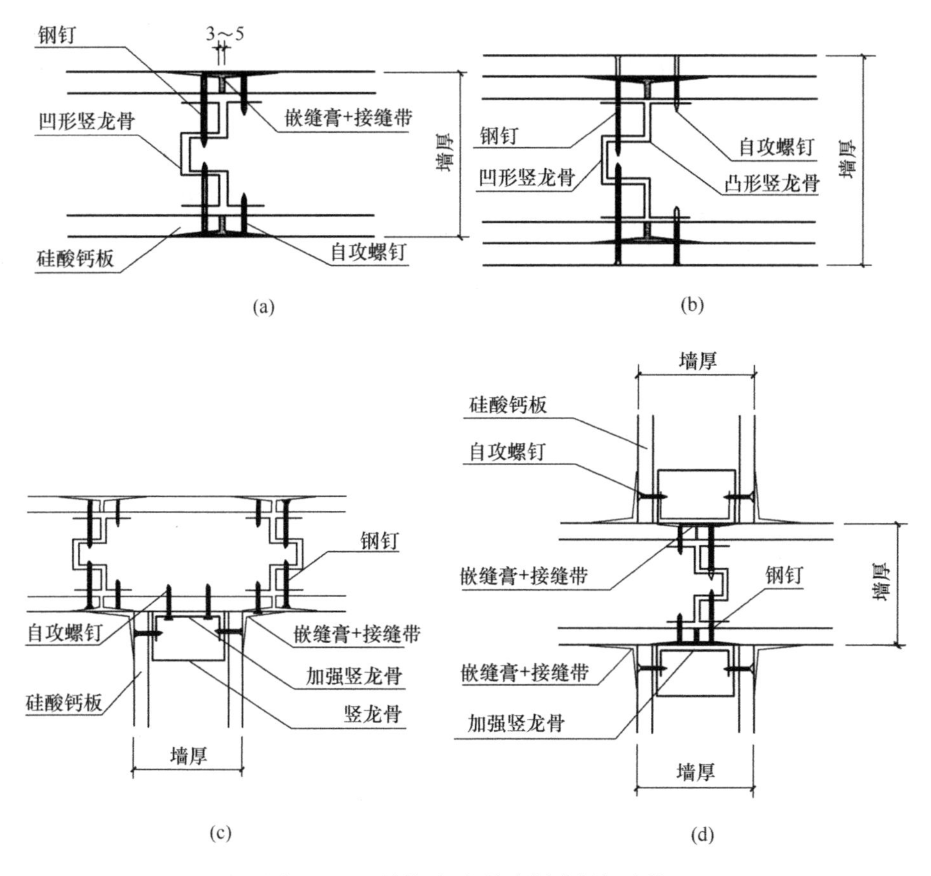

图 5.36　预制轻钢龙骨内隔墙板间连接

(a) 一字形墙板连接；(b) 双层硅酸钙板接缝；(c) T 形墙板连接；(d) 十字墙板连接

为了保证预制轻钢龙骨内隔墙能自由伸缩而不被顶部楼板约束，预制轻钢龙骨内隔墙与顶部楼板的连接通过 1 根 2 mm 厚的角钢龙骨来实现，角钢龙骨与顶部楼板通过金属胀锚螺栓固定，墙板与楼板顶面的拼接处采用嵌缝膏和接缝带填塞。墙板与楼地面的拼接则是通过固定件及金属胀锚螺栓固定，见图 5.37、图 5.38。

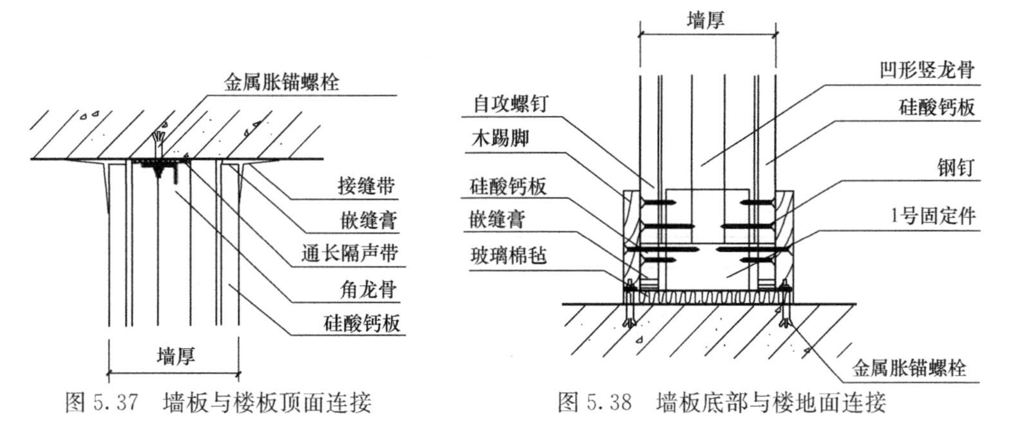

图 5.37　墙板与楼板顶面连接

图 5.38　墙板底部与楼地面连接

预制轻钢龙骨内隔墙与地面的连接是通过固定件（图 5.39）来实现的，固定件与楼地面之间由金属胀锚螺栓连接。由于金属胀锚螺栓的螺栓孔（图 5.40）沿墙板长度方向为长条形，这就保证墙板伸缩时免受楼地面约束。需注意用在楼板顶的连接件使用镀锌板或冷轧板连接件，用在楼地面需使用不锈钢固定件。

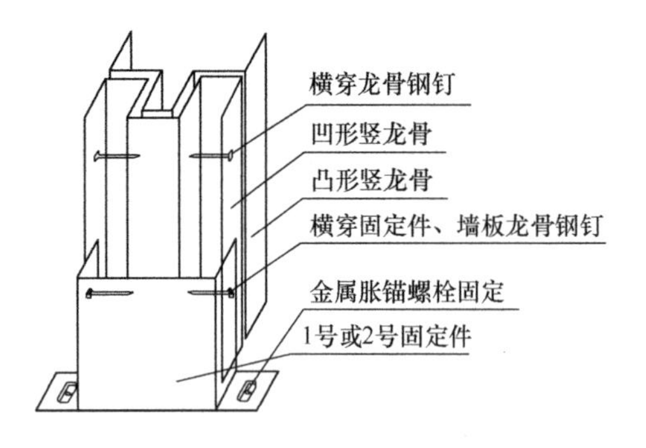

图 5.39　龙骨与楼地面固定

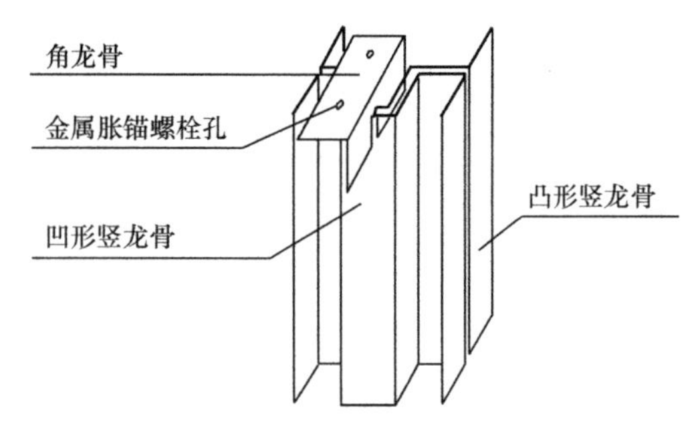

图 5.40　龙骨与楼板顶固定

5.3.2　内隔墙隔声性能优化

在装配式钢结构建筑中，轻质隔墙由于其本身轻质的特点，也较容易带来隔声欠佳的问题。影响轻质隔墙隔声量的因素较多，主要可概括为轻质隔墙自身特性和轻质隔墙构造连接做法两方面。

（1）轻质隔墙自身特性

轻质隔墙的隔声性能与墙体材料本身的密度、墙体厚度、板内空腔、墙面做法有关。根据隔声性能的质量定律，即单层墙越厚越重隔声效果越好。此外，板材内设置的孔洞可提升其隔声性能，墙面水泥砂浆抹面也可对墙面整体的隔声性能有一定的提升。

以玻璃纤维增强水泥条板为例，板材的隔声量随着板厚度的增加而增加，见表 5.17，90mm 和 120mm 玻璃纤维增强水泥条板隔声量从不小于 35dB 上升至不小于 40dB。墙板在安装完成后通常还需要进行水泥砂浆抹面，这种做法既可以提升隔墙表面的平整度又可以提升轻质隔墙的面密度，当砂浆抹面的厚度达 20mm 时隔声量能够提升 7dB，能够提升整体的隔声性能，使隔声量满足标准要求。

玻璃纤维增强水泥条板隔声性能　　表 5.17

名称	构造简图	厚度（mm）	空气声隔声量（dB）
玻璃纤维增强水泥空心条板		90	≥35
		120	≥40

因为墙体都有自己固有的频率，当声波和墙体的频率一致时，墙体产生共振，隔声量将大大下降。当墙体越厚重时，固有频率降低，不容易与声源产生共振，隔声效果就会有一定程度的提高。该原理同样也适用于轻钢龙骨隔墙板，内隔墙所用纸面石膏板厚板化也

可提高隔声性能，使用 15mm 厚纸面石膏板，也可降低轻钢龙骨内隔墙共振频率及产生共振的可能，提高隔墙的隔声效果（图 5.41）。

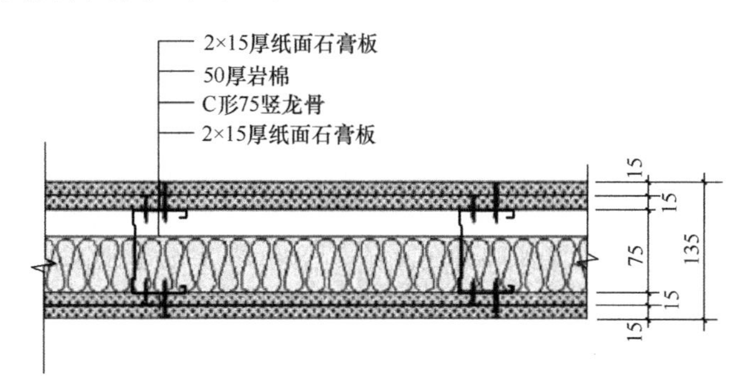

图 5.41　轻钢龙骨纸面石膏板内隔墙断面

虽然随着单位面积墙体质量的增加，隔声效果会有所提高，但单纯依靠此种办法，轻质隔墙的质量太大，与装配式钢结构内隔墙轻质的要求相矛盾。因此，可采用双层墙体（图 5.42），利用墙体内的空腔或吸声材料来提高轻质隔墙的隔声效果。玻璃纤维增强水泥条板及轻集料混凝土条板采用双层结构时，隔声量可达到 50dB 以上，如图 5.43 所示。

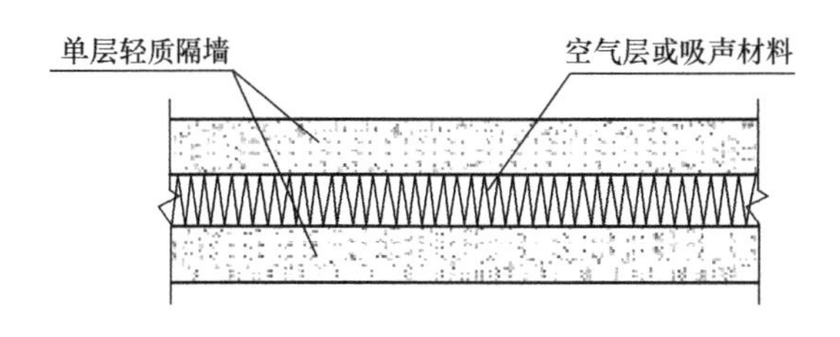

图 5.42　双层轻质隔墙示意图

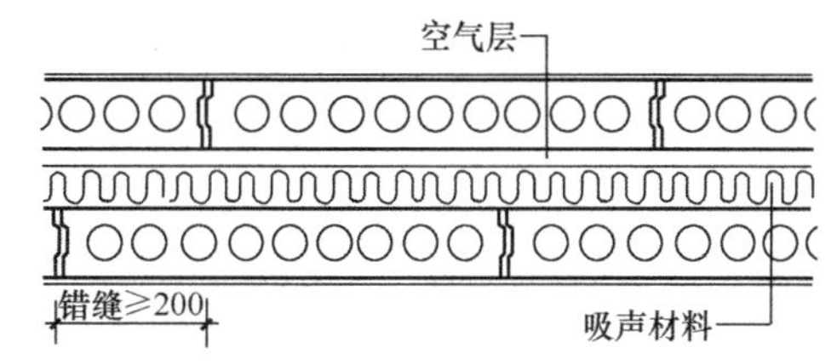

图 5.43　双层玻璃纤维增强水泥条板内隔声墙

除优化墙体的形式为双层、多层结构之外，重量、厚度、材质不同的轻质隔墙形成吻合效应的频率不同，对不同频率声音的隔声效果不同，所以在轻质隔墙采用双层、多层结构时，可采用两种不同厚度的规格，以提高轻质隔墙的隔声性能，如图 5.44 所示。

对于轻钢龙骨内隔墙，也可采用上述方法增加墙体面板的层数提高隔声性能。在面板材料安装时应注意隔墙不同侧的面板材料及单侧的多层面板材料均需要采取错缝处理。同时，可根据上述的声音传播吻合效应，在墙体两侧采用厚度不同的面板材料，降低两侧面板材料的吻合效应，增加墙体的隔声性能。

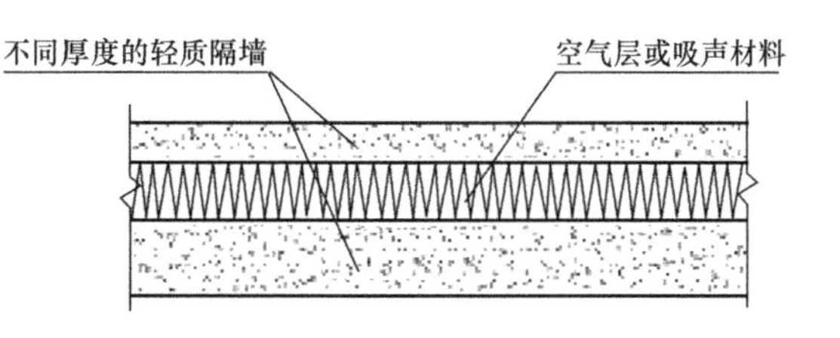

图 5.44　双层不同规格轻质隔墙示意图

（2）优化连接构造措施

当前普遍认为轻钢龙骨内隔墙隔声性能较差，在墙体安装完成之后，墙体的隔声性能往往达不到选用时的隔声性能标准，主要原因为轻钢龙骨内隔墙连接部位处理不当，轻钢龙骨隔墙接缝较多，墙体的气密性较差，而且内部轻钢龙骨处容易形成声桥。针对轻钢龙骨轻质隔墙的隔声性能优化，可以采取以下措施：

在轻钢龙骨内隔墙龙骨安装时，可在沿顶、沿地龙骨与主体结构连接处以及板缝拼接处，设置通长的隔声胶条或填塞吸声材料，保证连接处的气密性。并且在轻钢龙骨隔墙面板安装时，可根据项目情况及隔声要求，在面板材料及龙骨骨架的连接处同样采用隔声胶条进行密封，采用柔性连接方式进行断声桥处理，见图 5.45。预制轻钢龙骨内隔墙与楼地面连接部位可加设玻璃棉毡，增强墙板整体的隔声性能，见图 5.46。

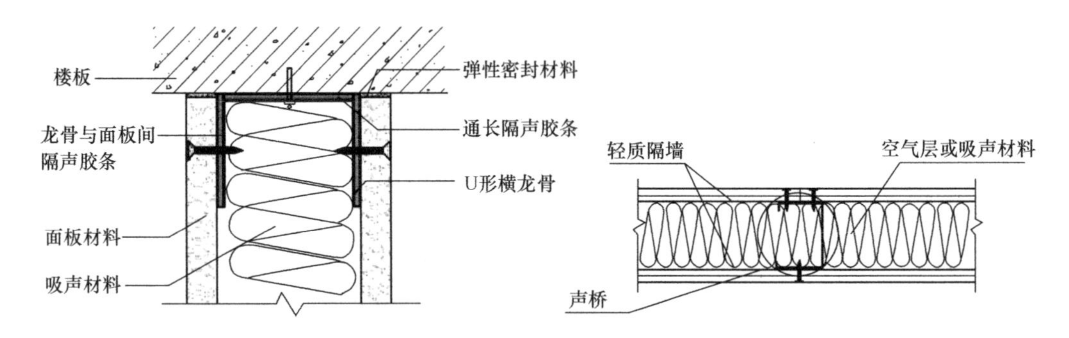

图 5.45　轻钢龙骨隔墙隔声优化示意图

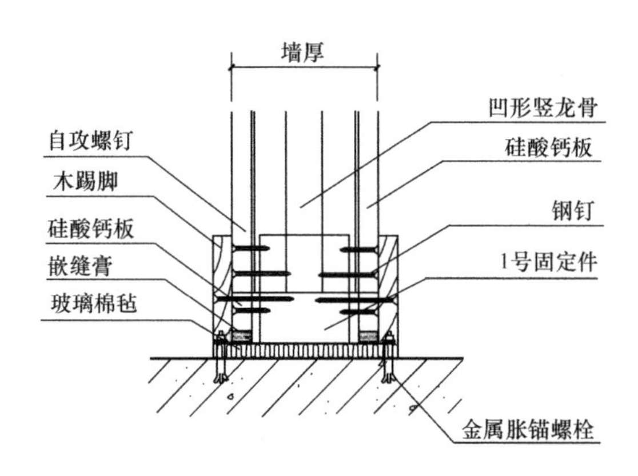

图 5.46　预制轻钢龙骨内隔墙底部与楼地面连接

除上述采用隔声胶条的方式断声桥之外，也可采用竖向龙骨错列布置的断声桥处理方式，见图 5.47。在轻钢龙骨轻质隔墙上安装电气设备时，面板材料打孔切割之后，需要在孔洞周围进行密封，密封材料可采用吸声性能更好的材料。

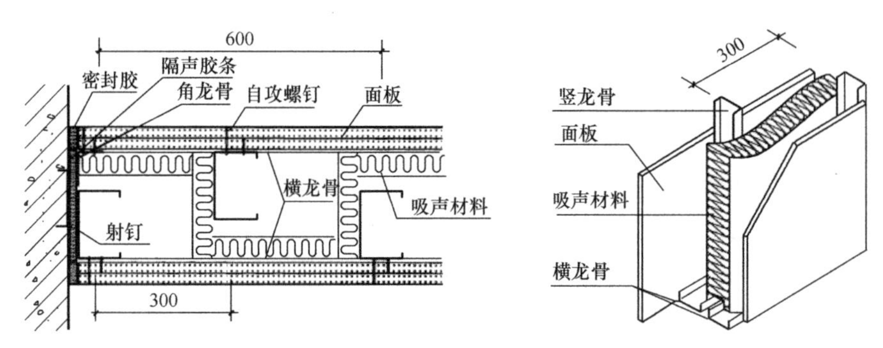

图 5.47　错位龙骨内隔墙示意图

同时，为具有更多的材料组合结构及空腔，轻钢龙骨石膏板隔墙还可采用双排龙骨形式（图5.48），以提高墙体的隔声性能。还可采用具有减震功能的龙骨（如Z形龙骨），或是在龙骨连接处放置柔性胶块以切断声桥，增强隔墙对声音的消减，提高隔墙的隔声效果，见图5.49。

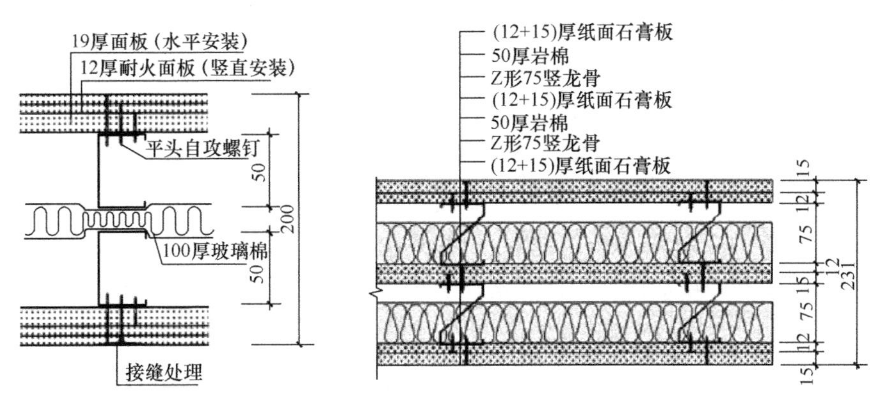

图5.48 隔声墙连接节点

图5.49 Z形龙骨高隔声内隔墙断面

（3）隔声材料选择

对于目前所使用的吸声材料主要是以无机纤维材料为主。无机纤维材料具有质轻、耐腐蚀、防火、性能稳定、不老化、无毒等基本特性，而且具有良好的吸声特性。相比其他有机纤维材料而言，这类材料更加防腐、防蛀且比较廉价，并能够从废弃材料中提取制作，更加环保。因此，越来越多的无机纤维吸声材料得到广泛的应用，无机纤维吸声材料主要包括玻璃纤维棉（图5.50）和岩棉（图5.51）。

图5.50 玻璃棉

图5.51 岩棉

5.3.3 内隔墙防潮、防水做法

轻质隔墙长期处于潮湿的环境中时，在骤变的湿度和温度的影响下，墙体较容易产生形变从而产生裂缝，因此，轻质隔墙应具有良好的防潮防水性能。轻质隔墙的防水可分为墙面防水及接缝处防水，墙面防水与墙体材料及涂层饰面有关，接缝处防水与隔墙的构造做法相关。轻质隔墙的墙体材料应选取吸水率小的材料，并保证墙体干燥收缩值达标。轻质隔墙采用防水面层，通常为防水涂料或防水瓷砖等，以提高墙体的防潮防水性能，同时

应保证接缝处胶粘剂、嵌缝剂等材料的防水性能达标。对于防潮防水要求较高的房间，轻质隔墙底部应采用现浇混凝土反坎，防止水通过轻质隔墙的连接部位进行渗透。

（1）轻质条板内隔墙防水

当前轻质条板多以选用蒸压加气混凝土条板、玻璃纤维增强水泥条板、轻集料混凝土条板为主。其中，蒸压加气混凝土条板以多孔硅酸盐为主要材料，其吸水率大，建筑物防潮层以下及长期处于浸水环境的墙体不得直接使用蒸压加气混凝土条板，与墙板潮湿环境接触部位应涂刷具有透气性的防水性的界面剂。

蒸压加气混凝土条板内隔墙多采用内嵌的形式进行安装，安装后基层墙板不直接与室外环境接触，墙板之间只需要自然靠拢并做嵌缝处理。为了有效预防蒸压加气混凝土条板的渗漏及开裂现象，根据隔墙所在的连接位置并结合特定防水材料的性能，各调整缝应采用合适的防水、防开裂构造设计。通过选择适当的板缝填充材料组成板缝防渗漏系统，包括 PE 棒（图 5.52）、防水密封胶（图 5.53）、胶挡水板、铝箔面自粘防水板等。

图 5.52　PE 棒

图 5.53　密封胶

参考国标图集《蒸压轻质加气混凝土板（NALC）构造详图》03SG715-1 及《装配式建筑蒸压加气混凝土板围护系统》19CJ85-1 中的内墙板缝构造形式。为防止隔墙墙面渗裂，板缝间通过专用嵌缝剂或胶粘剂填实，可附加内衬板及填塞岩棉提高板缝处的防水及密闭性，附加耐碱玻纤网格布增强板缝的抗裂性，见表 5.18。

蒸压加气混凝土内隔墙板缝构造形式　　　　**表 5.18**

编号	名称	构造做法	适用部位
1	刚性缝竖缝	室内 耐碱玻纤网格布 专用嵌缝剂 专用胶粘剂 3～5 挤浆施工	内墙板与板交接部位两侧的缝
2	柔性缝竖缝	室内 耐碱玻纤网格布 专用嵌缝剂 PE棒 岩棉 10～20	内墙板与钢结构柱交接部位（无嵌缝需求时）的缝

续表

编号	名称	构造做法	适用部位
3	柔性缝横缝	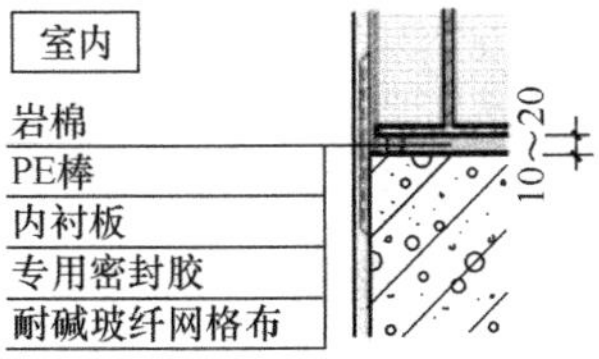 室内 岩棉 PE棒 内衬板 专用密封胶 耐碱玻纤网格布 10～20	内墙板与钢结构梁交接部位（无嵌缝需求时）的缝

见图 5.54，对于有水房间，蒸压加气混凝土板底部可设置导墙，并在导墙与墙板接缝处采用密封胶、砂浆等材料设置防水层，防止水通过轻质隔墙的连接部位进行渗透。

玻璃纤维增强水泥条板与轻集料混凝土条板的防潮、防水性能良好，条板之间的横向连接可采用榫接、平接、双凹槽对接等方式。为防止隔墙墙面渗裂，可采取相应的防裂措施。如应在板与板之间对接缝隙内填满，灌实粘结材料，企口接缝处可粘贴耐碱玻纤网格布条或无纺布条防裂，如图 5.55 所示。

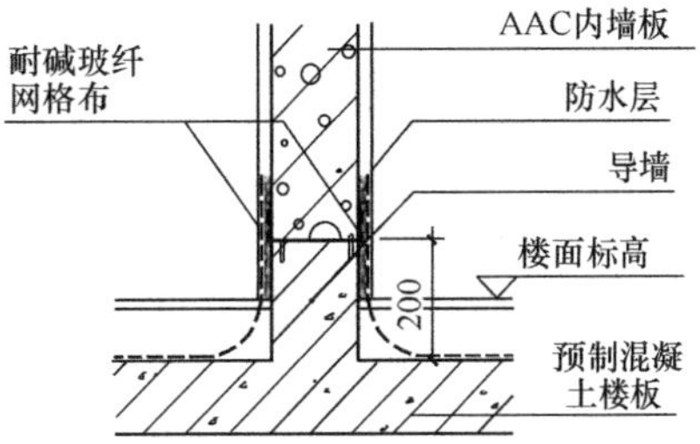

图 5.54　有水房间蒸压加气混凝土内墙板底部做法

轻集料混凝土隔墙与楼板的连接部位可采用细石混凝土堵严（图 5.56）。当隔墙用于厨房、卫生间及有防潮、防水要求的环境时，应采取防潮、防水处理构造措施（图 5.57）。底部可做

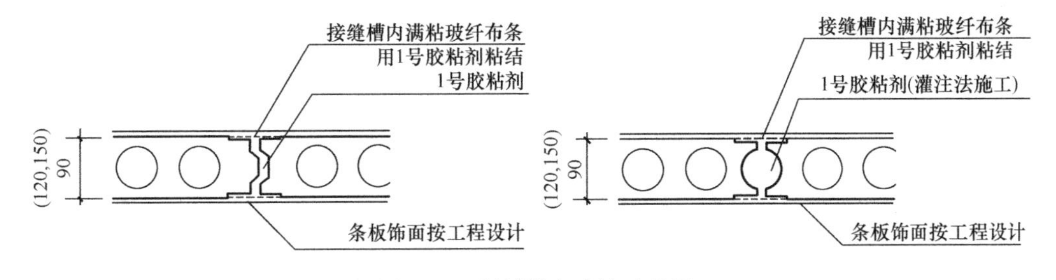

图 5.55　板材横向连接示意图

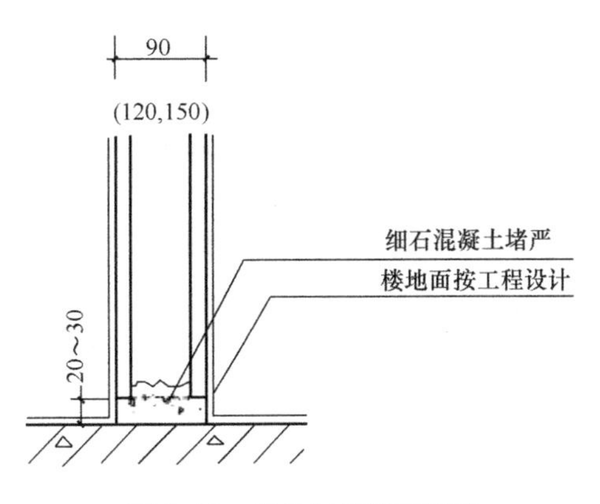

图 5.56　条板与楼地面连接

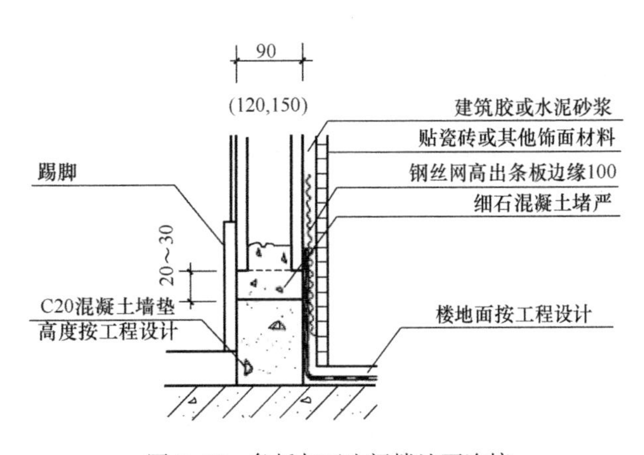

图 5.57　条板与卫生间楼地面连接

C20细石混凝土墙垫并在隔墙的下端嵌密封膏，缝宽不小于5mm。板面可以贴瓷砖或涂刷防水涂料。

（2）龙骨内隔墙防水

如图5.58、图5.59所示，预制轻钢龙骨内隔墙因面材采用硅酸钙板，故墙板在抗裂和防水等方面有优势，沿内隔墙设计水池、水箱、盥洗设备时，墙面应涂刷防水涂料或做防水饰面。潮湿部位（如厨房、卫生间等）可做瓷砖（瓷板）饰面，面板与楼地面接缝处采用嵌缝膏填塞，安装底板时每隔200mm钻一孔，再贴瓷砖（瓷板）。

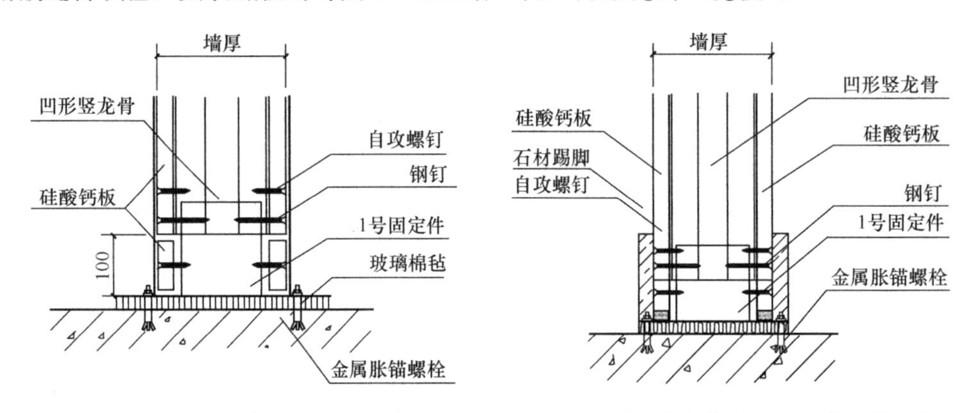

图5.58　墙板底部与楼地面连接　　图5.59　墙板底部与楼地面连接（带踢脚）

轻钢龙骨轻质隔墙面板材料在无防水要求的空间可以采用纸面石膏板，其面板接缝处理可参考《轻钢龙骨内隔墙》03J111-1中的板缝拼接处理方式，如压条接缝（图5.60）与嵌缝条接缝（图5.61）。

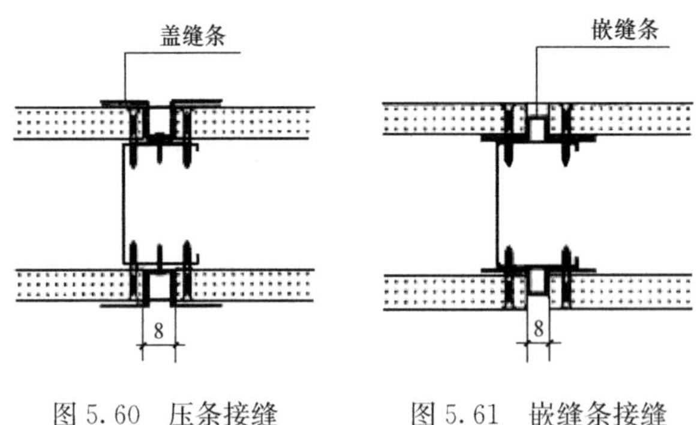

图5.60　压条接缝　　图5.61　嵌缝条接缝

由于石膏板属于气硬性胶凝材料，与常用的水泥等水硬性胶凝材料最大的差异就是其耐水性能较差，对湿度变化非常敏感。所以，常规纸面石膏板等石膏材料不适用于厨房、卫生间等湿度较大的区域。如采用石膏板为此类空间轻钢龙骨轻质隔墙的面板材料，为提高石膏板的耐水性能，需要在石膏板工厂生产过程中加入防水性外加剂，并对石膏板表面进行防水处理。也可更换防水性能较好的面板材料，如纤维水泥板、硅酸钙板等，并采用专用密封胶进行嵌缝。

除提高板材的耐水性外，对于潮湿房间的轻钢龙骨内隔墙底部应做墙垫并在面板的下端嵌密封胶，缝宽不小于5mm。对于卫生间、厨房等潮湿部位还应做C20细石混凝土条基（图5.62、图5.63）。

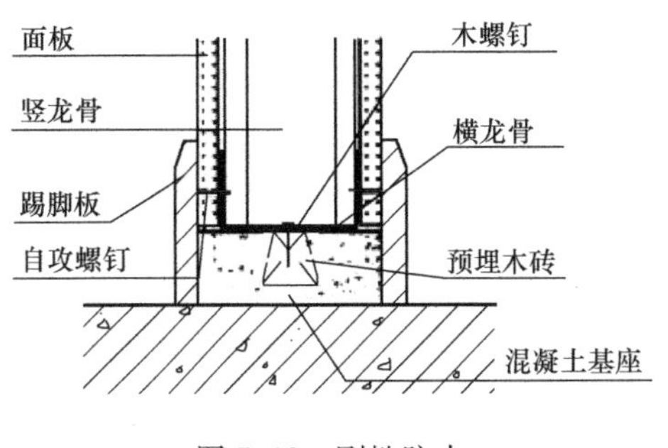

图5.62　刚性防水

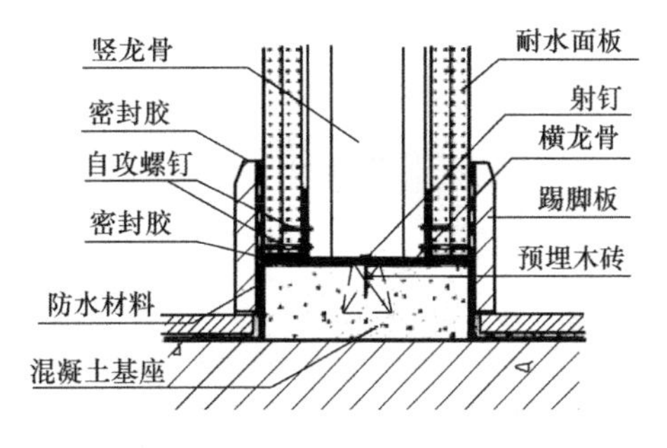

图5.63　刚柔性防水

5.3.4　内隔墙集成系统

我国的内隔墙体系按照设计水平可划分为非一体化隔墙和集成一体化隔墙。对于集成度较低的非一体化隔墙板，其适应性较差，墙板表面平整度不高，需进行水泥砂浆抹平。管线设备一旦安装好，更换和改装都比较麻烦，如果后期使用过程中有孔洞开设需要，开设孔洞时容易造成破裂等。而对于集成一体化隔墙，墙面只需进行局部找平或无须找平，带空腔的轻质隔墙内还可敷管线，可实现内隔墙与管线、装修一体化，便于后期空间的灵活改造和使用维护。

非一体化隔墙采用较多的为现场开槽敷设管线设备布置方式（图5.64），如蒸压加气混凝土条板隔墙。这类型墙板允许在板上以专用工具剔槽布线，然后用与板材相同质料的修补粉或粘结砂浆固定接线盒。剔槽布线应尽量沿板材竖向走线，剔槽深度不宜超过板厚的1/2。允许局部横向剔槽，但注意不能将板材横向剔断。墙体的现场开槽一般需与条板的安装同步进行，首先完成墙体条板上的开槽工作，然后安装轻质隔墙条板。

图5.64　墙面开槽敷设管线

现场开槽敷设管线对于传统厚重的内墙来说，对墙体的影响较小，但轻质隔墙现场开槽对施工工艺要求较高，如操作不当，容易引起墙体的质量问题，会对墙体的隔声、防火等物理性能有所影响。并且现场开槽同样会影响房建工程整体的施工效率。

一体化隔墙中的轻质多孔条板，如玻璃纤维增强水泥条板、轻集料混凝土隔墙，其表面平整，可采用板孔敷线（图 5.65）及板面开槽敷线（图 5.66）的方法。采用板孔敷线时，多孔板墙体中管线沿墙体竖向孔洞穿行，无须剔凿墙板安装管线，只需在接口位置将板壁凿开，管线要插入孔中，并在对应位置穿出，见图 5.67、图 5.68。

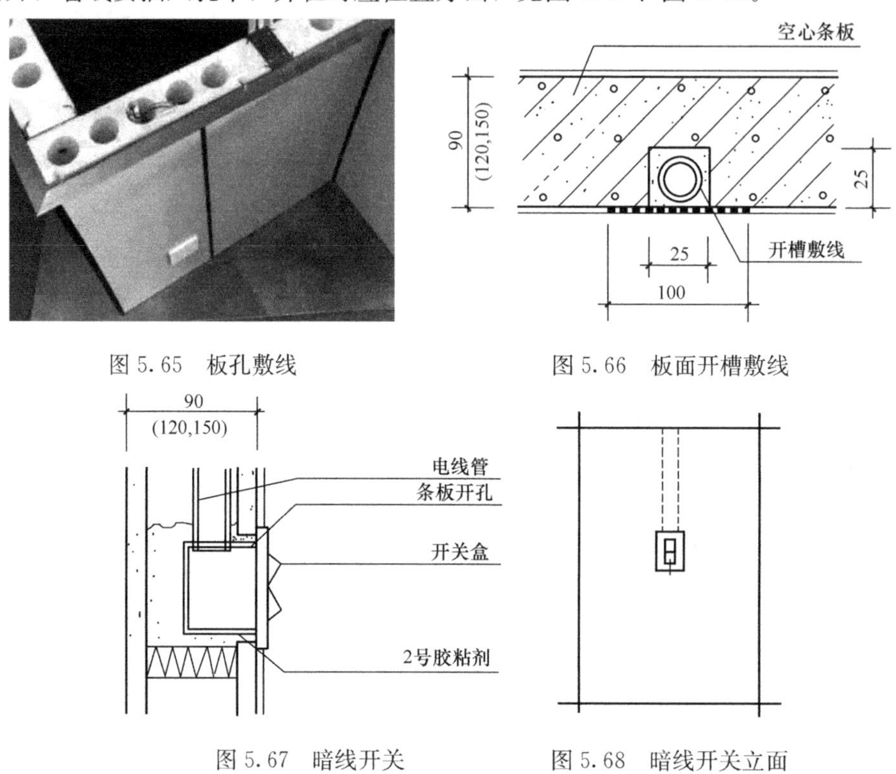

图 5.65　板孔敷线

图 5.66　板面开槽敷线

图 5.67　暗线开关

图 5.68　暗线开关立面

对于集成一体化隔墙中轻钢龙骨内隔墙及预制轻钢龙骨内隔墙（图 5.69、图 5.70），隔墙所用面板表面平整度高，设备管线的安装相对较为简单，可在内部骨架安装完成后，

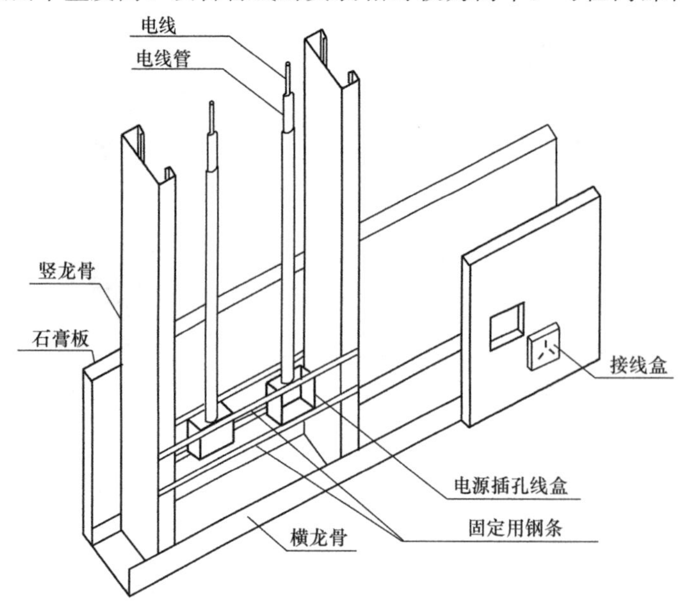

图 5.69　轻钢龙骨隔墙内置线管

完成设备管线的敷设，无须剔凿。墙体在面板间的空腔中内穿暗装管线（墙内敷设电气线路时，应对其进行穿管保护），可在使用过程中，提供设备管线维修更换的便利性。

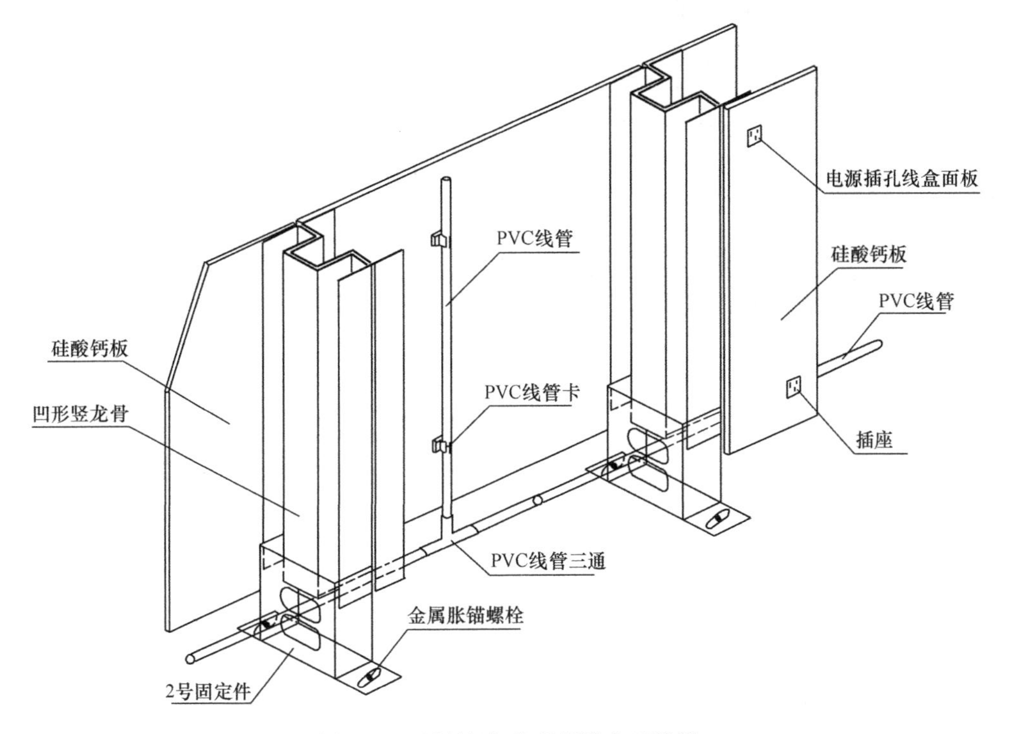

图5.70 预制轻钢龙骨隔墙内置线管

5.4 内隔墙体施工技术

5.4.1 蒸压加气混凝土条板隔墙施工技术

（1）安装工艺流程

施工准备→结构墙面、顶面、地面清理找平→放线分档→安装U形卡、L形卡→配板、立板→检查平整垂直→安装电线管→检查墙体无裂缝后进行板缝处理→验收。

（2）板材施工要点（图5.71）

1）隔墙板的安装应从板与墙体的结合处开始，依次顺序安装，但要注意使隔墙板对准预先在顶板及地面上弹好的定位线。在板的侧面及顶面满刮石膏，按弹线位置安装就位，用木楔顶在板底，再用手推隔板，使板缝冒浆，一人用撬棍在板底部向上顶，另一人打木楔，使隔墙板挤紧顶实，然后用铁抹将挤出的石膏刮平。

2）安装第一块板应用U形卡，U形卡安装应与隔墙板平齐。用U形钢板卡固定条板的顶端，在两块条板的顶端拼缝之间将U形卡固定在梁或板下，随安板随固定U形卡。

3）线管的处理：电线管在墙内只能竖向沿孔进行布置，安装墙板时应在梁下及顶板线盒处开出100mm单面孔，以方便接管，接线管时线管从线盒孔穿入，在上部板口处连

图 5.71 蒸压加气混凝土条板内隔墙部分安装工艺
(a) 锯板；(b) 板材安装；(c) 缝隙处理；(d) 内墙抹漆

接，对于上下位置不对的线盒可在线盒上部开斜槽进行连接，不得通长进行开槽。

4）板缝处理应在门、窗框及管线安装完毕 7d 后进行。先检查所有缝隙是否粘结良好、有无裂缝。然后清理接缝部位，采用与板材材质基本接近的专用勾缝剂填缝，清洁墙面。如有破损处，采用勾缝剂填缝修补，补平后再贴上防裂玻纤网格布加强。

5.4.2 玻璃纤维增强水泥条板施工技术

(1) 安装工艺流程（图 5.72）

清理施工作业面→墙体定位放线→竖导向支撑→切割补板→安装 U 形或 L 形抗震卡→板材顶部和侧边刮胶粘剂→竖板、垫木楔子→临时固定→校正挤浆楔紧→刮除挤出胶粘剂→砂浆封底边缝→砂浆强度养护→去楔砂浆补洞→门窗安装→排线管→切割管线槽洞→安装管线底盒→管线、槽洞补强拼缝。

图 5.72 玻璃纤维增强水泥条板安装

（2）板材安装要点

1）在墙板安装前需将待安装墙板的部位（隔墙板与顶板、墙面及地面）清理干净，将凸出的砂浆块等杂物剔除干净，最后清理地面，将地面上凸出的砂浆、灰尘等清理干净，并用水将该部位冲刷干净，同时检查楼地面的平整度。

2）根据施工图纸，在待安装隔墙板处，弹出与墙板等厚度的两条平行墨线，并标出门窗洞口位置，在安装完毕后检查隔墙板的位置是否正确。

3）需按照图纸及实际尺寸进行排板计算，对门窗洞口及转角处不足整块板宽度的，按实际需要，用手工板锯进行截取，墙板的长度按楼层净高尺寸减去 20～30mm 截取，在排板后安装 U 形抗震卡，以固定板的上口。

4）墙板之间、板与主体结构之间的接缝处用 108 胶液和胶泥固定，在接缝外侧加一层玻璃纤维网格布增强，建筑用胶泥由 108 胶水、水泥、水配制而成。

5）隔墙板在安装时，先将隔墙板竖向抬至梁、板底面弹有墨线的位置，将粘结面用备好的胶泥全部涂抹均匀，涂抹厚度不小于 5mm，竖板时一人在一边推挤，一人在下面用宽口手撬棒撬起，边顶边撬，使之挤紧缝隙(以挤出胶浆为宜)，并使板下留 20～30mm 的缝，用木楔子将隔墙板临时固定。

5.4.3　轻集料混凝土条板施工技术

（1）安装工艺流程

放线定位→楼面清理→U 形卡件固定→柱、梁（或顶板）批浆（专用胶粘剂）→第 1 块板材安装→木楔固定、校验→第 1 块板材与第 2 块板材上端接口处 U 形卡槽固定→第 1 块板材竖向凹槽批浆（专用胶粘剂）→第 2 块板材安装→……→木楔固定、校正→板下、板缝塞专用胶粘剂→静置 3d→取出木楔（塞浆）→静置 4d→板缝挂网批浆→交工。

（2）板材安装要点

1）施工前选择好合理的钢配件，钢配件主要为 U 形钢卡件，在板材安装过程中起固定作用。厨房、卫生间等用水房间，墙体下口应先浇筑 200mm 高混凝土导墙。

2）楼面清理。板材安装、固定后，墙板与楼面空隙需塞专用胶粘剂，墙板安装时应始终保持墙体位置楼面洁净。

3）在板材安装前，应先对连接处的梁、柱进行批浆（专用胶粘剂），胶粘剂的厚度以 3～5mm 为宜。这样板材在安装过程中通过与梁、柱挤压，使板与梁、柱连接处浆液饱满、无空隙。

4）板材安装时，2 人扶着墙板，1 人用靠尺、线锤检验板材安装平整度与垂直度，墙板下口楔入木楔，使板材上口与梁顶紧，对板材平整度与垂直度进行校验，待墙板平整度与垂直度符合要求后，通过击打墙板下口木楔，使其固定牢固。

5）在第 2 块板材安装前，应在第 1 块板材与第 2 块板材上端接口处安放 U 形钢卡片，钢卡片一半在第 1 块墙板中，另一半在第 2 块墙板中。

6）板材安装完成后 4h 内，用调和好的专用胶粘剂对板材下口进行塞缝。填塞前，需对板材下口进行清理。塞缝时，需 2 人通过木踏板进行对塞，以保证墙板下塞浆密实。

5.4.4 轻钢龙骨内隔墙施工技术

（1）轻钢龙骨内隔墙的安装工艺流程

清理现场→墙位放线→墙基施工→安装沿地、沿顶、沿墙龙骨→安装竖龙骨、横撑龙骨或贯通龙骨→安装门框→粘钉罩面板→水、暖、电气等预留孔、下管线→填充隔热、隔声材料、验收墙内各种管线→安装另一侧面板接缝护角，处理安装水、电设备预埋件的连接固定件→饰面装修→安装踢脚板（图 5.73）。

图 5.73 轻钢龙骨内隔墙安装

(a) 龙骨安装；(b) 管线敷设；(c) 材料填充 (d) 安装面板

（2）板材安装要点

1）如设计要求设置踢脚台（墙垫）时，应先对楼地面基层进行清理，并涂刷界面处理剂。然后浇筑 C20 素混凝土踢脚台，上表面应平整，两侧面应垂直。

2）横龙骨与建筑顶、地连接及竖龙骨与楼板、墙体连接，一般可用射钉或膨胀螺钉。对于钢梁、钢柱应采用焊接丝杆，并配以密封胶。射钉或电钻打孔时，固定点的间距通常按 900mm 布置，最大不应超过 1000mm。轻钢龙骨与建筑基体表面接触处，一般要求在龙骨接触面的两边各粘贴一根通长的橡胶密封条，以起防水和隔声作用。

3）竖龙骨通常根据罩面板的宽度尺寸而定。板材较宽时，需在其中间加设一根竖龙骨，竖龙骨中距最大不应超过 600mm。罩面层重量较大时（如贴瓷砖）的竖龙骨中距，应以不大于 420mm 为宜，当隔断墙体的高度较大时，其竖龙骨布置也应加密。

4）通贯横撑龙骨的设置，低于3m的隔断墙安装1道，3～5m高度的隔断墙安装2～3道。轻钢骨架的横向支撑，有的需设其他横撑龙骨。一般是在隔墙骨架超过3m高度加强，或者是罩面板的水平方向。板端（接缝）并非落在沿顶沿地龙骨上时，应设横向龙骨对骨架加强或予以固定板缝。

5）面板应从墙的一侧端头开始，顺序安装。先安装一侧纸面石膏板，待隔墙内管线、填充物等安装验收完毕后，再安装另一侧纸面石膏板。面板边应位于C形龙骨的中央，同龙骨的重叠宽度应不小于15mm。龙骨两侧单层面板及同侧内外两层面板必须错缝安装。

5.4.5 预制轻钢龙骨内隔墙施工技术

（1）安装工艺流程

预制轻钢龙骨内隔墙只需把在工厂制作好的标准化成品和标准化固定件运至工地，现场只需采用“拼积木式”的施工方法就可拼成墙体。可将施工不当造成墙体出现裂缝的可能性降到最低。

施工主要工序是：弹出墙板顶面相应墨线→标出门窗洞口位置→安装墙板→板缝处理。

（2）板材安装要点

1）板材安装时沿墨线将角龙骨、加强竖龙骨分别安装到楼板顶面和主体墙柱上；墙板（包括线管板、水管板）下端置于工字槽内，推墙板套住加强竖龙骨或墙板一侧龙骨，将撬棍塞进工字槽底部并撬起，直到墙板龙骨上端缺口对准角龙骨顶紧，用线锤吊线使墙板呈垂直状态。用两组木楔将工字槽底部塞紧。

2）板材固定时，将固定件塞进墙板竖龙骨底端并垂直楼地面，用金属胀锚螺栓固定。用钢钉横穿硅酸钙板、竖龙骨及固定件。用钢钉每隔600mm横穿墙板。撤去木楔、工字槽。用通长PVC线管或铝塑覆合管穿过固定件孔。硅酸钙板安装在固定件上。将踢脚板安装在硅酸钙板上。

3）拼接缝处理时，在接缝口扫一道白乳胶并将嵌缝膏嵌入两板倒角区；板面需打三道腻子，第一道腻子凝固后用砂纸打磨，将接缝带对准缝口用白乳胶粘上；用刮刀顺接缝压实；干后用嵌缝膏覆在接缝带上。第一道腻子覆盖钉孔宽约25mm；第二道腻子干后，再用嵌缝膏薄薄压上一层，第二道腻子覆盖钉孔宽约50mm；最后一道腻子干后用砂纸打磨。

5.5 内隔墙系统综合比较

表5.19中分析并总结了装配式钢结构内隔墙系统各类墙板的防火、隔声、集成等技术性能及优缺点，可供高速公路房建工程参考进行技术决策（数据来源于厂家及技术文献）。

各类墙板性能比较　　表 5.19

墙体材料	防火性能	隔声性能	集成特征	施工方面	建造成本
蒸压加气混凝土板	防火性能突出，100mm 板材耐火极限≥4h，满足规范要求	隔声性能良好，150mm 板材隔声量为 46dB，满足规范要求	非一体化隔墙，板面需抹水泥砂浆，需剔凿预埋管线设备	采用专用连接件，需吊装、焊接，安装较快	100mm 内隔墙板 140 元/m²
玻璃纤维增强水泥条板	防火性能良好，90mm 板材的耐火极限＞2h，满足规范要求	隔声性能良好，150mm 板材隔声量≥45dB，60mm 板材＋50mm 吸声材料＋60mm 板材组合成的双层隔墙隔声量≥50dB，满足规范要求	集成一体化隔墙，板面平整，可免抹灰，板材孔洞内可敷管线	需吊装，部分连接件需焊接，施工安装较快	100mm 内隔墙板 130 元/m²
轻集料混凝土条板	防火性能良好，90mm 厚板材耐火极限＞2h，满足规范要求	隔声性能良好，150mm 板材隔声量≥45dB，60mm 板材＋50mm 吸声材料＋60mm 板材组合成的双层隔墙隔声量≥50dB，满足规范要求	集成一体化隔墙，板面平整，可免抹灰，板材孔洞内可敷管线	需吊装，部分连接件需焊接，施工安装较快	100mm 内隔墙板 140 元/m²
轻钢龙骨内隔墙	防火性能良好，耐火极限根据构造做法确定	根据构造做法确定，98mm 隔墙填充 25mm 隔音棉可达到 50dB	集成一体化隔墙，面板平整度高，可免抹灰，墙体空腔内可敷管线	墙体各功能材料现场复合，施工工序较复杂	75 型龙骨双面轻钢龙骨石膏板内隔墙 140 元/m²
预制轻钢龙骨内隔墙	根据板材厚度确定	隔声性能良好，隔声量根据板材构造做法确定	集成一体化隔墙，面板平整度高，可免抹灰，管线可在工厂提前预埋	工厂预制，现场安装，施工速度快	较高

内隔墙材料的选用应突出钢结构自重轻、布置灵活及施工便捷的特点。不宜选用自重大的材料，应具备防火、防潮、隔声、集成等特点，强度也需要满足要求，避免墙体因强度不够而开裂。厨房、洗手间的隔墙材料更须考虑材料的防水性能。

（1）蒸压加气混凝土条板

优点：板材重量轻，具备优良的隔热、隔声及耐火性能；板材生产施工工艺相对成熟，可采用非砌筑的快速安装方式，在安装时能锯、刨、钉、打眼等。可满足高速公路房建工程采用轻质材料、便于运输、施工速度快的需求。

缺点：蒸压加气混凝土板，干燥收缩值较大，比较容易出现干缩裂缝。吸水、吸湿，堆放不善容易引起翘曲、开裂等损失。板材在安装线管时有一定的困难，特别是线管集中之处对墙面的破坏较大。接口板缝易受施工水平和使用环境的影响，会产生开裂现象。

（2）玻璃纤维增强水泥条板、轻集料混凝土条板

优点：板材重量轻，具备良好的隔热、隔声、耐火性能；板材尺寸准确，拼缝精确，安装速度快，可与不同规格的板材及材料组合成具有防火、隔声等功能的墙体；板材表面平整度高，可在板材孔洞内敷管线，实现内隔墙与管线、装修一体化，减少现场湿作业，有效缩短工期。

缺点：玻璃纤维增强水泥条板与轻集料混凝土条板由于是空心结构，所以隔墙板表面固定或承载较重基层及物体时会受到一定局限。且两种板材设计使用在通风少、较为潮湿的管道井、卫生间部位，容易引起板的收缩变形。

（3）龙骨隔墙

优点：隔墙空腔内可根据隔声或保温设计要求设置填充材料，根据设备安装要求安装一些设备管线，面板平整度高，可以实现内隔墙与管线、装修一体化。

轻钢龙骨隔墙具有质量轻、线布设隐蔽性好、无湿作业、现场堆放场地小的特点，可适应多种高度、厚度的墙身。预制轻钢龙骨内隔墙单位面积质量仅相当于玻璃纤维增强水泥条板的一半左右，单块幅面大，安装速度快，能够减小钢结构挠度形变大而带来的问题，其连接处相对不容易产生裂缝。基层轻钢龙骨具有可回收再利用的特点。

另外，轻质多孔条板的空腔是顺板长均匀排列，所以线管布设必须顺板长方向开槽，严禁横向开槽布管，否则会严重影响板材的强度。龙骨隔墙竖、横向均可布设暗管，预制轻钢龙骨隔墙的水管和电线可事先在工厂直接固定在墙体里面，可在不拆动墙板和破坏墙板的情况下实现水、电检修和开关、插座及水龙头的补装。

缺点：龙骨隔墙施工过程相对复杂，对劳动力技术水平要求较高。预制轻钢龙骨隔墙目前生产厂商较少，存在着产能不足、造价较高的问题。

第6章　设备管线与内装系统应用技术

高速公路房建工程主体结构、内外围护墙体均采用装配式技术，设备与内装系统采用管线分离、装配化装修技术，是有效提升建筑功能品质的关键。传统设备管线与内装修做法主要采用现场湿式做法，各个工序之间相互制约，不利于缩短工期。同时，存在噪声、粉尘、甲醛等环境污染问题。因此，高速公路配套房建工程不适宜采用传统设备管线与内装安装做法，而应采用以现场干法施工为主的装配化装修技术，并对设备管线进行集约化设计。

6.1　装配式内装修概述

6.1.1　内装修行业现状与问题

高速公路服务区综合楼、宿办楼等房建工程的内装修工程通常在土建工程完工后，以毛坯形式交付给装修公司进行设计和施工。传统内装修施工质量主要依靠工人的施工经验和技术，由于内装修设计工作未提前介入，从而压缩了内装修施工工期，当工人技术不熟练时，将直接影响高速公路房建工程内装修的质量和品质。此外，由于室内装修工序介入的时间相对滞后，项目施工图设计单位不能和装修单位建立很好的联系，造成设备点位预留、墙体布置位置无法满足装修设计要求，为此装修施工过程中会存在大量拆、改、剔凿等，影响内装修施工工期的同时，也对高速公路房建工程主体结构安全造成不利影响。

近年来，在政府出台的一系列文件指导下，装配式建筑在全国范围内得到大力推广和应用，各地涌现出不少成功案例，但仍有不少问题需要给予高度关注，尤其突出的是普遍存在“重主体，轻装修”“注重首次建设，忽略后期维护”等观念，其带来的问题日趋凸显。

装配式内装修是装配式建筑的重要组成部分，是一种以工厂化部品应用、装配式施工建造为主要特征的装修方式，其本质是以部品化的方式解决传统装修质量问题，以提升品质、提升效率，同时减少人工、减少资源能源消耗为核心目标，从深层含义来讲，装配式内装修是适应当前行业发展形势的一种高品质内装修的实现方式，在装配式钢结构高速公路房建工程中推广装配式内装修势在必行。

6.1.2　装配式内装修内涵

装配式内装修，也称工业化装修，是将工业化生产的部品、部件通过可靠的装配方式，由产业工人按照标准化程序采用干法施工的装修过程。简单来讲，是一种先在工厂预制好墙板、顶板的基层、面层，制作好顶面、墙面、地面所需的专用组件，再运到现场进行组装嵌挂。同时，利用集成化墙板、顶棚、地面等空腔，实现设备管线与结构体分离的目的。

与传统内装做法相比，装配式内装修技术优势明显。就装配式钢结构高速公路房建工程而言，采用装配式内装修不受气候条件限制，有效提升施工效率，施工工期得到保障。采用成品内装部品部件，现场干法拼装，在保证安装速度的前提下还能很好地保证室内装修质量和品质。现场大量干法施工，减少建筑垃圾和噪声、粉尘污染，达到绿色环保的要求。内装设计时考虑建筑全生命周期使用功能可变性需求，当服务区综合楼、宿办楼使用功能发生改变时，模块化的部品部件可重复利用。利用墙体、顶棚、地面空腔敷设管线，达到设备、管线与结构体分离的目的，满足设备与管线易检修、可更新的要求。

6.1.3 装配式内装修设计原则

（1）内装设计工作前置。采用装配式内装修技术，应从建筑方案设计阶段进行整体策划，与建筑、结构、给水排水、供暖、通风和空调、燃气、电气、智能化等各专业进行协同设计。确保建筑维护管理和检修更换便利性的前提下，考虑装修设计要求。施工图设计与装修图设计同步开展工作，有效规避施工图与精装图脱节，造成装修过程中对结构体二次破坏情况的发生。

（2）部品部件标准化设计。装配式内装修应对建筑的主要使用空间和部品部件进行标准化设计，提高标准化程度，尽可能采用标准化、通用化部品，减少非标产品数量，降低施工安装的难度，提高效率和质量。同时，内装设计应与功能空间采用同一模数网格，并通过设置缝隙、可调节部件，以及容错设计来调节生产、施工等环节的偏差。

（3）内装集成化设计。装配式内装修应对楼地面系统、隔墙与墙面系统、吊顶系统、收纳系统、厨卫系统、内门窗系统、设备和管线系统进行集成化设计。积极采用新技术、新工艺、新材料、新设备，合理利用架空技术实现设备管线与结构相分离。

6.2 装配式隔墙与墙面系统

装配式隔墙应选用非砌筑免抹灰的轻质墙体，可采用轻钢龙骨隔墙、条板隔墙或其他干式工法的隔墙。与传统湿作业砌筑墙体不同，装配式隔墙主要采用干式工法，现场对预制或装配隔墙进行简单拼装，具有施工不受气候影响、施工效率高、施工周期短、对环境污染小的优点。同时，通过预制隔墙中设备管线的预留预埋，或利用墙体空腔、架空层敷设管线，实现设备管线与墙体相分离，无须剔凿埋线，减少对建筑墙体的破坏，降低了装修对建筑使用寿命的不利影响。此外，新型装配式装修技术可实现装饰面板之间的物理连接，安装便捷，可实现单块拆卸，便于后期产品维护和更新。

6.2.1 轻钢龙骨隔墙与墙面系统

轻钢龙骨隔墙是以轻钢龙骨为骨架，表面固定面板组成的轻质隔墙。轻钢龙骨面板有纸面石膏板、纤维水泥加压板、硅酸钙板、纤维石膏板等，其中最常用的为纸面石膏板。

根据设计要求和使用部位，选用相应规格的面板品种，可使轻钢龙骨内隔墙具有隔声、耐火、耐水、保温等性能。隔墙采用装配式干作业，施工方法简单、施工进度快，比较适宜应用在高速公路配套房建工程中。

（1）轻钢龙骨纸面石膏板内隔墙

作为轻钢龙骨内隔墙的墙面面板，纸面石膏板可分为普通纸面石膏板、耐水纸面石膏板、耐火纸面石膏板、高性能耐火板、高密度纸面石膏板等几种类型。可根据设计要求和使用部位，选择相应材料的面板。各类石膏板规格和使用范围见表6.1[46]。

石膏板规格和使用范围 **表6.1**

产品名称	常用规格（mm）			适用范围
	长	宽	厚	
普通纸面石膏板	3000	1200	12，15	一般要求的隔墙
耐水纸面石膏板	3000	1200	12，15	卫生间、厨房、外墙贴面板等有防潮要求的部位
耐火纸面石膏板	3000	1200	12，15	有防火要求的部位
高性能耐火板	1200	2400	12，25	钢结构防火部位
高密度纸面石膏板	3000	1200	12，15	分户墙、有撞击要求的部位及钢木结构耐火护面

轻钢龙骨纸面石膏板内隔墙（图6.1）构造组成和厚度主要是根据墙体防火、隔声、空腔内设备管线安装等方面的要求确定。还可通过墙体内填充岩棉、玻璃棉等不燃材料，提高其防火、保温、隔声的性能。通常情况下，可满足大多数民用建筑和公共建筑的要求。根据不同的装修要求，墙面设计可采用喷浆、油漆、涂料、贴壁纸、贴装，也可设计其他饰面，饰面做法可参见《墙面装修图集》13J502-1。遇有防水、防潮要求的房间，如卫生间、厨房等，应采取相关防潮措施，墙面板可选择耐水纸面石膏板或采用耐水饰面一体化集成板，且应做C30细石混凝土条基。

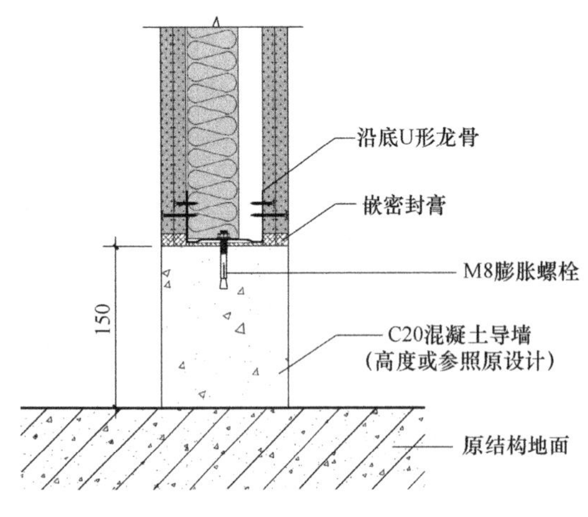

图6.1 轻钢龙骨纸面石膏板内隔墙底部做法示意图

在实际应用过程中，轻钢龙骨纸面石膏板内隔墙存在一些问题，总结如下：

首先，由于轻钢龙骨型材较薄，容易变形，造成天地龙骨与竖向龙骨交接处不平整，加上固定龙骨的钉子安装后在龙骨表面会有一定凸起，使得面板安装后不平整。之后进行板面装饰时，需要对板面进行石膏腻子找平，甚至有时需要多遍满批找平。这种情况不仅会造成工期延长，也与装配式干法施工相违背。

其次，纸面石膏板受潮后会出现墙面发霉发黑的问题。对于无水房间，若隔墙底部不做混凝土基条，纸面石膏板长时间受夏季潮湿空气侵蚀和来自地面的返潮，会造成墙面发霉发黑。要想阻止这种情况的发生，需要在全部隔墙底部设置混凝土基条，这势必会增加施工工序，拖延工期。

再次，因为面板采用纸面石膏板，本身材料抗拉强度较低，即便是选用高密度纸面石膏板，对于隔墙上需要固定或吊挂重物位置，为保证使用安全，在隔墙施工过程中还应采用可靠的加固措施。在一定程度上也会影响施工效率。

基于以上问题，轻钢龙骨纸面石膏板内隔墙作为一种较为成熟的技术体系，虽然在施工工艺上符合装配式装修要求的干式做法，但其应用于装配式建筑中还存在许多待改进的地方。因此，为提高施工效率，保障施工工期，还需要寻求更适宜的新材料和新技术。

（2）轻钢龙骨无机复合板内隔墙

轻钢龙骨无机复合板内隔墙是将纸面石膏板内隔墙中的龙骨构造和面板材料进行了改进，解决了轻钢龙骨纸面石膏板内隔墙在实际使用过程中存在的一些问题[47]。

首层，针对传统龙骨强度低、易变形、安装后影响面板平整度的问题，将传统龙骨替换为带凹槽的V形轻钢龙骨，轻钢龙骨自带的凹槽设计可将钉帽遮盖，使面板安装后能保持较好的平整度，省去了腻子找平，直接对面板进行装饰装修，真正实现免抹灰(图6.2)。

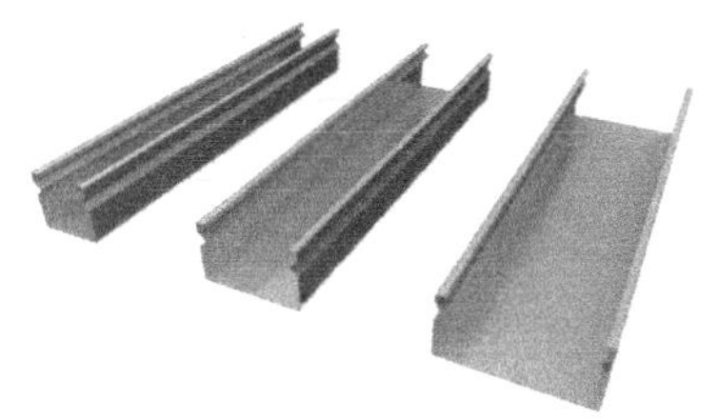

图6.2　V形轻钢龙骨安装示意图

其次，针对纸面石膏板耐水性差、抗拉强度低的问题，将内隔墙面板材料做了改进。即将内隔墙面板由双层纸面石膏板调整为一层无机复合板和一层纸面石膏板，具体改进做法见图6.3。

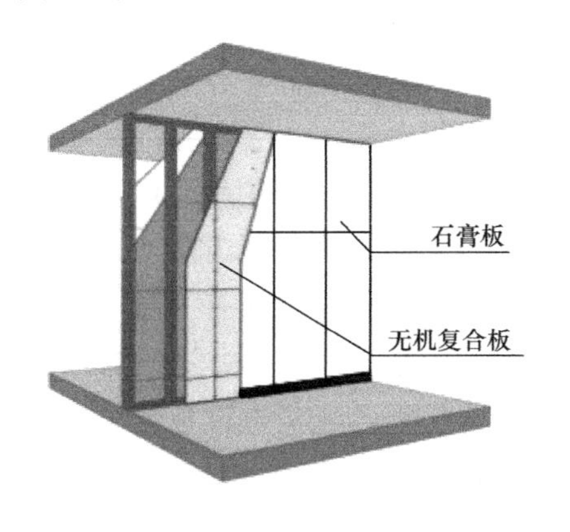

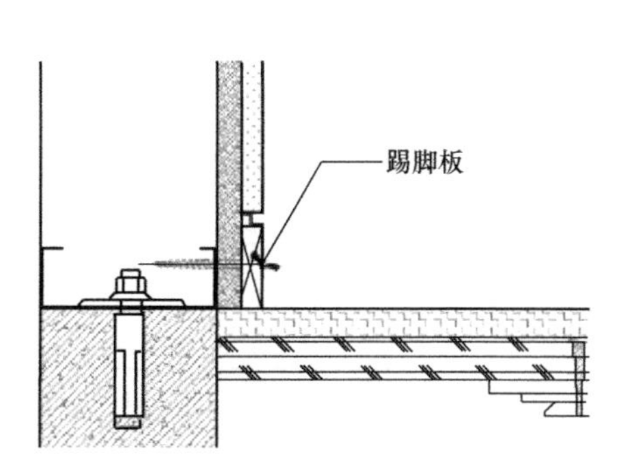

图6.3　轻钢龙骨无机复合板内隔墙构造示意图

轻钢龙骨无机复合板内隔墙中，使用的无机复合板是以添加金属矿物质为主，应用材料复合技术，具有阻燃隔热、隔声防水、防虫防霉、轻质高强、环保节能、施工快捷等多种优点。轻钢龙骨无机复合板内隔墙中，利用无机复合板高效防水的性能，可直接与地面接触，无须额外做混凝土条基。无机复合板外层纸面石膏板不触地，预留出踢脚线安装高度。这样设计能有效解决轻钢龙骨纸面石膏板内隔墙易受潮发黑发霉的问题。采用了无机复合板的轻钢龙骨内隔墙吃钉力和握钉力明显高于纸面石膏板，其单点挂力可达到 50kg（≥490N)，使得墙体任何位置均可固定和悬挂重物，无需施工阶段特意进行加固补强。

此外，考虑到施工成本问题，将轻钢龙骨纸面石膏板内隔墙与轻钢龙骨无机复合板内隔墙进行了成本对比。通过对比发现，两种形式的轻钢龙骨内隔墙综合造价相互持平，但轻钢龙骨无机复合板内隔墙悬挂能力、隔声能力、产品质量等均优于轻钢龙骨纸面石膏板内隔墙（表 6.2）。而且，轻钢龙骨无机复合板内隔墙可实现真正免抹灰找平，更符合装配式内装修干式做法的要求。因此，装配式建筑中应优先选用轻钢龙骨无机复合板内隔墙。

石膏板内隔墙和无机复合板内隔墙对比分析表　　　表 6.2

项目	75 龙骨＋10mm×2 无机复合板 (95mm) 轻钢龙骨无机复合板隔墙	评价	75 龙骨＋9.5mm×2 普通石膏板 (94mm) 传统轻钢龙骨石膏板隔墙
厚度	95mm	—	94mm
建造成本	170 元/m^2		140 元/m^2
抹灰找平	无	优势	有
重量	35kg/m^3		28 kg/m^3
水电管线	预制	—	预制
悬挂能力	单点悬挂 50kg	优势	单点悬挂 10kg
隔声能力	空腔 45dB	优势	42dB 须填充岩棉 (增加 30 元材料及人工成本)
作业时间 (100m^2 房间)	2～3d	—	2～3d
产品质量	稳定	优势	不耐潮湿、易霉变

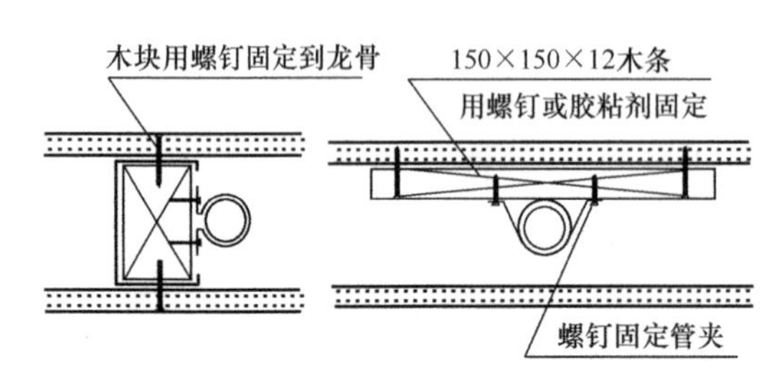

图 6.4　管线固定示意图

（3）轻钢龙骨内隔墙管线分离技术

建筑采用轻钢龙骨内隔墙，因墙体自身结构特点，龙骨之间有大量空腔，设备管线可敷设于空腔内，并通过有效的固定方式固定牢靠，可实现设备管线与结构体分离，即采用了管线分离技术（图 6.4、图 6.5）。

对于墙体内管线的固定，可利用木方固定管线。对于电气管线，开向不同房间的两个接线盒在同一开裆的两根竖龙骨内时，应采用耐火石膏板组成隔离框，并采用不燃材料做防火分隔（图 6.6）。

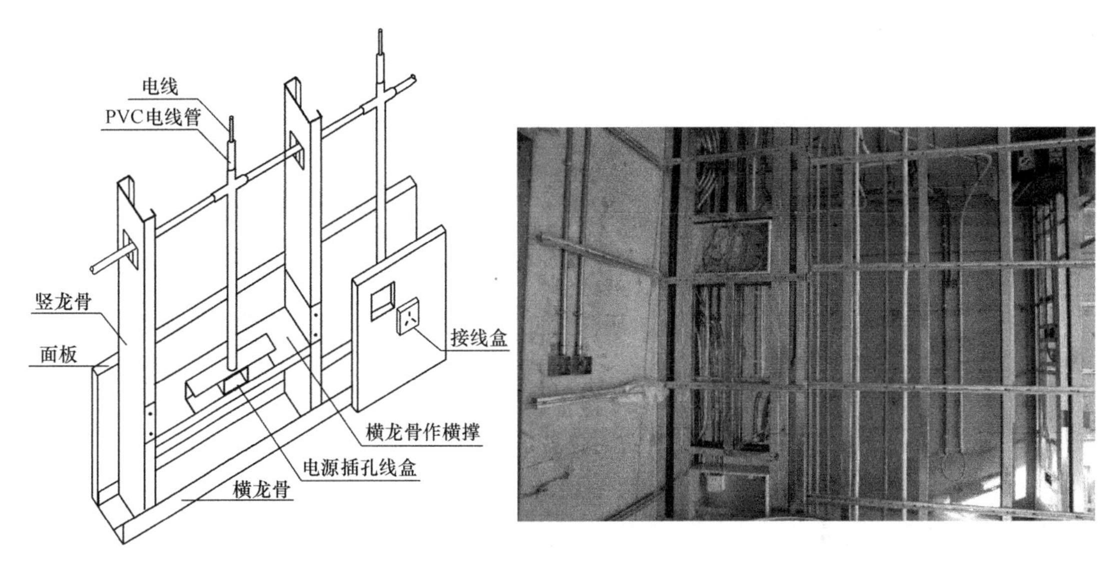

图 6.5 轻钢龙骨内隔墙内电线管安装示意图

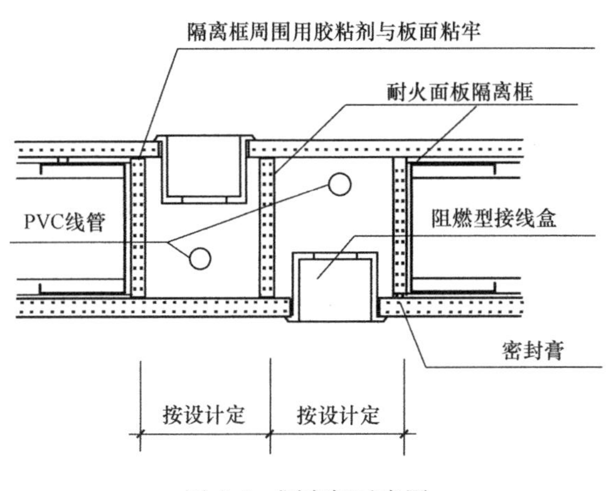

图 6.6 隔离框示意图

6.2.2 条板隔墙与墙面系统

装配式建筑采用的条板隔墙通常为蒸压加气混凝土条板，条板为工厂预制，并运至现场安装。条板隔墙分实心条板隔墙与空心条板隔墙，实心条板隔墙可将设备管线在工厂预留至墙体中，空心条板隔墙可将设备管线布设在墙体空腔内。采用轻质条板隔墙，需对条板隔墙排板图进行深化设计，并将装修设备点位考虑进去。这样便可省去施工现场对墙体二次开槽埋设管线，同时也避免对墙体的破坏。但是，由于条板隔墙是通过企口拼装而成的，条板拼装完成后，需要对接缝处进行填缝。若直接对条板隔墙进行局部腻子找平后，喷涂涂料或粘贴壁纸，后期接缝处开裂几率很大。此外，不管管线预留在实心条板隔墙内还是敷设在空心条板隔墙内，日后对管线的更新维护存在一定困难。因此，对于采用条板隔墙的装配式建筑，应集成化饰面产品，将墙体饰面层通过龙骨与条板隔墙干法连接，实现对墙体的装饰装修，还可利用架空空间敷设管线，实现管线分离技术。

集成化饰面墙面系统是由装饰面层、基材、功能模块及配构件（龙骨、连接件、填充材料等）构成，采用干式工法、工厂生产、现场组合安装而成的集成化墙面产品(图 6.7)。

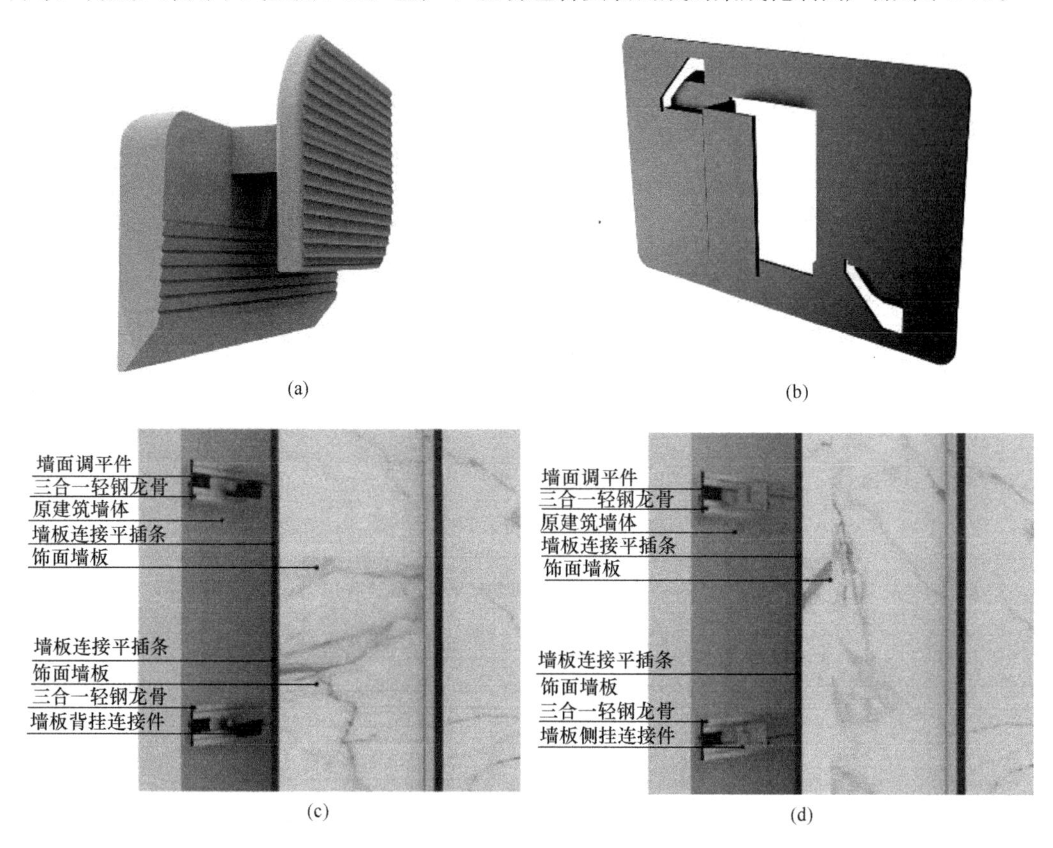

图 6.7　装配式墙面系统示意图

(a) 墙板连接背挂件；(b) 墙板连接侧挂件；(c) 墙板背挂式拼装；(d) 墙板侧挂式拼装

集成化饰面墙面系统是通过调平模块，将安装在基层墙体上的龙骨调平，然后利用连接挂件将装饰面板和龙骨连接，从而实现墙面的干法快装技术。该技术不仅有效提高了饰面墙板的安装效率，而且便于后期对单块板进行拆卸更新，安装过程中，无须对饰面墙板进行胶粘或打钉，避免了饰面墙板被破坏，保证了饰面墙板的整体性。

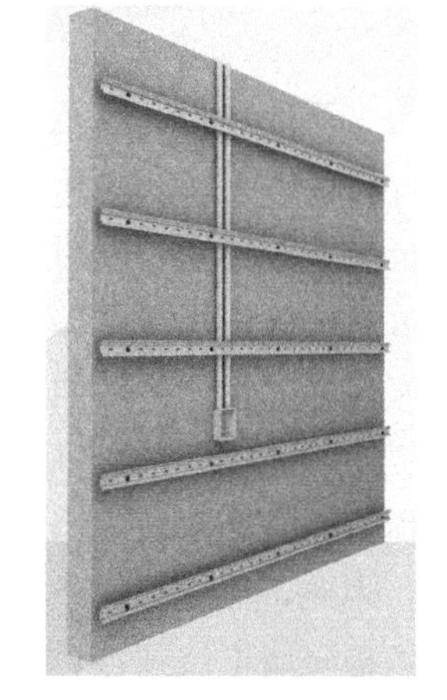

图 6.8　管线分离技术示意图

根据连接挂件的不同，集成化饰面墙面系统可分为背挂式和侧挂式。墙板背挂式拼装时需要在饰面墙板背面和侧面开槽，且主要受力在墙板的背面，因此对饰面墙板性能要求较高，通常采用有机基材面板，如 PVC 发泡板、石塑板等。墙板侧挂式拼装时需要在饰面板侧面开槽，其主要受力于墙板两侧，对饰面墙板性能要求相对较低，可选用硅酸钙板、石膏板、木岩板等无机基材面板[48]。

对于有管线分离要求的建筑，可通过改变调平件规格，调节基层墙体和装饰面板之间的距离，形成用于设备管线敷设的空腔(图 6.8)。

6.2.3　装配式隔墙与墙面系统安装

以轻钢龙骨石膏板内隔墙安装为例。

（1）安装工艺流程及注意事项

1）轻钢龙骨石膏板内隔墙施工流程可参考图 6.9 进行。

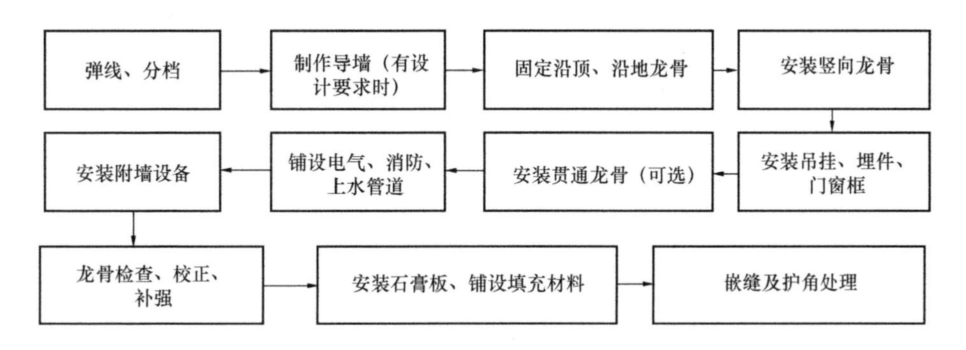

图 6.9　轻钢龙骨石膏板内隔墙安装工艺流程

2）施工注意事项

① 隔墙安装前必须保证建筑外围护结构全部完工，窗户安装到位。

② 安装现场保持通风且清洁干燥，地面不得有积水、积垢、油污、杂物等。

③ 安装前应按设计要求核对材料品种、规格、数量无误且质量完好。

④ 石膏板的搬运、存放、安装应采取相应措施，防止受潮、变形、板面损坏及边角磕碰。板面严重凹凸不平、边角不整、龙骨锈蚀扭曲的禁止使用。

⑤ 单张纸面石膏板应垂直搬运，不要平抬；石膏板堆放必须平放，且下面应有垫条（5～6 个），考虑楼板承受荷载能力，堆放高度不宜过高（$1cm=9kg/m^2$）。现场堆放时间不宜太长。

⑥ 隔断墙交接处的地面、墙面应平整、坚硬。对凹凸不平的，必须铲除和修复平整。

⑦ 安装固定时，请从板中间向四边固定，并按顺序安装，不得多点同时作业，防止产生内应力变形。

⑧ 在湿度大于 65%的环境里施工，覆面龙骨应采用 300mm 的间距，并采取必要的通风干燥措施。

⑨ 刮腻子时，应在第一遍腻子完全干燥后再刮第二遍，防止石膏板一次性吸潮过度出现变形。

⑩ 接缝施工，现场温度应高于 5℃。

（2）安装技术要点

1）石膏板用自攻螺钉固定时，自攻螺钉应用电动螺钉枪一次打入，螺钉应采用防锈自攻螺钉。沿石膏板周边螺钉间距应不大于 200mm，中间部分螺钉间距应不大于 300mm，螺钉与板边缘的距离应为 10～15mm。

2）相邻的两块石膏板拼接时应自然靠拢，但不得强压就位。安装石膏板时，应从板的中部向板的四边固定，钉头沉入板内 0.5～1mm，但不得损坏纸面。钉眼应涂防锈漆，用接缝石膏抹平。

3）沿隔墙长度方向每 12m 或遇到建筑结构的伸缩缝时，应设置石膏板墙的变形缝。

4）当隔墙的高度超过石膏板长度时，应在横向接缝处增设横撑龙骨或钢带等。

5）宽度大于 1800mm 洞口或防火门等门重量大于 50kg 时，洞口周边应采用型钢等加强措施，其加固方法见图 6.10。

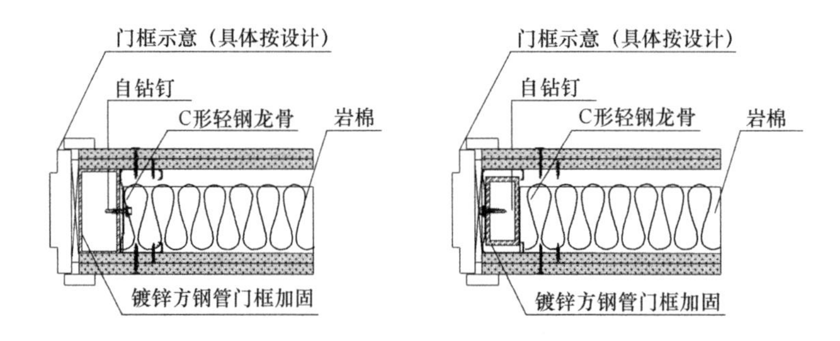

图 6.10　门框矩形镀锌钢管加固方法

6）嵌缝处理注意事项

① 接缝处理宜在面板安装完 24h 后进行，现场温度应高于 5℃。

② 刮腻子时，应在第一遍腻子完全干燥后再刮第二遍。

③ 纸面石膏板和轻钢龙骨之间必须是无应力紧密固定。

④ 石膏板短边接缝应先用边刨将两侧石膏板刨出 45°倒角。

⑤ 将面板上的钉帽涂上防锈漆，用嵌缝石膏抹平。

7）嵌缝处理施工工序

① 第一层填缝。清理缝隙中的灰尘，用小号灰刀将嵌缝石膏均匀地填实板缝，并用刀尖顺板缝刮两遍，除去中间气泡。嵌缝宽度约 100mm，等待干燥（夏天大于 1h，冬天大于 2h）。

② 粘贴接缝纸带（图 6.11）。将润湿后的接缝纸带贴于接缝处，由上至下使嵌缝纸带与嵌缝石膏充分结合（其他接缝带可参照此条）。

③ 第二层嵌缝。用中号灰刀将嵌缝石膏涂在接缝纸带上，与两侧板面均匀过渡，嵌缝宽度约 200mm，然后等待干燥。

④ 第三层嵌缝。修补、找平。待第二遍干燥后，用大号灰刀或抹子刮上薄薄一层嵌缝石膏，嵌缝宽度约 300mm，修补找平，并刮去多余腻子（图 6.12）。

注：四道工序必须连续操作，以免产生接缝纸带粘结不牢和翘曲的情况。

⑤ 打磨。待完全干燥后（大约需 12h），用细砂纸或电动打磨器，在接缝处轻轻打磨，打磨时不要擦伤纸面，保证表面平整、光滑。

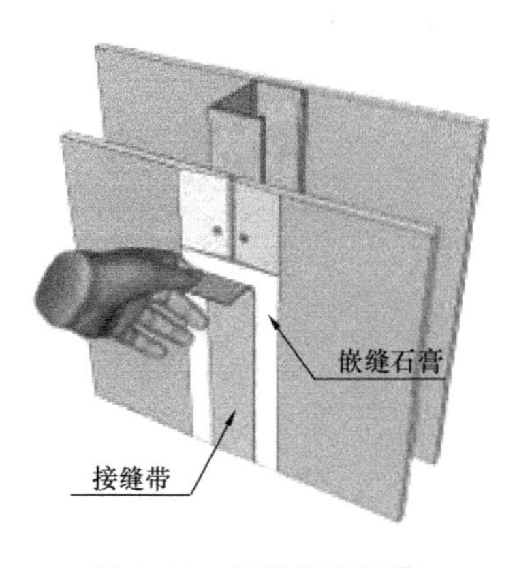

图 6.11　粘贴接缝纸带

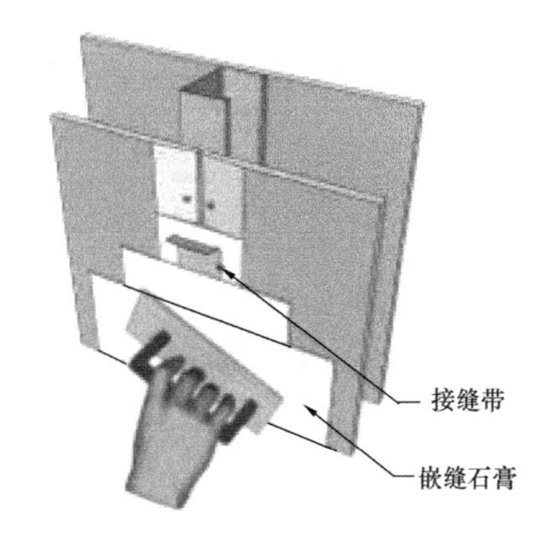

图 6.12　嵌缝

8）阳角处理施工工序

① 如石膏板边是楔形边，要先将阳角用腻子修整顺直后，再安装护角。

② 将金属护角按所需长度切断，用自攻螺钉将其固定在隔墙的阳角上，钉距不大于 200mm。

③ 在金属护角表面抹第一层嵌缝石膏，两边宽度各约 100mm，使护角不外露（图 6.13）。

④ 阳角处理的第二、三层嵌缝石膏处理（图 6.14）。第二层嵌缝石膏，两边宽度各约 200mm；第三层嵌缝石膏，两边宽度各约 300mm。

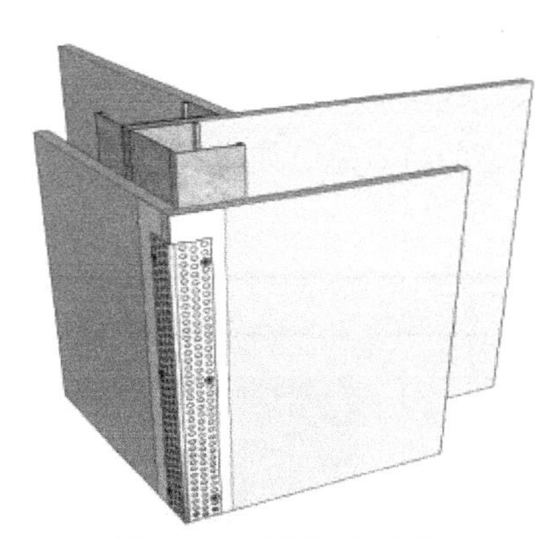
图 6.13　金属护角安装

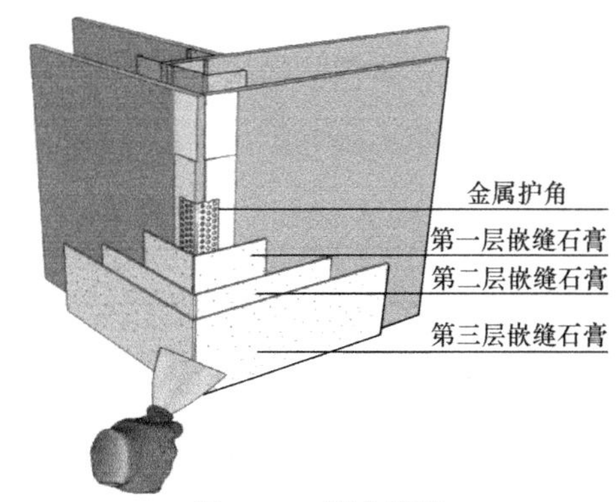

图 6.14　阳角嵌缝

⑤ 完全干燥后（大约需 12h），用细砂纸或电动打磨器打磨平整。

9）阴角处理施工工序

① 先用小号灰刀将石膏板预留缝隙用嵌缝石膏均匀填实。

② 将接缝纸带向内折成 90°贴于阴角处，用灰刀压实。

③ 用灰刀在接缝纸带表面薄薄刮第一层嵌缝石膏，两边宽度各约 100mm（图 6.15）。

④ 阴角处理的第二、三层嵌缝石膏处理（图 6.16）。第二层嵌缝石膏，两边宽度各约 200mm；第三层嵌缝石膏，两边宽度各约 300mm。

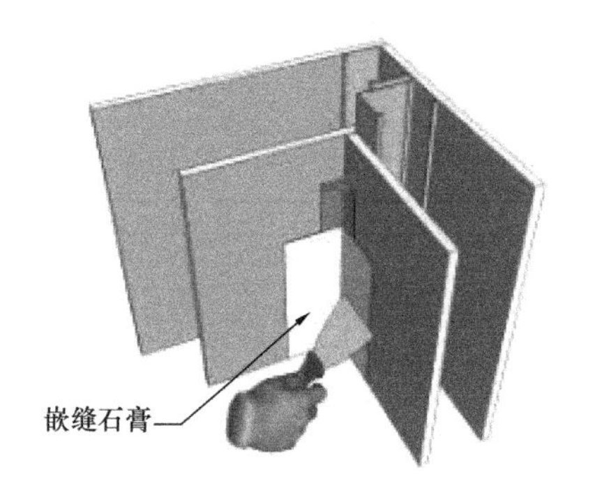

图 6.15　阴角第一层嵌缝

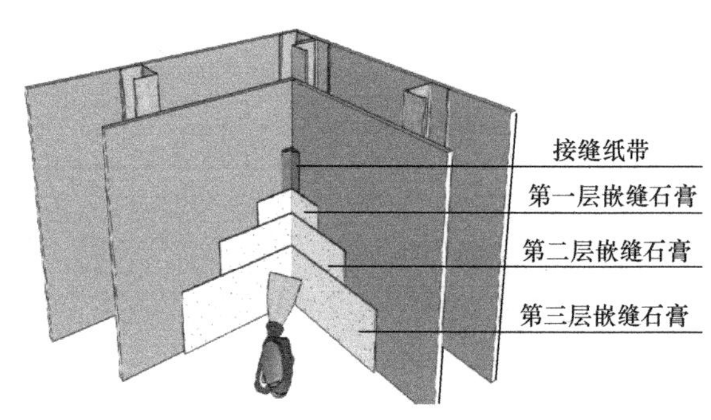

图 6.16　阴角二、三层嵌缝

6.3　装配式吊顶系统

吊顶系统是指由承力构件、龙骨骨架、面板及配件组成的系统，是建筑顶部装修的一种装饰，是室内装修的重要部分。根据《装配式钢结构建筑技术标准》GB 51232—2016[49]，当采用压型钢板组合楼板或钢筋桁架楼承板组合楼板时，应设置吊顶；当采用开口型压型钢板组合楼板或带肋混凝土楼盖时，宜利用楼板底部肋侧空间进行管线布置，并设置吊顶。吊顶不仅对建筑顶部起到装饰作用，还具有保温、隔热、吸声的作用，也是设备与管线的隐蔽层。

6.3.1　公共建筑吊顶常用类型

对于公共建筑，常用的吊顶类型为整体面层吊顶、板块面层吊顶、格栅吊顶、金属及金属复合材料吊顶板、集成吊顶等。几种常用吊顶类型的特点总结如表 6.3 所示。

常用吊顶类型统计表　　表 6.3

类型	面层材料	特点	使用场所	示意图
整体面层吊顶	纸面石膏板、石膏板、硅酸钙板、水泥纤维板等	接缝不外露	走廊、室内边吊等	
板块面层吊顶	矿棉板、金属板、复合板、石膏板等	接缝外露	办公室、会议室等	

续表

类型	面层材料	特点	使用场所	示意图
格栅吊顶	金属成品型材	按照一定几何图形，组成矩阵式的吊顶	大厅、大堂等	
金属及金属复合材料吊顶板	金属饰面层与其他金属或非金属复合加工而成	表面有保护性和装饰性涂层、氧化膜或塑料薄膜	卫生间、厨房等	

建筑吊顶类型的选择，应符合建筑隔声、防火要求，并与建筑整体内装风格相呼应。对于钢结构公共建筑，吊顶选用的面板应为不燃或难燃材料，对于有隔声要求的，还应选用具有吸声功能的面板，如矿棉吸声板、玻璃纤维吸声板等。吊顶内所有龙骨及衬板燃烧等级也应符合建筑的防火要求。

对于高速公路配套房建工程，以上四种吊顶类型均满足防火要求，通过市场调研，以上四种吊顶类型综合造价均在 100 元/m^2 左右，可根据实际需求进行选用。服务区综合楼大厅可采用格栅吊顶，宿舍楼走廊、宿舍内可采用纸面石膏板吊顶，办公楼内办公室、会议室可采用矿棉吸声板吊顶，卫生间可采用铝扣板吊顶。

6.3.2　装配式吊顶系统构造做法

轻钢龙骨石膏板吊顶、矿棉吸声板吊顶系统是装配式建筑常用的吊顶系统，其构造做法均可分为单层和双层龙骨两种做法（图 6.17）。单层龙骨为龙骨直接吊挂于室内顶部结构，不设承载龙骨，比较简单、经济。轻钢龙骨石膏板双层龙骨吊顶设有承载龙骨（主龙骨），在承载龙骨（主龙骨）下挂覆面龙骨（次龙骨）。矿棉吸声板双层龙骨吊顶，上层是承载龙骨（主龙骨），下层吊挂 T 形主龙骨，这种双层龙骨吊顶整体性好，不易变形。而金属板吊顶，一般可不设承载龙骨，通过吊杆将龙骨直接吊装在室内顶部结构上，如加设承载龙骨整体性能更好[50]。

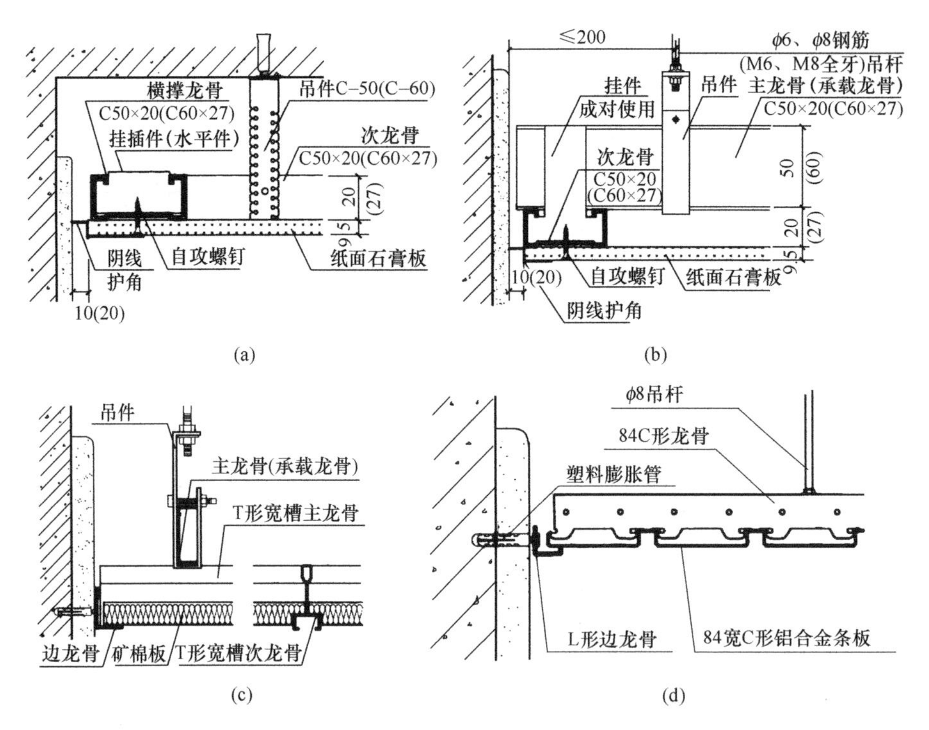

图 6.17　装配式吊顶构造做法示意图

(a) 轻钢龙骨石膏板单层龙骨吊顶构造；(b) 轻钢龙骨石膏板双层龙骨吊顶构造；(c) 矿棉吸声板双层龙骨吊顶构造；(d) 金属板吊顶构造

6.3.3　装配式吊顶系统管线分离技术

采用装配式吊顶系统的建筑，应充分利用吊顶内空间，应用管线分离技术，合理设置管线支吊架，将设备管线与结构体分离。考虑后期管线维修、更新的便捷性，还应在建筑吊顶合适位置设置检修口。

装配式吊顶高度要结合吊顶内管线的敷设情况进行确定。吊顶高度太低，不满足吊顶内管线敷设要求；吊顶高度太高，影响建筑层高，造成建筑空间浪费。因此，要求设备专业在设计阶段采用 BIM 技术进行管线综合，应遵循水管在下、电管在上的原则，并对管线交叉碰撞进行避让处理，进而对吊顶高度的确定提供可靠依据，在保证设备管线敷设要求的前提下，提高建筑空间使用率。设备管线吊顶内管线分离做法可参照图 6.18～图 6.20。

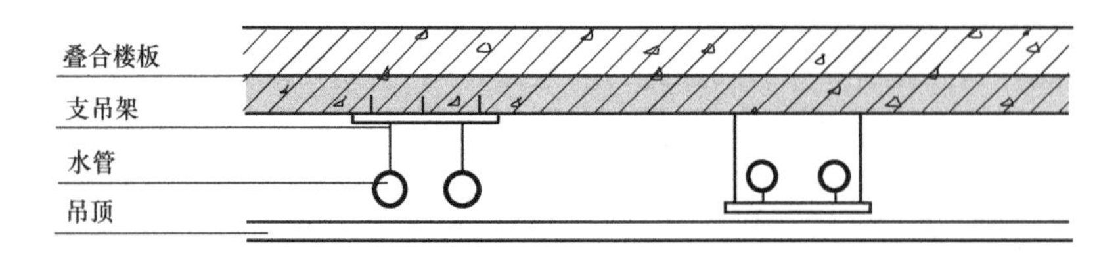

图 6.18　吊顶内水管明敷示意图

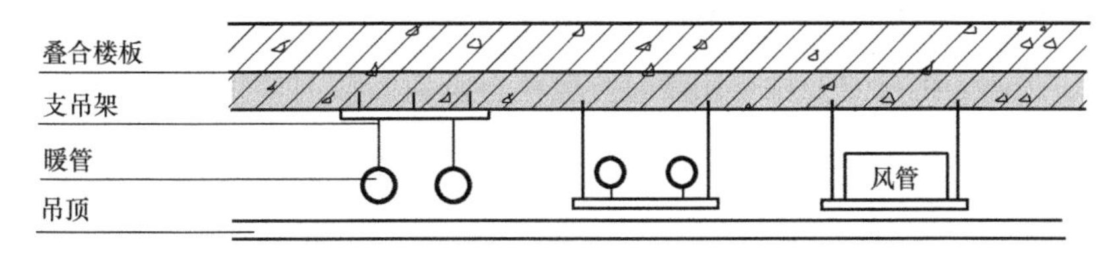

图 6.19 吊顶内暖管明敷示意图

图 6.20 顶棚管线分离示意图

6.3.4 装配式吊顶系统安装

以轻钢龙骨石膏板吊顶系统为例。

(1) 安装工艺流程

1) 吊顶高度定位

按照设计确定吊顶的位置。在墙体四周弹出标高线，根据石膏板的厚度再确定次龙骨的下皮标准线，后续吊顶龙骨的调平以该标准线为基准。

2) 安装边龙骨

将U形龙骨安装在周边墙上，下边缘与标准线齐平。用射钉或膨胀螺栓固定，两点间距600mm，龙骨两端各留50mm。

3) 确定吊点位置

按设计要求确定主（承载）龙骨吊点间距和位置。当设计无要求时，吊点横、竖向间距一般为900～1200mm（具体按吊顶荷重确定）。与主龙骨平行方向吊点位置必须在一条直线上。为避免暗藏灯具、管道等设备与主龙骨、吊杆相撞，可预先在地面划线、排序，确定各物件的位置后再吊线施工。排序时注意第一根及最后一根主龙骨与墙侧向间距不大于200mm。第一吊点及最后吊点距主龙骨端头不大于200mm（如顶棚已有预留吊筋可省去此道工序）。

4) 安装吊杆

上人吊顶选用M8镀锌通丝吊杆，不上人吊顶选用M8镀锌通丝吊杆或8号镀锌铅丝

（适于弹簧吊件）。吊杆应通直，长度按吊顶高度切割适中，上端与顶棚固定。如与灯槽、马道、管线、空调、电缆架等设备相遇时，应在石膏板安装前调整吊点构造或增设吊杆。吊顶工程中的预埋件、金属吊杆及自攻螺丝都应进行防锈处理。

5）吊件的安装与调平

根据主龙骨规格型号选择配套专用吊件，当主龙骨平吊时用弹簧吊件；当主龙骨竖吊时用垂直吊件。吊件与吊杆应安装牢固，并按吊顶高度上下调整至合适位置。垂直吊件应相邻对向安装，防止同向安装导致主龙骨受力倾斜。

6）安装主（承载）龙骨

根据主龙骨标高位置，对角拉水平标准线，主龙骨安装调平以该线为基准。

当主龙骨平吊时，将弹簧吊件卡入C形主龙骨槽内并左右转动，使吊件移至合适位置并与龙骨充分接触。当主龙骨竖吊时，则将主龙骨放入垂直吊件U形槽内，左右移至合适位置，再用横穿螺栓固定夹紧。

主龙骨基本安装完后，应根据吊顶标高线再一次调节吊件，找平下皮（包括必要的起拱量），当面积小于50m² 时一般按房间短向跨度的1‰～3‰起拱：当面积大于50m² 时一般按房间短向跨度的3‰～5‰起拱。主龙骨长度不够时，应用专用接长件连接。重型灯具、电扇、风道和有强烈震动荷载的设备等，严禁安装在吊顶龙骨上。

7）安装次（覆面）龙骨

次龙骨应紧贴主龙骨垂直安装，用专用挂件连接。每个连接点挂件应双向互扣成对或相邻的挂件应对向使用，以保证主次龙骨连接牢固，受力均衡。次龙骨间距应准确、平均，一般按石膏板的尺寸模数确定，以保证石膏板两端正好落在次龙骨上，石膏板的长边应垂直于次龙骨铺板。石膏板长边接缝处应增加背衬横撑龙骨，一般用水平件（支托）将横撑龙骨两端固定在通长次龙骨上。当吊顶长度不小于12000mm或遇建筑结构伸缩缝时，必须设置石膏板伸缩缝。次龙骨安装完后应保证底面与顶高标准线在同一水平面。次龙骨长度不够时，使用专用连接件接长。吊杆和龙骨的间距以及水平度、连接位置等全面符合设计要求后，将所有吊挂件、连接件拧紧、夹牢。

8）龙骨的中间验收

吊顶龙骨安装完后应进行中间验收并作记录：①龙骨是否有扭曲变形；②抽查吊点拉接力，是否有松动；③吊挂件、接长件永久连接牢固程度。

9）安装石膏板

石膏板安装前，各种电缆管线、灯架、管道等设备均应施工完毕并调试，经检验合格后方可进行石膏板安装。根据使用功能的不同，可分为普通纸面石膏板、耐潮纸面石膏板、耐水纸面石膏板和耐火纸面石膏板。石膏板安装时应正面（有字面为反面）朝外，铺设方向应与次龙骨垂直。一般两人托起从顶棚一角开始固定，向中间延伸，用自攻螺丝和专用工具，先固定板的中部再逐渐向周边固定，不得多点同时作业。严禁先用电钻打眼后用螺丝刀固定的做法。

（2）安装技术要点

1）嵌缝处理工序

① 填缝

清理缝隙中的灰尘，用小号灰刀将嵌缝石膏均匀地填实板缝，并用刀尖顺板缝刮两遍，除去中间气泡。嵌缝宽度约100mm、厚1mm，等待干燥（夏天大于1h，冬天大于2h）。

② 粘贴接缝带

将润湿后嵌缝带贴于接缝处，由上至下使嵌缝带与嵌缝石膏充分结合。

③ 第二层嵌缝

用中号灰刀将嵌缝石膏涂在接缝带上，与两侧板面均匀过渡，嵌缝宽度约200mm、厚1mm，然后等待干燥。

④ 修补、找平

待第二遍干燥后，用大号灰刀刮上薄薄一层嵌缝石膏，嵌缝宽度约300mm，修补找平，并刮去多余腻子。注：四道工序必须连续操作，以免产生接缝带粘结不牢和翘曲的情况发生。

⑤ 打磨

待完全干燥后（大于12h），用细砂纸或电动打磨器，在接缝处轻轻打磨，以使表面平整、光滑。注：打磨时不要擦伤纸面。

2）阳角处理

① 如石膏板边是楔形边，要先将阳角用腻子修整顺直后，再安装护角。

② 将金属护角按所需长度切断，用自攻螺钉将其固定在隔墙的阳角上，钉距不大于200mm。

③ 将金属护角表面抹第一层嵌缝石膏，使护角不外露，宽度比护角两边宽50mm即第一层嵌缝石膏宽100mm，第二层嵌缝石膏宽200mm，第三层嵌缝石膏宽300mm。每层嵌缝石膏做法可参照嵌缝处理施工工序。

④ 完全干燥后（大于12h），用细砂纸或电动打磨器打磨平整。

3）阴角处理

① 先用小号灰刀将石膏板预留缝隙用嵌缝石膏均匀地填实。

② 将接缝带向内折成90°贴于阴角处，用灰刀压实。

③ 用灰刀在接缝带上刮上薄薄一层嵌缝石膏，宽度比接缝带两边宽约50mm，即第一层嵌缝石膏宽100mm，第二、三层嵌缝石膏可参照阳角处理做法。

④ 完全干燥后，用细砂纸或电动打磨器打磨平整。

6.4　装配式楼地面系统

装配式楼地面系统是指主要采用干法施工，由工厂生产、现场组合安装的集成化地面系统，主要分为直铺地面和架空地面两种。

对于有采暖需要的装配式建筑，应优先采用低温热水地面辐射供暖系统，也可采用散热器供暖系统。当采用低温热水地面辐射供暖系统时，不宜采用湿式填充料，宜采用干式施工。装配式干法地暖可采用直铺式地面和架空地面，两种构造做法均将地暖加热管内嵌在预制沟槽保温模块内，施工过程中保证干法施工，属于装配式干式工法楼地面技术。

对于无采暖需要的装配式建筑，一般采用架空地面支撑系统，配合复合地面装饰材料，如硅酸钙板、石塑地板、强化地板、干法地砖等。也可采用架空支撑饰面一体化系统，也属于装配式干式工法楼地面技术。

6.4.1 直铺地面系统

直铺地面通常为预制沟槽地暖板地面系统，即干法地暖。主要采用干法施工，利用带沟槽的保温模块完成地暖敷设。根据地面系统中是否带有木龙骨，又分为预制沟槽（带龙骨）地暖板地面系统和预制轻薄型（无龙骨）增强型地暖板地面系统两种。

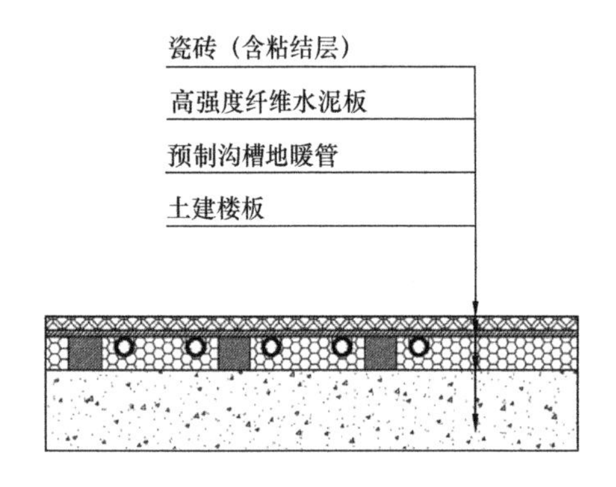

图 6.21 预制沟槽（带龙骨）地暖板地面系统示意图

（1）预制沟槽（带龙骨）地暖板地面系统

预制沟槽（带龙骨）地暖板地面系统主要由预制沟槽保温板、均热层（0.2mm 压延铝）、加热管、高强度纤维水泥板、木龙骨、地面面层等构成，适用于有地暖的建筑（图 6.21）。其中，预制沟槽保温板采用聚烯烃类泡沫塑料制作，用于保证向上供热、减少向下热损失，并作为镶嵌塑料加热管的基层材料。木龙骨起到支撑和结构固定的作用，经过防腐、防潮处理，增加使用年限和抗压能力。高强度纤维水泥板具有良好的抗压能力，避免地面物体的重力作用对沟槽板的破坏，也起到蓄热导热的作用。地面面层可采用瓷砖或木地板，瓷砖用 3～6mm 结构胶与水泥压力板粘结，木地板则直接铺设于水泥压力板之上。

该地面系统不需要对地面进行回填处理，整个地面系统完成高度约 8cm 厚，系统组成部分均采用轻质材料，与传统 10～12cm 厚湿式混凝土填充地暖相比，减轻了结构荷载，不占建筑层高和空间，提高了建筑空间利用率。地面系统整个施工安装过程均采用干法施工，可有效提升施工速度，减少建筑垃圾的产生。加热管镶嵌于预制沟槽保温板内，实现管线分离的同时，也在施工过程中起到了管材保护作用。通过调整木龙骨的布置形式，可额外形成约 15cm 的管线分离区域，提高管线分离比例（图 6.22）。

此外，由于该地面系统组成部分未包含调平组件，对建筑结构面层平整度要求较高，用 2m 靠尺测量结构面层平整度，需达到误差 3mm 以内（图 6.23）。

（2）预制轻薄型（无龙骨）增强型地暖板地面系统

与预制沟槽（带龙骨）地暖板地面系统不同，预制轻薄型（无龙骨）增强型地暖板地面系统采用高强度预制沟槽 XPS 地暖板，可不设木龙骨，达到地面承载能力（图 6.24）。高强度预制沟槽 XPS 地暖板厚度约 20mm，比预制沟槽（带龙骨）地暖板地面系统中预制沟槽板厚度小 10mm，成品厚度更轻薄（表 6.4）。安装过程中省去木龙骨布置步骤，施工更加便捷。

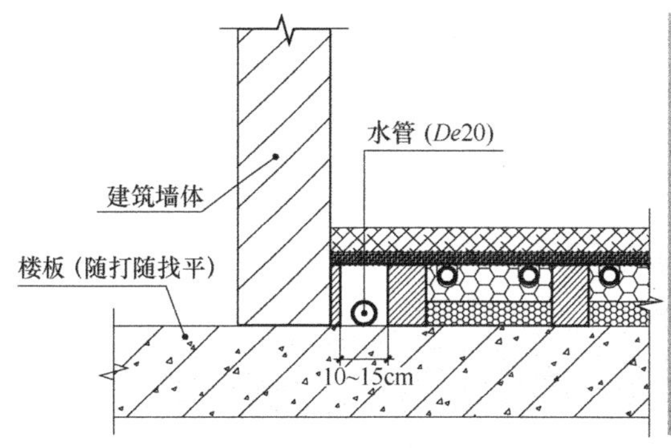

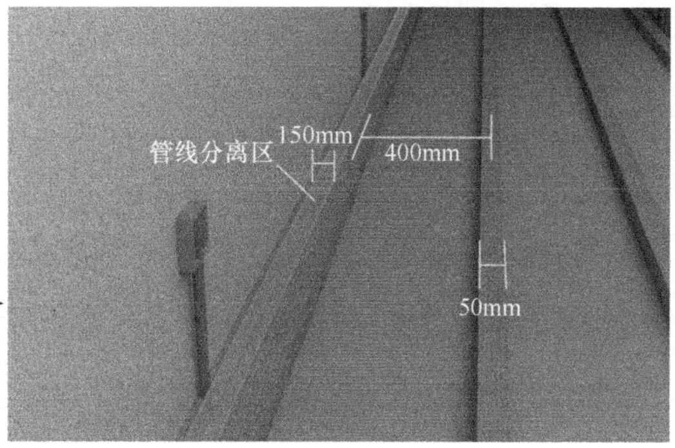

图 6.22　木龙骨布置及管线分离区域示意图

图 6.23　预制沟槽（带龙骨）地暖板地面系统施工图

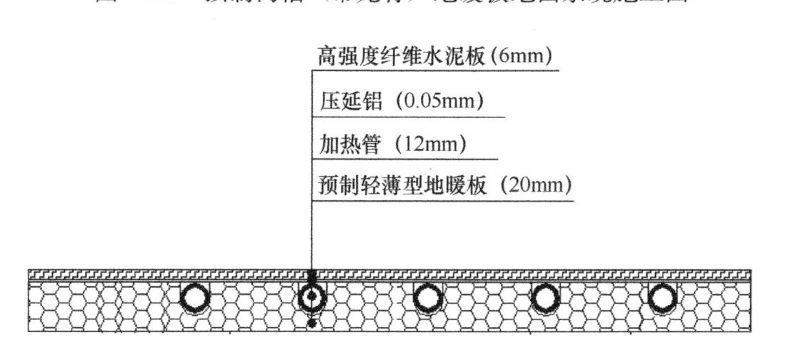

图 6.24　预制轻薄型（无龙骨）增强型地暖板地面系统示意图

高强度预制沟槽 XPS 地暖板性能参数表　　　　表 6.4

项目		性能指标	检测方法
密度（kg/m^3）		45～55	《泡沫塑料及橡胶　表观密度的测定》GB/T 6343—2009
标态下压缩强度（kPa）		≥1200	《硬质泡沫塑料　压缩性能的测定》GB/T 8813—2020
导热系数［W/(m·K)］（25℃）		≤0.035	《绝热材料稳态热阻及有关特性的测定　防护热板法》GB/T 10294—2008
尺寸稳定性（%）	（60±2℃，48h）	≤1.0	《硬质泡沫塑料　尺寸稳定性试验方法》GB/T 8811—2008
	（70±2℃，48h）	≤2.0	
吸水率（%）（浸水 96h）		≤1.0	《硬质泡沫塑料吸水率的测定》GB/T 8810—2005

6.4.2 架空地面系统

架空地面主要由可调节支撑构造和面层构成。与直铺地面系统不同，架空地面系统采用 30～300mm 的可调节支撑脚进行架空设计，架空层可直接安装设备管线（图 6.25～图 6.29）。可调支撑脚可选用金属材质或塑料材质，塑料材质有较大的柔性，更利于减震抗噪，成本较金属材质更低，推荐选用塑料材质可调支撑脚。可调支撑脚上部铺设受力结构层，主要有欧松板、水泥压力板和硅酸钙板，三种材料均具有强度高、防水防潮等性能。受力结构层上部为预制沟槽保温板及加热管，最顶部为地面面层。

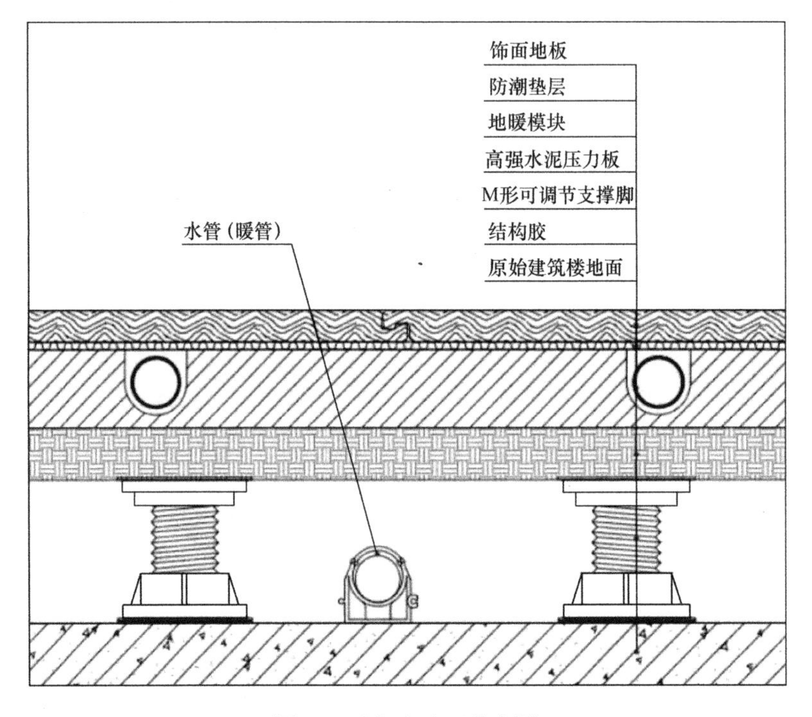

图 6.25　架空地面节点图

架空地面系统较传统湿式地暖地面，减少了回填层，有利于减轻结构荷载，选用材料多为工厂预制，现场采用干法施工组合拼装，有利于保持现场的清洁，减少建筑垃圾。架空地面系统较直铺地面系统，采用可调支撑脚，可调节范围广，对地面包容性更强。此外，对于不设地暖的建筑，采用架空地面系统，将系统中的地暖模块去除即可，适用性更广。架空地面系统还可利用地面架空空间敷设设备管线，实现设备管线与结构体分离。但架空地面系统较传统湿式地面和直铺地面系统，踩踏会有空洞感，业主接受度较低。

架空地面系统虽然优点较多，也解决了地面干式施工和管线分离的问题，但是在实际应用中仍存在一些问题。首先，可调支撑脚安装时，为调平地面，需对支撑一一调节，安装效率较低。在铺装受力结构板后，若发现地面不平，需拆除结构板后对支撑脚再次调平，效率较低且影响工期。其次，踩踏的空洞感严重影响了其接受度。

通过对三种装配式楼地面系统进行市场调研，预制沟槽（带龙骨）地暖板地面系统价

图 6.26　架空地面系统安装

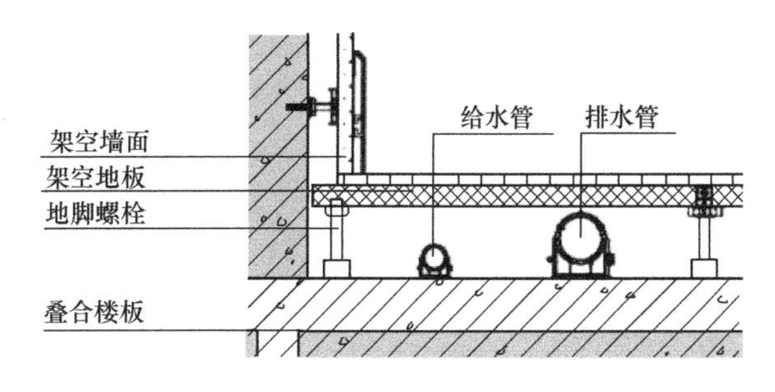

图 6.27　架空地面内水管管线分离示意图

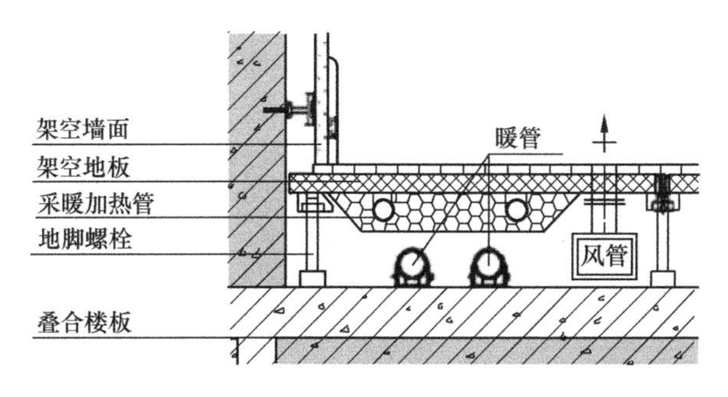

图 6.28　架空地面内暖管管线分离示意图

格约 180 元/m²，预制轻薄型（无龙骨）增强型地暖板地面系统本身价格约 170 元/m²，但是由于缺少木龙骨找平的作用，通常采用预制轻薄型（无龙骨）增强型地暖板地面系统需对地面采用自流平施工工艺，造价约 30 元/m²，实际采用预制轻薄型（无龙骨）增强型地暖板地面系统总价格约 200 元/m²。架空地面系统利用地脚螺栓对地面系统进行调

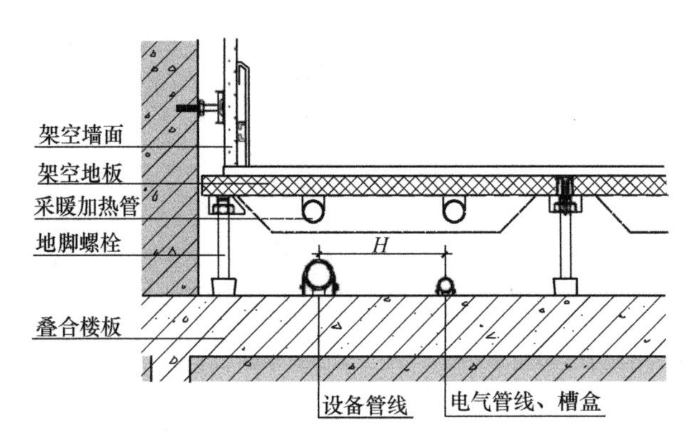

图 6.29　架空地面内电气管线分离示意图

平，因此对原始地面平整度要求不高，但地脚螺栓自身价格较高，造成架空地面系统整体造价较装配式直铺地面系统高，约合 320 元/m²。因此，目前市场对装配式直铺地面系统应用较为广泛，但通过实际了解发现，由于装配式直铺地面系统对原始地面平整度的较高要求，实际施工过程中难免会对地面进行二次找平，有悖于装配式干法施工理念。因此，对于装配式地面系统，应着力推广架空地面系统，并积极寻求新材料新技术，降低架空地面系统整体造价，提升用户体验感。随着技术的进步和产品的更新，待这些问题被解决后，架空地面系统才能真正实现装配式内装工业化。

6.4.3　装配式楼地面系统安装

（1）安装工艺流程

以预制轻薄型（无龙骨）增强型地暖板地面系统为例，地面安装工艺流程如下（图 6.30、图 6.31）：

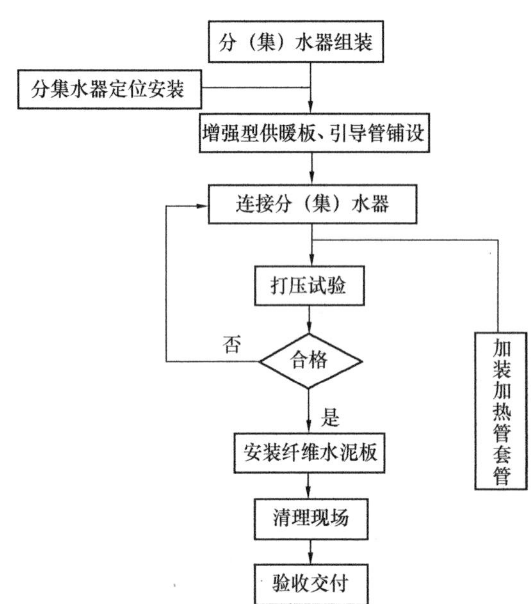

图 6.30　预制轻薄型（无龙骨）增强型地暖板地面系统安装工艺流程图

1）地面检查。对地面的平整度、干燥程度和清洁程度进行检查。

2）停歇验收点 1。地面平整度达到[0，3mm]。

3）地面清理。对地面进行清理。

4）停歇验收点 2。并对已穿的强电线路绝缘进行摇表测试，对弱电线路万用表、对线器测试，发现绝缘有问题或管路不通的现象应及时处理。对地面清理进行检查验收。混凝土楼板含水率小于 15%。

5）高强度预制沟槽 XPS 地暖板。保温板应满铺，距离墙边 5～10mm。非采暖区域需使用保温板满铺。水管转弯处需放置配套的转角模块。

6）铺贴铝箔胶带。模块之间的缝隙，

图 6.31　预制轻薄型（无龙骨）增强型地暖板地面系统施工图

（a）地面调平；（b）敷设 XPS 地暖板；（c）拼缝处理；（d）局部开槽；（e）敷设地暖管；（f）敷设纤维水泥板

采用铝箔胶带密封。确保所有铝箔胶带需在加热管的下方。

7）安装地暖分集水器。按照深化设计图纸，在房间指定位置安装分集水器。分水器距地面完成面 500mm 为宜。

8）安装地暖管。每个回路的地暖加热管在木地板以下部分不允许有接头。加热管与模块紧密接触。

9）系统打压测试。加热管采用自来水打压试验并保压施工，严禁使用空气打压。确保水管无渗漏现象。水压试验压力应为工作压力的 1.5 倍，且不小于 0.6MPa。

10）铺设高密度纤维水泥压力板。纤维水泥板与地暖板采取胶满粘，局部打钉固定。

11）停歇验收点 3。检查保温板模块的平整度和高差；加热管布置是否完整并紧贴模块，水压正常无渗漏现象；模块之间的缝隙是否用铝箔纸完全封闭；模块表面的导热膜是否完整；基层是否清洁。

12）系统调试及资料完善。由专业人员对管道系统进行调试。监理需对地暖工程按房间进行验收拍照，并建立一户一档。

（2）安装技术要点

1）安装顺序。先铺设小房间，后铺设大房间；预制板沟槽保温板热水地面辐射供暖系统是先铺设预制沟槽保温板，再敷设加热管，然后直接铺设木地板面层。

2）裁剪原则。小房间裁剪的多余板材用于大房间铺设时的中间填补（图 6.32）。

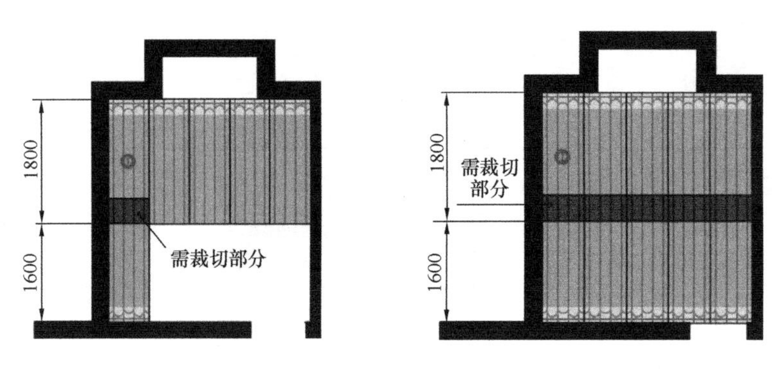

图 6.32 沟槽板裁剪

3）模块方向确定。选定第一张模块，平行于房间长边铺设，然后依次铺设（图 6.33）。

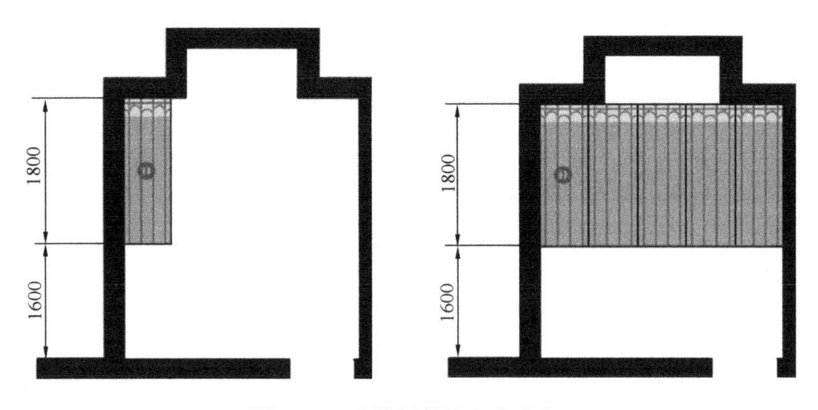

图 6.33 沟槽板模块方向确定

4）过门处铺设（图 6.34）。过门处用裁剪模块铺设。注意干式地暖地面铺设要求：可以铺设地板的地面即可以铺设干式地暖。要求地面顺平，铺设完成后，穿平底鞋检查地面是否平整，局部不平需要用发泡剂整平。发泡剂用于整平时，打在模块下面需要用重物压住模块 20min 以便发泡剂凝固成型。铺设完成后用铝箔胶带封住模块之间的缝隙。

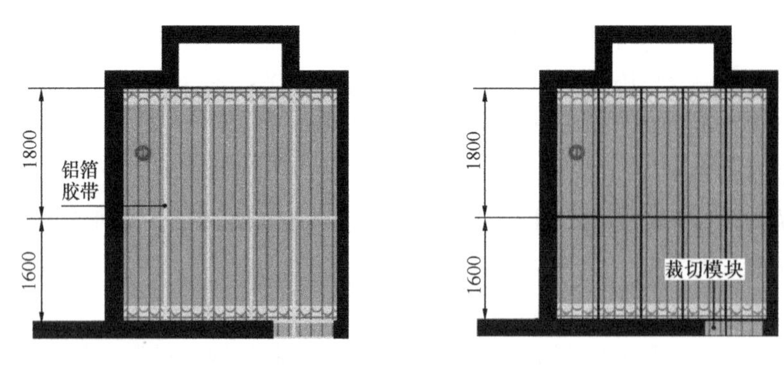

图 6.34 过门处铺设

5）加热供冷管系统安装。加热供冷管应按设计图纸标定的管间距和走向敷设，加热供冷管应保持平直，管间距的安装误差不应大于10mm。安装间断或完毕时，敞口应随时封堵。

6）分水器、集水器安装。应在加热供冷管敷设前安装。水平安装时，宜将分水器安装在上，集水器安装在下，中心距宜为200mm，集水器中心距地面不应小于300mm。

7）卫生间施工。卫生间应做两层隔离层，且过门处应设置止水墙，在止水墙内侧应配合土建专业做防水。加热供冷管穿止水墙应采取隔离措施。

8）水压试验。管道敷设完成，经检查符合设计要求后应进行水压试验。水压试验应符合下列规定：

① 水压试验应在系统冲洗之后进行，系统冲洗应对分水器、集水器以外主供、回水管道进行冲洗，冲洗合格后再进行室内供暖系统的冲洗；

② 水压试验应以每组分水器、集水器为单位，逐回路进行；

③ 预制沟槽保温板内系统试压应进行两次，分别在铺设地板之前和之后进行。水压试验压力为工作压力1.5倍，且不小于0.6MPa。在试验压力下，稳压1h，其压力降不应大于0.05MPa，且不渗不漏。

9）高密度纤维水泥压力板：

压力板的裁板是用无齿锯锯断，要求断面光滑。压力板的固定，将水泥板涂胶平整地铺装在地暖板之上，局部采取专用钉将其固定，用2m靠尺测量水泥板的铺装平整度：面层为木地板时，平整度允许偏差为3mm；面层为地砖、石材时，平整度允许偏差为5mm。

6.5　集成卫生间系统

集成卫生间指地面、吊顶、墙面和洁具设备及管线等通过设计集成、工厂生产，在工地主要采用干式工法装配而成的卫生间[51]。集成卫生间是装配式建筑装饰装修的重要组成部分，其设计应按照标准化、系列化原则，并符合干式工法施工的要求，在制作和加工阶段实现装配化。

与传统卫生间现场湿法施工相比，集成卫生间系统具有多项优势（图6.35）。首先，集成卫生间系统采用工厂预制的部品部件，现场直接拼装，几乎不会产生建筑垃圾，具有节能环保的优势；第二，提高劳动生产效率，传统湿法作业受施工工序影响较大，各专业无法交叉作业，而集成卫生间采用干法施工，大大提高施工效率；第三，施工质量有保证，传统建筑模式很大程度上受限于现场施工人员的技术水平和管理人员的管理能力，而集成卫生间

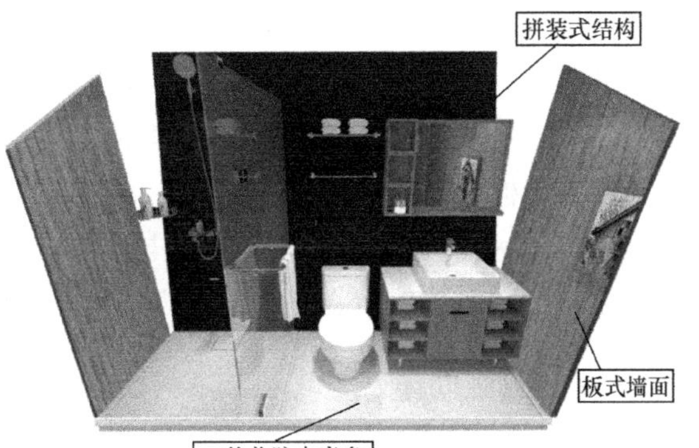

图6.35　集成卫生间示意图

的部品构件均为工厂标准化生产，不会过分依赖于人员的素质；最后，集成卫生间通常采用一体化防水底盘，有效避免渗漏的风险。

6.5.1 集成卫生间系统设计要点

集成式卫生间的设计包括卫生间楼地面、吊顶、墙面和洁具设备及管线的设计。由于集成卫生间各项部品部件均由工厂标准化定制生产，为避免影响工期，集成卫生间厂商在建设方案设计阶段就应提前介入。同时，建筑设计应协调结构、内装、设备等专业共同确定集成卫生间的布局方案、结构方案、设备管线敷设方式和路径、主体结构孔洞尺寸预留及管道井位置等。并由各方共同协作对卫生间的空间进行优化设计并出具集成卫生间深化设计图纸。

（1）建筑、结构专业

1）集成卫生间壁板安装后，通常与结构墙体之间有 45～75mm 的空腔，方案设计时应考虑集成卫生间实际使用空间和设备排布。

2）采用集成卫生间系统，当管道井在卫生间区域内时，可取消管道外包土建墙体，由集成卫生间墙体替代，从而节省空间和土建成本。但管道井短边尺寸不应大于 200mm。

3）当集成卫生间采用一体化防水托盘时，卫生间应保证地面平整误差小于 5mm。

4）集成卫生间宜采用同层排水方式，也可采用异层排水方式。采取结构局部降板方式实现同层排水时，应结合排水方案及检修要求等因素确定降板区域。降板高度应根据防水底盘厚度、卫生器具布置方案、管道尺寸及敷设路径等因素确定。当采用同层排水方式时，应与厂家沟通结构降板厚度，若未确定厂家，建议结构降板宜不小于 280mm。

5）卫生间吊顶高度应根据装修设计，结合吊顶内管线、设备布置情况确定。装修未接入时，建议吊顶高度预留 250～300mm。

（2）设备专业

集成式卫生间的设备管线应进行综合设计，给水、热水、电气管线宜敷设在吊顶内；设计时应充分考虑更新、维护的需求，并应在相应的部位设置检修口或检修门。

1）给水排水专业。冷、热水管宜从吊顶接入，高度在卫生间吊顶以上，不影响吊顶安装，预留接口，之后由集成卫生间厂家接入；采用同层排水时，应按所采用整体卫生间的管道连接要求确定降板区域和降板深度，并应有可靠的管道防渗漏措施；设有电热水器等较重设备时，需要在壁板后提前设计承重钢架。

2）暖通专业。当有供暖要求时，整体卫生间内可设置供暖设施。当采用散热器采暖时，需要在壁板后提前设计承重钢架。

3）电气专业。为方便厂家接入用电设备，一般在卫生间结构顶板预留接线盒。预留的接线盒、LEB 端宜布置在吊顶范围内，便于检修。

6.5.2 集成卫生间体系

（1）SMC 高分子复合材料集成卫生间

SMC 高分子复合材料，是一种不饱和聚酯树脂材料，高温高压一次成型。SMC 高分子复合材料集成卫生间在20世纪60年代首次出现在欧洲，在1965年左右，美、日相继发展了这种工艺。我国于20世纪80年代末引进了国外先进的SMC生产线和生产工艺。目前，SMC材料广泛应用于航天、航空、航海、高铁等领域。SMC高分子复合材料集成卫生间的壁板、底盘、顶板等主要部件均为高温高压一次成型（图6.36）。

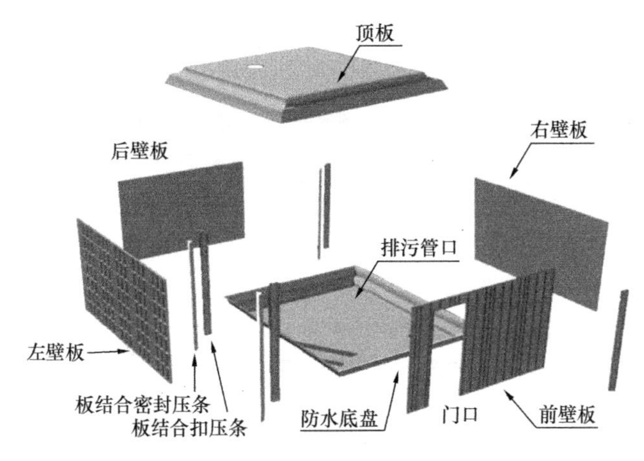

图6.36 SMC集成卫生间构造图

SMC高分子复合材料集成卫生间具有以下特点：

优点：

1）防滑。表面仿马赛克花纹设计可以使落地的水滴随嵌纹散开并流走，底板表面无残留水渍，更防滑。

2）防磕碰。SMC为柔性材质，可以缓冲人体与墙面、地面发生碰撞时的疼痛感，避免因滑倒造成的人身伤害，可减少因碰撞造成的材质破损。

3）保温隔热。SMC材料肤感温润，保温隔热性能好，有效保存空气与热水中的热量，冬季地面不冰凉，提升舒适感。

4）防渗漏。底盘采用一体式设计，与墙板通过嵌入式无缝拼装，保证不渗漏。

5）易清洁。SMC材料表面致密，没有微孔，易清洁，长期使用，不易产生霉变等。

缺点：

1）观感差。SMC材料塑料感较强，与瓷砖相比，缺乏高级感。国内接受度较低。

2）脚感差。SMC材料为柔性材质，一体化架空防水底盘踩踏脚感不实。

（2）复合瓷砖（岩板）集成卫生间

复合瓷砖（岩板）集成卫生间由墙板、底盘、吊顶、洁具等主要部件构成（图6.37）。其中，墙板和底盘采用复合瓷砖（岩板）材料，吊顶可采用铝扣板吊顶。

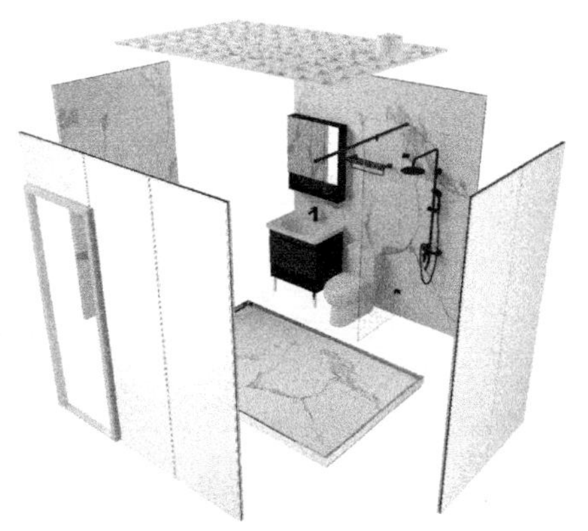

图6.37 复合瓷砖（岩板）集成卫生间构造图

复合瓷砖（岩板）材料可分为聚氨酯复合瓷

砖（岩板）和铝蜂窝复合瓷砖（岩板）两种（图 6.38、图 6.39）。聚氨酯复合瓷砖（岩板）集成卫生间技术，是利用聚氨酯发泡在高温高压环境下整体复合瓷砖、岩板等材料制成。铝蜂窝复合瓷砖（岩板）集成卫生间技术采用铝蜂窝结构复合聚氨酯，贴合瓷砖、岩板等材料，通过高压一体成型。与聚氨酯复合瓷砖（岩板）相比，铝蜂窝复合瓷砖（岩板）具有较高的耐火性能。

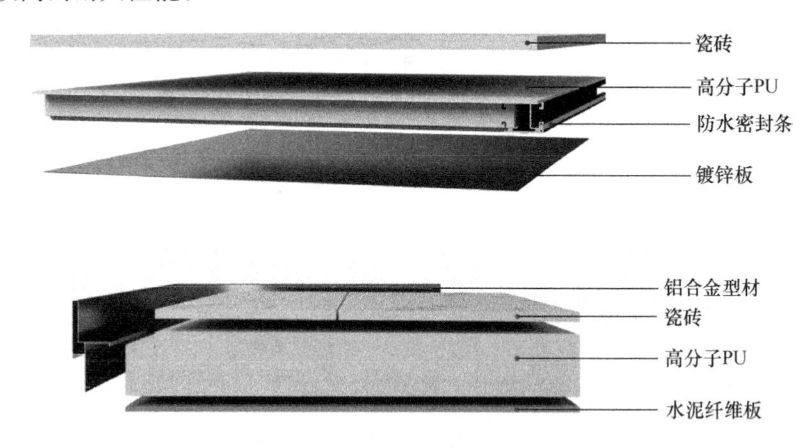

图 6.38　聚氨酯复合瓷砖墙板、底盘结构示意图

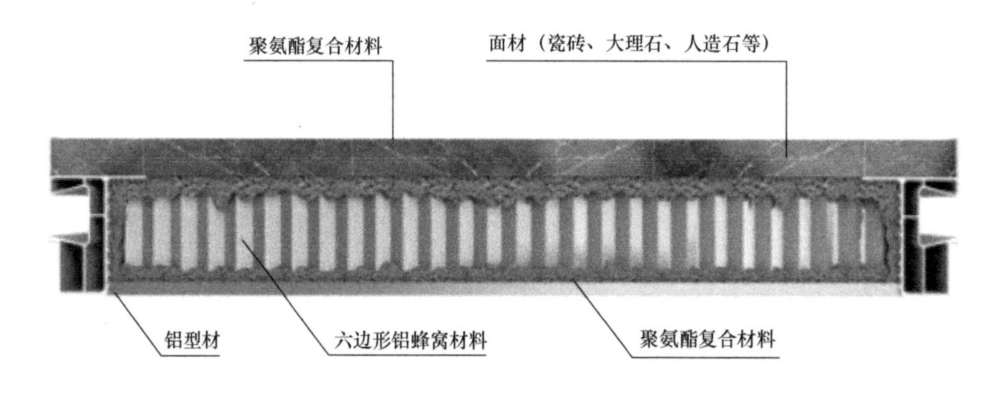

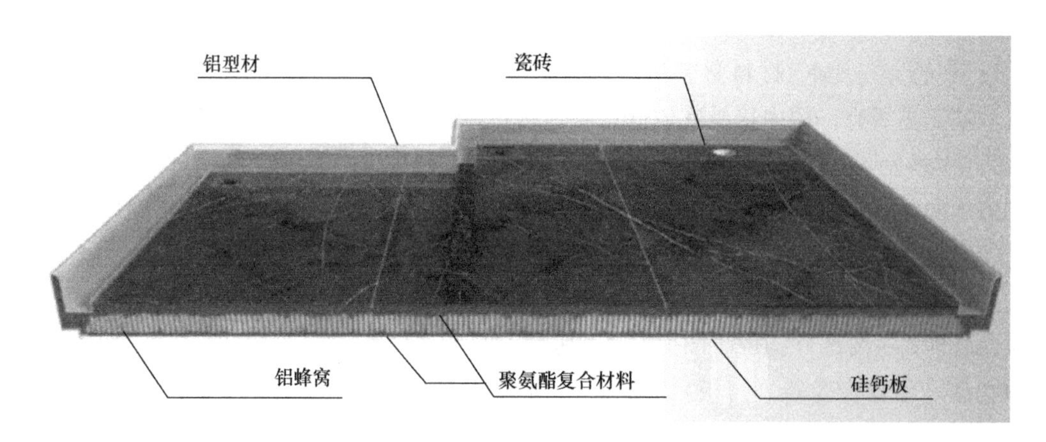

图 6.39　铝蜂窝复合瓷砖墙板、底盘结构示意图

复合瓷砖（岩板）集成卫生间特点：

优点：

1）稳定性好。复合瓷砖一体化墙板，底盘强度高、质量轻、结构稳定。

2）防水性好。墙板、底盘采用聚氨酯或铝蜂窝复合聚氨酯，并贴合瓷砖、岩板，形成复合防水结构，防水性好。墙板与墙板之间、墙板与底盘之间采用特殊防水做法，防止渗漏。

3）保温隔声。高分子聚氨酯、铝蜂窝的保温、隔声特性使整体浴室保温、隔声性能优于传统装修。

4）接受度高。表面材质为瓷砖或岩板，感官上与传统湿法贴砖几乎无差异，市场接受度高。

缺点：

1）价格较高。与传统湿法装修和SMC材料集成卫生间相比，整体造价偏高。

2）缺乏广泛适用性。由于采用一体化墙板、底盘，若墙体太高或底盘太大，对生产、运输、安装均带来影响，多适用于住宅、公寓等卫生间采用。

（3）干法快装墙面、地面瓷砖集成卫生间

干法快装墙面瓷砖，是将制式底盘与墙面瓷砖或石材有机复合，制成背覆PP锁扣底盘的特制瓷砖，与结构墙面通过墙面安装的横龙骨采用干挂的方式连接，用四个螺丝即可简单固定在调平龙骨或基层板材上，相邻瓷砖的缝隙用柔性防水美缝剂勾缝，实现墙面防水，龙骨与墙体之间留有空腔，可敷设设备管线，实现管线分离（图6.40）。具有安装便捷简单、精度高的优点，其拆装快捷，便于墙体空腔内的管线维护和更新。

干法快装地面属于架空地面技术，主要由可调支腿、架空模块、平衡板、干法快装地面瓷砖等组成（图6.41）。干法快装地面技术通过可调支腿和架空模块，对地面进行快速调平，免去地面水泥砂浆找平的步骤。架空模块上部铺设高强度水泥压力平衡板，起到增强承重作用。干法快装地面瓷砖与平衡板通过胶粘方式连接，属于干法施工。若卫生间采用地热辐射供暖，可在架空模块与水泥压力板之间增加地暖模块。应用于卫生间湿区位置，可加增ABS整体防水托盘。整个施工过程不需要水泥砂浆湿作业，施工速度快，防水效果好，架空层同样可以用于敷设管线，提高管线分离比例。

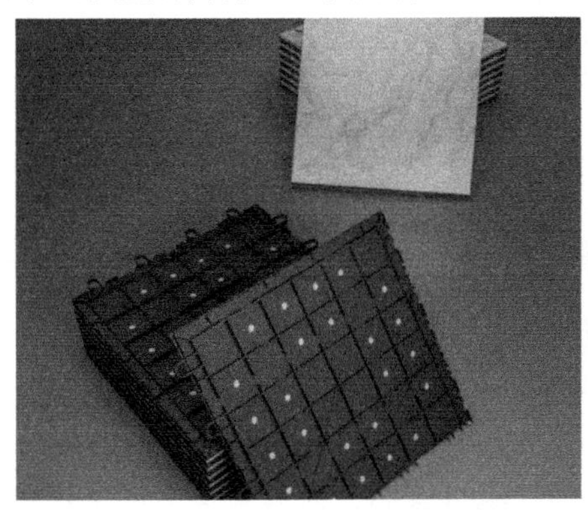

图6.40 干法快装墙面示意图

图 6.41　干法快装地面示意图

干法快装墙面、地面瓷砖集成卫生间具有以下特点：

优点：

1）适用性广。由于材料为单块特制瓷砖，现场拼接安装。不受墙体高度、地面面积影响，适用于任意规格尺寸的项目和模数。安装便捷、拆装方便、耐久、适用。

2）造价低。干法快装墙面、地面瓷砖集成卫生间比聚氨酯复合瓷砖（岩板）集成卫生间价格低。

3）接受度高。干法快装墙面、地面瓷砖集成卫生间外观与传统湿法贴装工艺相似，真瓷砖或石材满足个性化设计以及消费者的认知审美和实用需求，较 SMC 高分子复合材料卫生间市场接受度高。

缺点：脚感较差。地面为架空地面，踩踏有空洞感，影响舒适度体验。

6.5.3　集成卫生间防水关键节点做法

跑、冒、滴、漏是卫生间的顽疾。因此，防水工程是卫生间施工过程中的一项重要工序。传统卫生间，一旦出现渗漏，需要整个卫生间拆除重装。对于集成卫生间，应借助防水托盘，利用合理的设计，防止卫生间出现渗漏现象。

（1）SMC 高分子复合材料集成卫生间防水做法

SMC 材料集成卫生间主要利用整体托盘与壁板之间的连接设计，达到墙体、地面防水效果（图 6.42）。

1）底盘与壁板防水构造（图 6.43）

首先，底盘采用一体式防水反沿设计，自带 0.2%去水坡度，有效阻止水流漫溢。其次，底盘与壁板采用嵌入式连接，保证壁板与防水盘无间隙地紧密连接，进一步加强防水效果。

2）壁板防水构造

壁板与壁板之间侧翼包裹中缝型材，并用法兰螺母紧固，使壁板之间连接紧密，达到防渗的效果（图 6.44）。

图 6.42　SMC 材料一体化防水底盘

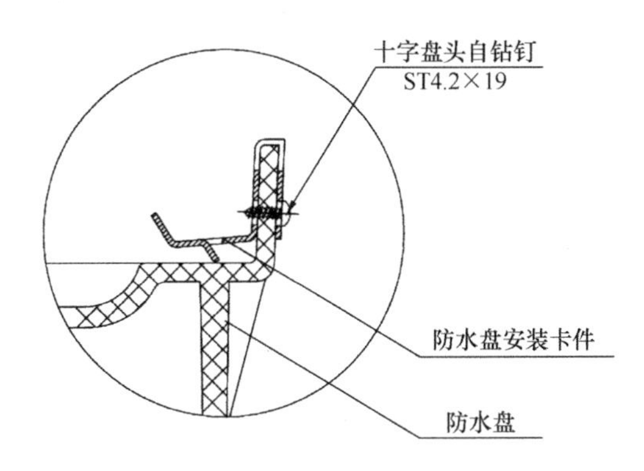

图 6.43　墙板与底盘防水构造做法

3）墙角连接构造

墙角采用科学设计的角龙骨加强结构，使壁板的边角连接坚实、紧固，并利用墙角压线保证墙角防渗漏（图 6.45）。

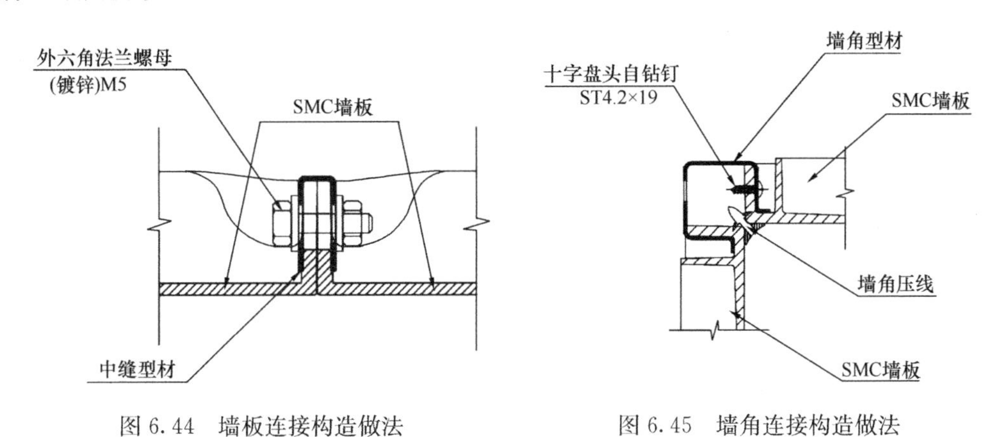

图 6.44　墙板连接构造做法

图 6.45　墙角连接构造做法

（2）聚氨酯复合瓷砖（岩板）集成卫生间防水做法

1）墙面防水构造

墙面聚氨酯基材复合墙面通过榫卯结构连接，将壁板与壁板之间连为一体，拼缝处采用密封胶和密封条双层密封，增加防水性能，保证墙体无渗漏。集成墙板安装及阴角、阳角做法节点如图 6.46 所示。

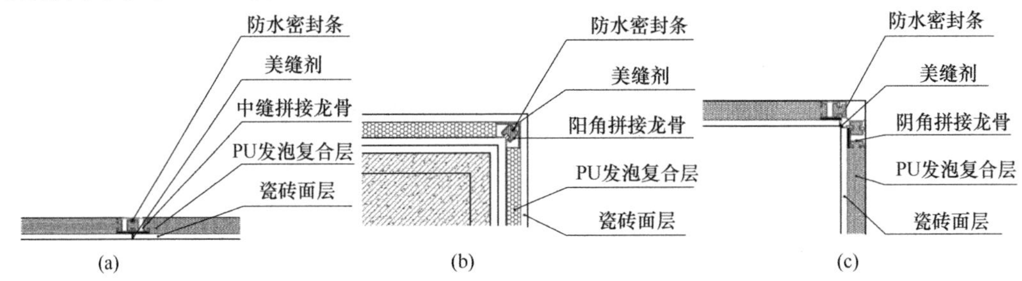

图 6.46　聚氨酯基材复合瓷砖墙板安装节点示意图

（a）墙面拼装节点；（b）墙面阳角做法节点；（c）墙面阴角做法节点

2）底盘防水构造

底盘与集成墙板采用干法施工，现场拼装完成后，用美缝剂将拼接处填充密实，安装速度快，施工效率高，防水性能好（图 6.47）。

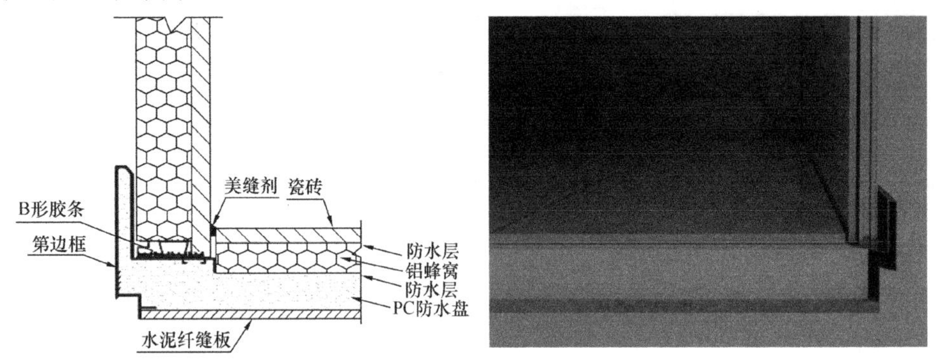

图 6.47　底盘防渗漏设计节点图

（3）干法快装墙面、地面瓷砖集成卫生间防水做法

干法快装墙面瓷砖通过锁扣连接，将单块瓷砖之间连为一体，拼缝处采用柔性防水美缝剂密封，增加防水性能，保证墙体无渗漏（图 6.48）。干法快装地面应用于卫生间，在架空地面平衡板上层增加 ABS 防水托盘，然后再安装快装地面瓷砖，保证地面不渗漏（图 6.49）。

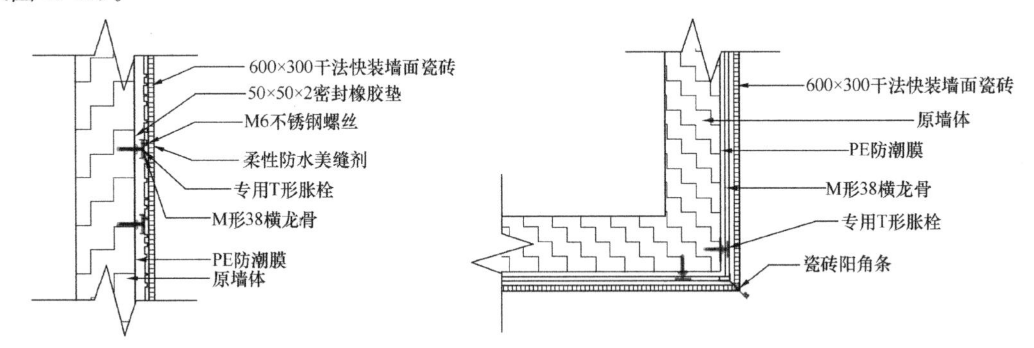

图 6.48　干法快装墙面做法节点示意图

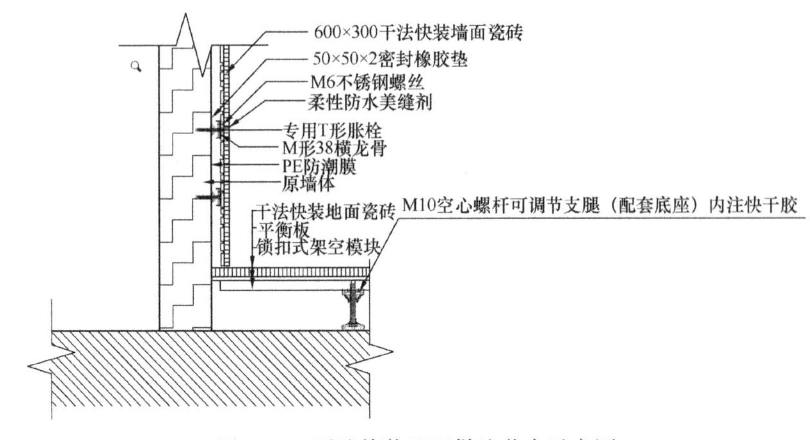

图 6.49　干法快装地面做法节点示意图

6.5.4　集成卫生间管线分离技术

通过对上述几种常用集成卫生间体系的介绍可知，集成卫生间壁板和吊顶均与结构墙面留有一定距离的空腔，对于采用架空地面的集成卫生间，架空地面内的空间也可以布置管线。集成卫生间管线分离技术通常采用以下方式实现：冷水、热水管进入卫生间吊顶内，然后沿墙体空腔敷设至卫生洁具用水点；电气电源线由楼板内预留的接线盒引出，并通过吊顶和墙体空腔敷设至卫生间开关、插座等用电点位；采用散热器供暖的集成卫生间，散热器供、回水主管可在架空地面内敷设，散热器挂墙明装。采用低温地板辐射供暖的集成卫生间，地暖管可与一体化防水托盘在工厂内集成化生产，现场直接安装。

因此，集成卫生间可利用自身结构形式的特点，较容易实现设备管线分离。实际项目实施过程中，设备管线也是利用集成卫生间墙体、吊顶、地面空腔完成管线敷设（图6.50）。这种做法一方面减少了土建预留的工作，不会出现土建点位与装修点位不一致而造成结构墙体二次开槽增补点位的情况发生。另一方面，管线与结构体分离，集成卫生间吊顶也预留设备检修口，便于日后对卫生间内设备和管线的维修更换。

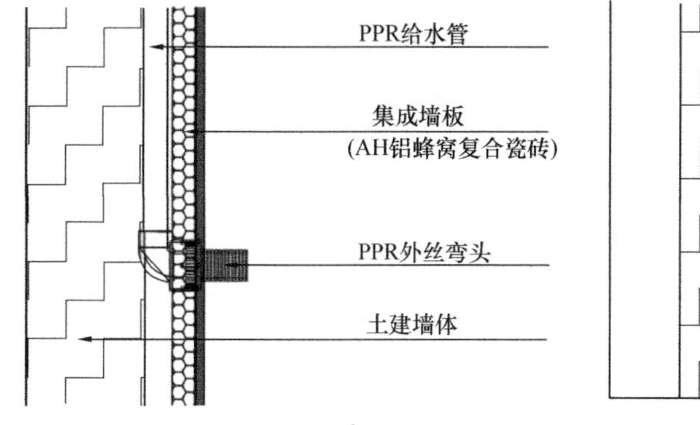

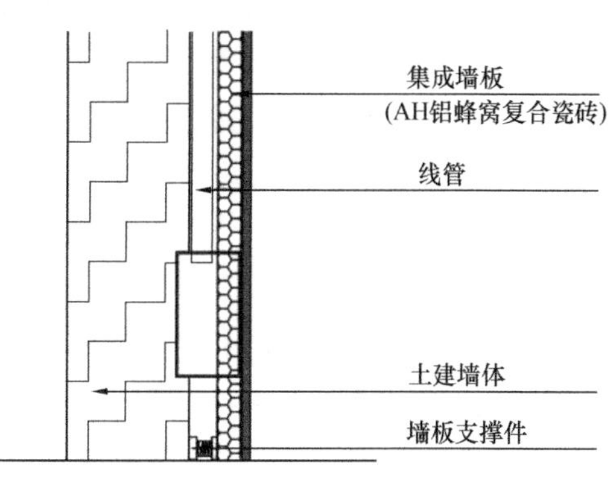

图6.50　集成卫生间管线分离式做法示意图

6.6 设备管线集约化设计

对于装配式钢结构建筑，因其结构形式的特殊性，采用设备管线集约化设计尤为重要。设备管线集约化设计是将管线综合与设备管线分离技术相结合，在项目施工图阶段，利用BIM模型，对各专业设备管线进行优化设计，发现并解决管线交叉碰撞的问题，减少施工过程中的翻弯情况，提高工作效率；调整管线路由，实现设备管线最优布设方案，有效节约材料，避免浪费管材。采用管线分离技术，减少施工现场大量剔凿现象，避免破坏结构安全性，也有效保持施工现场工作环境。设备管线与结构体分离，并预留检修口，对后期设备管线维护、更新有很大益处[52]。

6.6.1 管线综合设计

装配式钢结构建筑应做好建筑设备管线综合设计，满足建筑给水、排水、燃气供应、采暖、通风和空气调节设施、照明供电等建筑设备各系统功能使用，以及运行安全、维修管理方便等要求。设备管线设计应相对集中，尽量减少平面交叉，竖向管线宜集中布置在独立的管道井内。公共管道、阀门和电气设备及用于总体调节和检修的部件，应统一集中布置在建筑的公共部位。管线综合技术，严格遵循以下基本原则[53]：

1）在管线平面定位过程中，需要遵循的原则有：先大管后小管；先繁杂后简单；先重点后次要；先主干再分支；先风管再水管，最后电气配管；先考虑无压再考虑有压。不同管槽的走向需要统一安排和规定，所有构件均统一加工制作，按照相同的标准进行；相同类型的管线应尽量集中布置，严格按照相关规范对支架进行合理布置，最大限度利用好组合式支架，以提高空间的实际利用率。此外，还应注意其他方面的要求，如管线类型、外形、尺寸大小、保温层的厚度、支架规格、间距、作业空间、预留位置及检查和维修通道。

2）在管线排列时，其间距应满足其他各方面实际要求，并遵循以下原则：风管应始终处在液体管之上；保温管应始终处在不保温管之上；热水管应处在冷水管的右方。管线应尽可能在水平方向上避让，以此减少交叉。

3）不同类型的管线在交叉翻弯过程中应遵循下列原则：电气管线避让水管；水管避让风管；分支管线避让主干管；小管径避让大管径；有压力管线避让无压力管线；低压管线避让高压管线；常温管线避让低温及高温管线；普通管线避让工艺管线；在相同情况下，造价较低管线避让造价较高管线。

6.6.2 管线分离技术应用

装配式钢结构建筑应采用管线分离技术，即建筑结构体中不埋设设备及管线，采取设备及管线与建筑结构相分离的方式，方便维修更换，且在维修更换时应不影响结构主体安全。装配式钢结构建筑可结合预制外围护墙体、内隔墙体或现场组装骨架墙体的空腔、集成厨卫墙体空腔、架空地面、吊顶、桁架、公区管道井等空间，实现设备及管线与建筑结构体的分离。对于一些装配式钢结构公共建筑，还可结合公区桥架、管线明装外露的形式实现设备管线分离。

当管线综合条件受限管线必须穿越时，钢结构构件内应预留孔洞，但预留的位置不应影响结构安全。管道与管线穿过钢梁、钢柱时，应与钢梁、钢柱上的预留孔留有空隙，或空隙处采用柔性填充材料填充。钢结构建筑不应在钢结构构件安装完毕后现场剔凿孔洞、沟槽。穿梁管道应在梁内预留孔洞或钢套管，孔洞尺寸一般大于所穿管道1～2号，遇带保温管道，则预留孔洞尺寸应考虑管道保温层厚度[54]。

(1) 给水排水专业

给水排水系统包括给水系统、排水系统、消防系统等。装配式钢结构建筑中，给水排水系统可利用管道竖井、GRC装饰柱、吊顶、桁架、墙体空腔、架空地面等多种方式实现管线和结构体的分离。

1) 给水系统

给水系统包括给水立管、横管、支管等。其中，共用的给水立管和阀门应尽量布置在独立的管道井内，便于管道、阀门的检修，且应布置在现浇楼板处。给水横管分为建筑底部和建筑顶部两种布置方法，建筑底部的管线可利用架空地面的空间布置，建筑顶部的管线可结合吊顶和桁架布置[55]。管道结合桁架布置，可减少吊顶高度，提高建筑空间利用率。给水支管通常利用建筑墙体空腔布置，避免对结构体剔凿孔洞、沟槽。

2) 排水系统

排水系统分为异层排水系统和同层排水系统。异层排水是指室内卫生间器具的排水支管穿过本层楼板后接下层的排水横管，再接入排水立管的敷设方式，也是排水横支管敷设的传统方式。同层排水是指卫生间器具排水管不穿越楼板，排水横管在本层套内与排水立管连接，安装检修不影响下层的一种排水方式。

由于卫生间洁具较多，若采用异层排水系统，穿预制叠合板的管路较多，需要在预制叠合板预留大量孔洞或管件，因此装配式建筑宜采用同层排水系统。同层排水技术可归纳为以下三种：

① 降板式同层排水

采用该种同层排水技术，卫生间的结构板需下沉300～400mm，排水管敷设在楼板下沉的沉箱内，洗脸盆、浴缸、大便器等的排水收入到多通道地漏或接入器，再排入立管（图6.51）。该种技术对卫生间下沉高度要求较高，增加了结构构件的施工难度，且一旦发生污水泄漏，沉箱中会蓄积大量污水，很难排除干净，存在一定的卫生问题。

② 墙排式同层排水

采用该种同层排水技术，需在卫生器具后方砌筑一道假墙，排水支管不用穿越楼板而敷设在假墙内，并在同一层内与主管连接（图6.52）。该种技术对卫生间的布置有一定的局限性，且湿区排水地漏无法设置在距离排水立管较远的位置。

③ 不降板或微降板的同层排水

采用该种同层排水技术，借助卫生间与室内地坪高差，利用特殊的汇水器和管件，实现零降板或微降板（图6.53、图6.54）。该种技术有效解决了降板高度和湿区地漏必须设

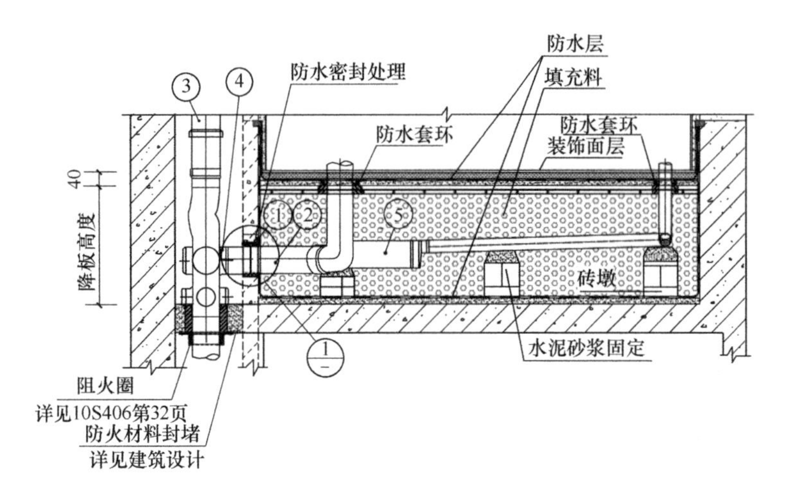

图 6.51　降板同层排水管道安装示意图

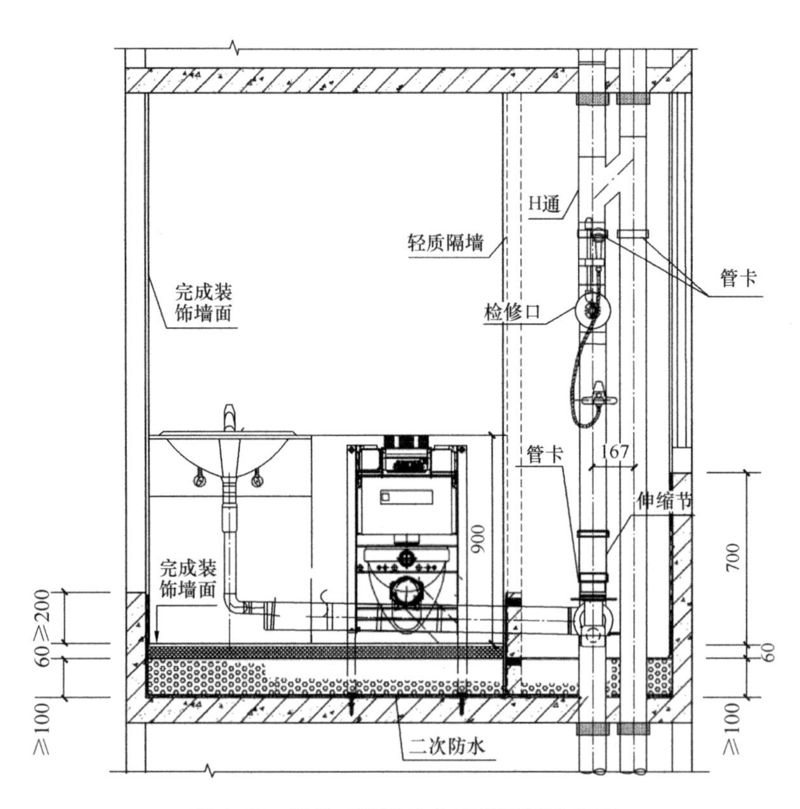

图 6.52　墙排式同层排水管道安装示意图

置在立管附近的问题。

虽然现行国标规范均推荐采用建筑同层排水技术，但实际应用过程中，普遍采用异层排水，归结其原因，主要是采用同层排水需进行结构局部降板，对结构布置有一定要求，且需要特殊排水配件，费用比普通排水管件价格高，还有可能发生渗漏沉箱积水风险。然而，随着时代不断进步，人民生活水平不断提高，对生活质量有了更高追求，建筑业新材料新技术新工艺也不断更新。市面上有了越来越多针对同层排水的卫生洁具和排水管件，

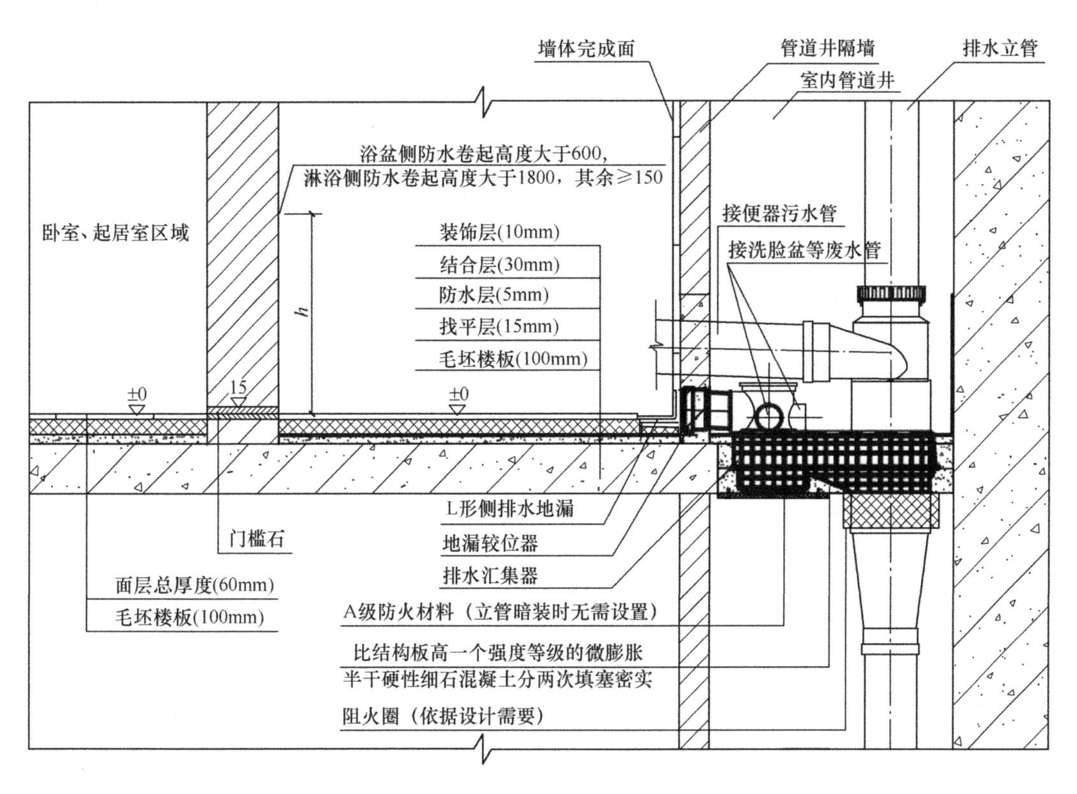

图 6.53　不降板同层排水建筑构造图

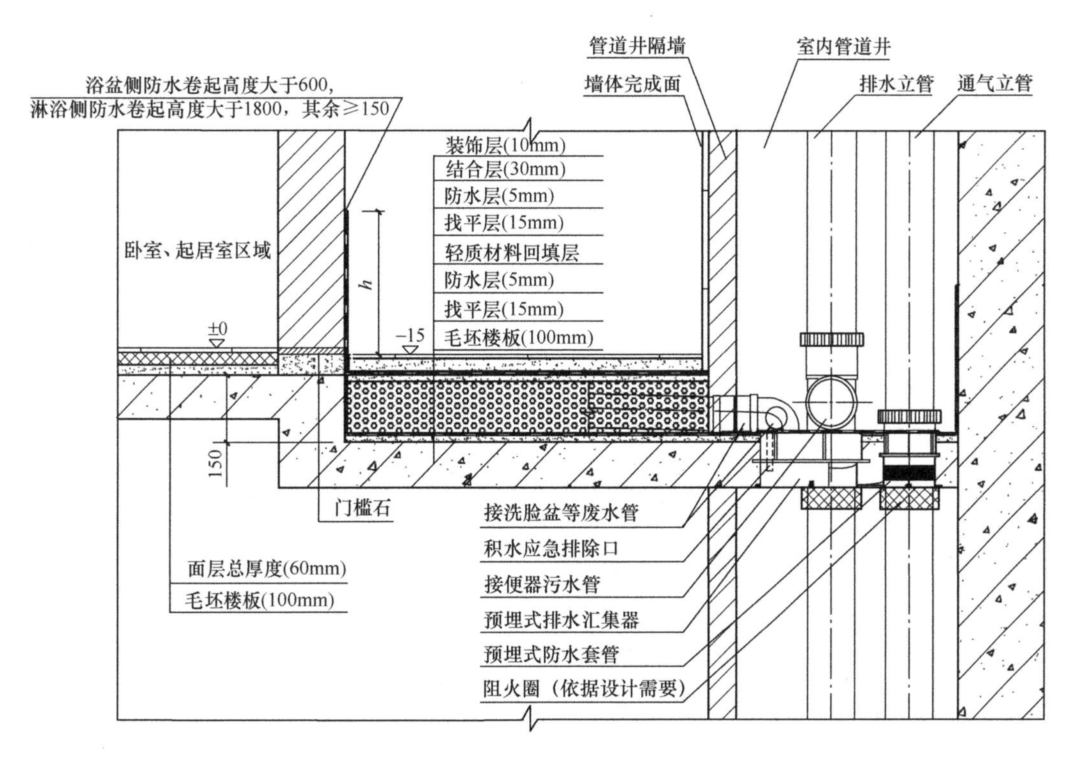

图 6.54　微降板同层排水建筑构造图

选择范围更广，发生渗漏的风险越来越低。同时可采用不降板或微降板的同层排水技术，对结构布置影响很小甚至无影响。因此，推荐装配式钢结构建筑采用不降板或微降板的同层排水形式。

3）消防系统

消防系统主要包括消火栓系统和自动喷水灭火系统，装配式建筑的消火栓系统和自动喷水灭火系统与传统建筑基本相同。

消火栓尽量设置在楼梯间及休息平台和前室、走道等明显易于取用且平面位置相对固定的区域。消火栓箱的布置应符合相关规范的要求，可选用明装或暗装的方式。当消火栓箱明装于预制或现场拼装的轻质隔墙时，应采取有效的加固措施，预留好预埋件和锚固件。当消火栓箱安装于预制隔墙时，应在工厂生产 PC 构件时，预埋消火栓箱，避免施工现场在预制构件上开凿洞口。

消火栓系统和自动喷水灭火系统立管应尽量设置在公区独立管井内，并应设置在现浇楼板处。系统横管、支管应尽量减少穿预制墙体，若无法避免，应在预制墙体上预留洞口或管件。

（2）暖通专业

暖通系统包含空调系统、供暖系统、通风系统等，管线种类较多，主干管占用安装空间大，支管多。设计中结合建筑平面布局和立面设计简化管路系统，优先通过管井设置竖向系统，实现管线和结构的分离；水平方向管线成排、紧凑布置，便于实现管线综合和管道综合支吊架安装，充分利用桁架布置管线，节约安装空间。

1）空调、通风系统

建筑空调、通风系统通常设置在建筑顶部，对于装配式钢结构建筑，可利用桁架或蜂窝梁的孔隙，敷设空调、通风管线，减少对建筑空间的过多占用。当管线与管道需穿过钢梁、钢柱时，应与钢柱上的预留孔洞有空隙，或空隙处采用柔性材料填充，避免因管线和管道的振动，与梁柱发生接触而产生磨损和噪声。当管线与管道穿越防火墙或楼板时，应设置不燃型的套管，套管与套管之间的空隙采用不燃、柔性材料填封。明装敷设的管线与管道应按照相关规范要求做好防结露和绝热措施。

2）供暖系统

装配式建筑室内采暖系统应优先采用低温热水地面辐射供暖系统，也可采用散热器供暖系统。采用散热器系统采暖，因散热器明装，本身与结构体分离。当采用低温热水地面辐射供暖系统时，应采用干法施工，即采用预制沟槽保温板地面低温热水辐射供暖系统或架空地面低温热水辐射供暖系统。两种供暖形式均可利用系统空腔、架空层敷设设备管线，实现管线分离，符合装配式建筑设计理念。

（3）电气专业

建筑电气管线通常包括：强电管线、弱电管线、通信管线等。电气电缆线缆敷设宜根据装配式钢结构建筑特点，采用模数化的，符合产业化要求的敷设方式，管线应进行综合设计，减少平面交叉，竖向管线宜集中布置，并应满足维修更换的要求。电气管线应尽可能利用设备井内桥架、线槽，精装吊顶、地面架空、轻质隔墙空腔，以及桁架、蜂窝梁等空间，实现管线与结构体的分离。

管线明敷时，电气线路宜穿可挠金属电气导管或壁厚不小于 1.4mm 的镀锌钢管，当户内电气线路采用 B1-1 级难燃电缆时可不穿管敷设。明配的导管应排列整齐，固定点间距均匀，安装牢固。

管线暗敷时，应在预制墙、楼板中预留好穿线管和接线盒，并做好管线的综合排布，同一地点禁止两根以上电气管路交叉敷设。需在钢构件穿孔时，其位置和孔径应与相关专业共同确定，并宜在构件厂制作。现场敷设管线时，不应损坏预制墙体构件，严禁剔凿。在预制构件上设置的照明灯具和插座的数量应满足要求，并做到精确定位。灯具和插座的接线盒在预制构件上的预留位置应不影响结构安全。

第7章　高速公路装配式钢结构配套项目管理

目前装配式钢结构建筑仍处于发展阶段，在项目管理的过程中存在许多不协同的现象。传统设计—招标—建造模式（DBB模式）下，工程项目遵照设计—招标—施工的顺序开展，建设方将勘察、设计、施工等不同阶段分包给不同建筑企业，企业与业主之间形成单独的承包和发包关系。针对传统模式下构件设计、生产、施工沟通不到位、工期延误、资源利用率低等问题，高速公路房建工程的项目管理应重点关注项目的一体化设计管理、构件采购管理、施工管理三方面，此外还可借鉴EPC工程总承包管理模式并采用数字化技术进行项目管理。

7.1　一体化设计管理

传统设计—招标—建造模式下，建设单位首先选择设计单位开展设计工作，建设方对于高速公路房建工程中装配式建筑的设计管理需贯穿于项目管理的全周期，主要涵盖以下五个阶段：

（1）策划阶段：由于高速公路沿线房建工程建设地点较为分散且部分工程建设工期紧迫，在项目策划阶段房建工程建设方需了解项目所在地的政策实施情况、技术壁垒、当地的行业市场资源分布情况，做好总体项目管控。根据项目开发确定的总体方案，结合项目总体规划、工期进度、运输路线进行统筹考虑。

（2）方案、初步设计阶段：明确高速公路房建工程中装配式建筑体系方案及装配式内容，初步确定拆分方案、装配式指标、技术做法、部品部件选型等问题。

（3）施工图设计阶段：建设方协助建筑、结构、设备、装修等专业对装配式范围、面积、标准等采取措施进行设计，绘制预制构件详图，满足设计深度和施工图审查需求。

（4）深化设计阶段：指导设计单位完成施工安装的装配图及技术节点详图设计，进行预制构件运输、吊装、临时支撑等验算，预埋件、预制构件连接件等设计及洞口预留布置及避让，完成门、窗等集成设计内容。

（5）生产、安装阶段：协调设计单位各个专业对生产厂家及施工单位进行技术交底及答疑，协助构件厂及施工单位确定生产、堆放、运输、吊装方案，解决生产与施工过程中遇到的技术问题。

7.1.1　项目策划关键点

项目策划如在工程管理中不被重视或虽进行项目策划，但未将项目策划贯穿于工程项目的整个管理过程中，则无法发挥项目策划的作用并可能加大后期设计、施工的难度。在进行装配式项目策划时可着重关注以下细节：

(1) 分析当地政策，明确项目定位

高速公路房建工程的建设方需了解项目所在地的地方政策。充分了解当地政策实施情况、技术壁垒、当地的行业市场资源分布情况，以避免在项目设计与施工过程中出现技术风险，造成成本增加。

(2) 结合开发进度，选择成本合适的组合方案

项目基于成本控制确定总体方案，宜采用标准化、模数化、规模化设计，结合项目总体规划、工期进度、运输路线进行统筹考虑，选择合适的构件供应厂商。目前装配式建筑的建安费用相对较高，确定合适的组合方案可降低沿线房建工程因装配式建造方式带来的成本增量。例如，含窗口的墙体人工费明显高于不含窗口的，主要原因为模板安装工时约为不含窗口的两倍，影响整个流水作业的安排，导致人工成本增加。带窗框墙板的成本虽较不带窗框的成本有所增加，但是窗框和预制构件一体化可预防外墙窗框渗漏水问题，减少了大量的返修费用。

(3) 施工道路规划

施工道路对工程的顺利实施作用较大，特别是对于施工占线较长、单体体量小、数量多的高速公路沿线房建工程，施工道路可采用永临结合、租建结合的方式，项目策划时要对施工道路的长度、宽度、结构形式进行明确。

(4) 项目分包模式

建设方应根据资源状况和工艺水平对工程涉及的劳务分包工程和专业分包工程进行详细策划，对分包队伍的资质和能力要求作出相应规定。

(5) 施工区段划分

在项目策划时应合理划分施工区段，以保证工程能够全线均衡施工。施工区段的划分应以专业化、交叉少、项目干扰小为基本原则，但施工区段划分不宜过多、过细，以免增加班组之间协调管理成本。

7.1.2 方案设计管理

高速公路沿线房建工程的建设方在方案设计阶段可开展装配式设计顾问单位招标工作，也可直接委任施工图设计单位开展工作，安排装配式设计或咨询单位开展装配式方案设计工作。方案设计阶段提资深度见表7.1。

方案设计阶段提资深度 **表7.1**

单位	装配式设计所需提资	装配式设计提供内容
建设方	1. 明确装配指标 2. 当地装配式政府审核流程 3. 立面做法、保温体系、结构形式确认、门窗预埋做法 4. 装修吊顶、地面做法基本思路 5. 集成厨卫、轻质隔墙基本思路 6. 施工方案初步确认	1. 装配式方案对比分析 2. 外立面影响分析 3. 初算装配式指标 4. 装配式结构形式分析与保温体系分析 5. 装配式初步拆分图和计算书

续表

单位	装配式设计所需提资	装配式设计提供内容
方案公司/主体设计院	1. 总图方案 2. 外立面效果图 3. 建筑方案平面图 4. 初步结构平面布置图 5. 初步计算模型 6. 草图大师模型	1. 装配式方案对比分析 2. 外立面影响分析 3. 初算装配式指标 4. 装配式结构形式分析与保温体系分析 5. 装配式初步拆分图和计算书

该阶段建设方需组织各方开协调会，明确各部门配合内容及主要注意事项，初步确认各项技术方案及做法，对不合理的技术方案进行优化。沿线房建工程建设方在方案管理、优化的过程中可注意以下几点：

（1）建筑方案的优化

建设方应根据项目特点对建筑方案进行优化。沿线房建工程建筑平面应坚持少规格、多组合的原则，不规则的平面会增加预制构件的规格数量以及生产与施工的难度。建筑立面管理应重点分析各种构件生产和施工的可行性，预制外墙、阳台等构件须与外立面配合，综合考虑成本、项目进度、立面效果，尽可能简化立面风格。门窗洞口尺寸的选择应符合模数协调的标准，上下对齐，成列布置，降低工厂生产和现场装配的复杂程度，保证质量并提高效率。

（2）方案功能增量

在方案阶段对功能增量评估是必须重视的评估项。功能增量虽能够提升沿线房建工程的品质或使用功能，但功能增量随之带来的是成本的增量，建设方需考虑项目实际情况进行选型。例如，外墙选择集成式结构保温一体板，能够避免外立面渗漏、开裂，外饰面防火剥落问题，但造价相对较高。外架方案选择时，悬挑脚手架的应用较为成熟，但拆搭过程中劳动力需求量大，板材安装时需临时留洞。内隔墙选择现场组合安装的轻质隔墙方案，其设备管线的安装相对较为简单，后期便于维修，但隔墙材料需在现场组合，施工工序较为繁琐。

（3）拆分方案合理性

装配式建筑拆分设计直接影响到构件的标准化程度，对结构的安全性、构件的生产、运输和安装都有很大的影响。例如，构件是否满足结构受力、设计规范的要求，构件厂流水线是否能制作设计尺寸的构件，施工单位常规起重机是否具备起吊所有构件的能力等。建设方在确定拆分方案时应综合考虑结构的安全性、经济性、生产安装的可操作性，确保构件的生产施工效率。

7.1.3 初步设计管理

高速公路沿线房建工程在初步设计过程中涉及的专业较多，建筑、结构、机电等专业初步设计同时开展，在设计过程中应及时与生产方和施工方进行对接，避免在完成设计的审图阶段才获取生产方与施工方的建议进行修改，造成后期工作难度加大。建设方在初步设计阶段应做好以下技术要点的管控：

（1）启动沟通会，明确各项事宜。对报批通过的建筑方案进行梳理，启动各专业沟通会，明确建筑、结构、设备、装修等专业介入装配式钢结构设计的时间节点，对立面设计、预制构件拆分、构造节点设计等细节进行交流，明确各专业提资深度和提资时间。

（2）综合考虑建筑节能、结构受力情况、构件加工、运输、吊装、施工进度和施工质量、工程造价等因素，分析构件的布置图，最终确定构件的布置方案。

（3）做好装配式钢结构施工总承包、构件生产厂家、配套材料等相关招标准备。

（4）对各专业初步设计文件进行讨论，给出专业意见，验收初步设计文件，审核该阶段的设计成果，以确保满足施工图设计条件。如涉及新体系、新型连接材料、新型连接工艺及其他不确定因素的，需组织各部门做专项评审。

7.1.4　施工图设计管理

加强施工图的优化设计对工程的管理及造价有着重要的影响。建设方应做好施工图技术评定工作，不仅要对设计图的功能性和可行性进行审核，还要对构件的合理性和经济性进行评审，建设方应做好如下技术管控工作：

（1）建设方负责协调、督促设计单位及装修设计单位尽早提供全套施工图纸。

（2）在施工图设计工作正式开始时，组织各方开协调会，明确各专业配合内容及主要注意事项，确认提资、反提资文件深度、时间及进度。提资深度见表7.2。

施工图阶段提资深度　　　　**表7.2**

<table>
<tr><th>单位</th><th>装配式设计所需提资</th><th>装配式设计提供内容</th></tr>
<tr><td>设计院</td><td>1. 建筑及结构图纸
2. 机电点位布置图
3. 装修图纸</td><td>1. 装配式施工图
2. 装配式指标计算</td></tr>
<tr><td>建设方/相关材料供应商/施工总包</td><td>1. 明确深化前最终版提资图
2. 明确各项施工方案及措施</td><td rowspan="2">1. 装配式施工相关建议（塔式起重机、吊具、模板、外饰面、栏杆、门窗等）
2. 门窗、幕墙、机电点位等深化相关提资要求
3. 构件厂招标所需详细数据
4. 施工招标所需相关资料</td></tr>
<tr><td>构件厂</td><td>1. 构件厂明确产能
2. 确认构件的生产工艺</td></tr>
</table>

（3）评估预制构件的生产和施工可行性，组织深化设计单位对施工图中预制构件的生产和施工可行性做评估，提交评估报告。评估报告要包括装配式设计方案中主要构件及主要连接节点，要对经济性、建筑防水、防火、生产难易、施工可行性做评估，减少在构件深化阶段、生产阶段、施工阶段以及后期运维阶段可能出现的各种问题。

（4）建设方要注意对总包、安装、构件厂等单位和配套材料进行考察和技术评定。在进行施工组织计划编制时，应充分考虑各类构件运输、堆放、吊装影响，确保塔式起重机型号、布置与装配技术方案匹配。

（5）沿线房建工程装配式施工图完成后应同步进行内外部施工图审查，建设方组织施工图内审，要求装配式设计单位对内审意见进行明确回复。

7.1.5 深化设计管理

深化设计是对建筑、结构、机电等专业设计的统一整合，通常与生产阶段紧密相连，需多部门、多单位协调完成，涉及参与方众多，易出现图纸设计错误、变更频繁或图纸深化设计时间过长的问题。图纸深化设计时构件拆分不合理会导致构件种类多、结构设计复杂、模具重复使用率和生产效率低下的现象，影响工厂构件正常生产。建设方在深化设计阶段应做好如下技术管控：

（1）在深化设计工作正式开始时，组织建筑、结构、精装、机电、构件厂商、施工单位等开协调会。协调相关专业和单位明确提资时间，保证在深化设计工作开始后提资的及时及准确性。施工图设计阶段提资深度见表7.3。

深化设计阶段提资深度 **表7.3**

<table>
<tr><th>单位</th><th>装配式设计所需提资</th><th>装配式设计提供内容</th></tr>
<tr><td>施工单位</td><td>支模、脚手架等提资</td><td rowspan="4">全套深化设计图</td></tr>
<tr><td>门窗厂家</td><td>门窗提资</td></tr>
<tr><td>设计单位</td><td>机电及管道等点位提资</td></tr>
<tr><td>构件厂</td><td>1. 图纸模具工艺建议
2. 生产组织预案</td></tr>
<tr><td>建设方、施工总包</td><td>1. 场地和塔式起重机布置提资
2. 车辆荷载及施工临时加固方案</td><td>1. 读图讲图
2. 构件生产要求
3. 施工要求</td></tr>
</table>

（2）与构件厂商的沟通协调内容包括构件的生产难易程度、构件运输便利性、成品保护等。建设方需尽早签订构件采购协议，方便整个项目确定构件生产工艺、周期及排产计划。与施工单位的沟通协调内容包括脚手架形式、场地运输道路、堆场、塔式起重机选型等。

（3）确认深化设计图纸的深度，图纸深度应满足构件生产、运输、安装等需求。除了精确定位机电管线和门窗洞口外，还应考虑施工现场各种固定和临时设施安装孔、吊钩预埋预留等要素。构件加工图应完整地表达构件全面的信息和内容。

7.2 构件采购管理

7.2.1 构件生产厂商选择

传统项目管理模式下，供应商一般由建设方选择，与供应商存在合同关系。为了控制生产成本、减少现场施工的难度、提升构件质量、保证项目的工期，选取一家可靠的构件厂商就成了高速公路沿线房建工程项目管理的重中之重。市场上预制构件供应商尚未形成大规模集群，且监管体系不健全，质量参差不齐。因此，建设方在前期需要对项目所在地的相关厂家进行多方位调研。选择构件生产厂商时可参考以下方面：

（1）选择生产力与订单量匹配的预制厂商。建设方在招采调研的过程中应了解厂家的实际产能，确保项目供货周期内可按时供货。部分构件厂拥有全自动生产线工艺，生产机械自动化程度高，预制构件质量平均水平高，避免倒流水。但仍需考察是否与生产需求相适配，避免高额的机械摊销费。

（2）选择生产经验丰富、管理制度成熟的构件厂商。构件厂厂区布置合理，动线流畅避免多次倒运，可以更加高效有序地排产作业，保证空间合理有效利用。且这样的厂商原材料采购批次和每批次采购量更合理，保证主材价格、损耗最优，降低物料成本；这样的厂商成品保护经验丰富，更能够保证品质。

（3）选择有成熟运输方案的厂商。有成熟运输方案的厂商能够制定合理的构件运输组合，以及拥有自己的运输队或者长期合作的运输团队，能够减低运输成本。如果构件厂商与房建工程所在地的距离过近或过远都将影响运费，并且会影响现场服务的响应时间。运输距离的确定主要考虑运输费与构件质量两方面。构件运输费不宜超过构件价格的8%，保证构件质量有利于降低运输过程中构件损坏的概率。

7.2.2　构件采购合约模式比较

对于高速公路沿线房建工程中的装配式相关项目来说，装配式构件采用的合约模式现主要有两种：甲供（甲方自行找构件厂签订采购合同）和甲指乙供（甲方指定构件厂、指定价格，由总包方负责采购），甲方需根据自身的特点及经验选取适合自己的采购方式。两种模式的优缺点见表7.4。

甲供与甲指乙供两种模式的优缺点　　表7.4

情况	甲供	甲指乙供
优点	1. 直接对工厂进行管理，现场的供货能力、产品的质量、生产进度跟踪、甲方控制度较高。 2. 发生变更时能及时通知工厂调整，并及时知道返工量、工期、成本影响。 3. 有利于在装配式领域的经验积累，促使后期装配式项目实现又快、又好、又便宜的目标	1. 业主控制价格，总包与构件厂签合约，业主可一定程度上控制成本。 2. 总包直接对构件厂进行管理，减少甲方大量的管理和协调工作。 3. 构件的生产、供货周期、安装由总包负责，出现质量问题时责任清晰，减少甲方承担的风险。 4. 增强生产-施工一体性，有利于进度控制
缺点	1. 预制构件供应问题（供货不及时、质量等）导致现场返工、窝工等风险。 2. 甲方需派专人对构件的生产进度及质量监控，增加管理费用。 3. 由于预制构件引起的安装问题易导致总包扯皮及处理不积极。 4. 质量验收时，装配式构件质量验收出现问题，总包与构件厂的责任难以划分	1. 构件主体分项采购，对材料主体的成本较难把控。 2. 构件的生产进度及质量，甲方掌控度较低，需要对总包加强监督力度。 3. 发生变更时，预制构件的具体返工量、成本增加情况，甲方无法掌握真实信息。 4. 如果总包无装配式施工经验，会给项目管理推进带来更大的难度
总结	直接成本降低、管理成本增加、间接风险增加	直接成本增加、管理成本降低、间接风险降低

由于一些地区相关的设计、生产、安装的技术力量分布不均，建设方在项目开发的时候除以上两种合约模式外，也可采用装配式“设计＋生产＋安装”的专项一体化分包模式进行部品部件的采购。这种发包模式的优点在于：

（1）生产及安装单位较早介入，构件设计、生产可穿插进行，可增强设计的可生产性、可安装性。

（2）生产计划和安装进度衔接顺畅，有利于供货及时及进度控制。

（3）减少甲方在设计、生产、施工阶段的管理协调工作，构件的生产、供货、安装均由一体化分包单位负责，出现质量问题时责任清晰。

这种发包模式的缺点在于：

（1）对专项一体化分包单位的综合能力要求较高，可选单位较少，构件的生产进度及质量，甲方掌控度较低。

（2）建设方前期需完成专项一体化的招标工作，无具体构件招标条件，成本测算不准，业主的招采工作较难展开。

（3）构件的具体工期、成本增加情况，甲方无法掌握真实信息，成本难控。

7.2.3 采购质量控制

建设方在构件生产阶段应组织设计单位、施工单位、构件厂等进行设计交底，如果设计交底工作不能很好地贯彻执行，就会造成生产出来的构件在施工过程中无法安装或出现误差，这将会造成产品质量严重降低和成本大量浪费。预制部品的生产质量对于沿线房建工程的建造质量有着最直接的影响，预制部品构件生产过程存在的主要质量问题总结如下，建设方在进行构件采购时应予以关注。

（1）表观质量问题。

主要包括由于脱模过程中工人操作不规范，预制部品边角受到外力或重物撞击等原因造成的缺棱掉角问题；由于漏振、过振以及振捣不密实、不规范、不及时等原因造成的蜂窝、孔洞等问题；由于模具长时间未用，有易掉落的被锈蚀物，使用前未清理干净等原因造成的污迹问题；由于配合比不当，内黏度过大使气泡不能顺利溢出等原因造成的气孔问题等。

（2）尺寸偏差问题。

预制部品构件在生产加工的过程中可能造成预制部品构件的尺寸偏差。造成尺寸偏差的原因主要包括：预制过程中模具定位尺寸不准，未按施工图进行放线或者放线误差较大；模板的刚度和强度不能满足要求，模板定位措施不可靠，在浇筑过程中发生移位；模板的使用时间过长，出现了不可修复的变形之后，仍在使用；生产完成后，在构件堆放、运输过程中保管不当等。

（3）表面裂缝问题。

预制部品表面裂缝的产生主要是由于局部受拉或干燥收缩等原因造成部品内部出现拉应力。最直接的原因可能来自养护措施不当、升温降温太快、吊装不当、支垫措施不当和构件局部受力过大等。

（4）构件强度不足。

生产、运输和安装的过程中混凝土强度不足可能导致钢筋锚固力不足，形成结构质量问题，甚至造成安全隐患。产生这类问题的原因主要包括：预制部品生产采用混凝土的砂石、水泥等原材料质量不符合要求；混凝土养护时间不足，养护措施不规范等。

（5）管线预埋件问题。

预制构件内部存在很多预埋管线、线盒及其他预埋件，如果在构件生产过程中因为操作不当等原因造成预埋件移位等质量问题，可能会给后续的穿线工作或其他安装作业造成一定困难。产生这类问题的原因可能是设计不到位，本身设计埋件的尺寸位置存在冲突；也可能是施工不细致，预埋件固定措施不到位等。

7.2.4　运输方案合理性

运输阶段的工作是一项集厂内倒运、存储保管、产品装卸、发货运输等环节为一体的工作，也是将构件厂与施工工地衔接在一起的不可或缺的工作。沿线房建工程的建设方在制定运输方案时应考虑运输距离、装载方案、运输工具等影响因素，如表7.5所示。

制定运输方案的影响因素　　表7.5

序号	影响因素	解释说明
1	运输距离	运输距离直接关系车辆燃油动力，保修保养费用，距离越长运输成本越高
2	运输路径	不能仅考虑运输距离最短，还得考虑运输路径是否可行
3	车辆型号	车辆型号决定运输产品和车辆是否配套，从而决定装载量大小，运输成本随着装载量增大而减小
4	装载方案	合理的装载方案可提高车辆利用率，增加载重量
5	构件装载性	指产品的大小尺寸是否符合运输工具的空间，构件装载性越好，车辆利用率越高，运输成本越低
6	运输环境	通行路段是否限高、限重，车辆允许同行时间、费用，交通拥堵情况及其他道路设施情况
7	其他因素	政府对预制构件运输的鼓励、产品的风险性能、外部市场等其他因素

构件经过生产阶段出厂后，一般情况下将直接运送到项目所在地，但是很多时候都会由于建设方没有制定明确、详细且符合客观情况的工程进度计划而导致构件无法及时有效地运送出厂，这时就会产生一定的库存保管费用。或者是在运输出厂时，没有综合考虑实际情况，对现场的材料堆放及安装、现场机械的使用等组织协调不足，导致施工现场的工作安排滞后，造成运输过程中的构件进场后不能及时卸货，只能卸在离施工现场尚有一段距离的仓库存放，就出现了二次搬运的情况，从而产生额外运费（图7.1、图7.2）。

要降低运输阶段成本，就必须保证尽量少占用存储场地、达到流水施工、按照排产及进度计划不窝工。所以在安排运输前，首先要制订好合理的运输方案，并做好一至两个应急备用预案，一旦遇到突发事件，可以不耽误正常施工进度。

图 7.1　叠合楼板运输

图 7.2　预制楼梯运输

（1）构件要在装配式构件厂内做好代储方案，构件堆放要合理，以提高发货效率。成品保护要遵守企业标准，避免构件到现场后出现二次修补现象。严格控制构件质量，并做好出厂成品检验工作，避免发生返厂现象。

（2）做好产品在运输过程中的保护方案，运输前勘察路线、路况及道路质量，安排不少于两条的运输路线，以避免拥堵等状况发生时不造成运输成本损失，避开道路禁行、拥堵等时段出行。尽量选取距离近的路线，以减少运输时间，提高效率。在保证产品质量、运输安全及符合国家载重量规定的前提下，最大限度地利用运载量。

（3）做好产品运输到工地的交货方案，装配式构件厂要根据构件的数量、重量、尺寸、外形、工地现场以及途中的道路情况合理选择运输车型和起重机械。了解施工单位工地场地及道路布置情况是否符合交货条件。布置吊车等设备时，要考虑其覆盖范围、可吊重量及构件运输的路线、构件堆放的场地位置等。

7.3　施工管理

7.3.1　施工阶段技术管控

在沿线房建工程施工管理过程中，如存在组织管理混乱、沟通不畅和管理随意等问题，将增加工程质量及进度的管理难度。装配式建筑工程施工管理工作，需各方人力资源的相互配合，高效化推进各项工作。以工程部为主导，项目设计部、成本部协同进行装配式现场指导。构件生产、运输、堆场、预拼装、吊装阶段，装配式设计单位全程参与并提供技术支持。除此之外，在该阶段建设方还需做好以下管控措施：

（1）建设方工程部负责组织现场施工协调会议，对可预见的施工配合问题提前讨论并及时决策处理方案。协调各主体单位之间的配合，保证项目施工计划的顺利开展。

（2）建设方工程部负责督促每个批次构件配套厂家供货进度及构件生产厂家生产进度，并安排现场监理监督每个批次的构件及配套产品质量。根据现场实际问题及时调整方案和工期计划；负责进行构件生产、构件施工吊装和总包的合同管理，确保构件生产、构件施工吊装合同履约完成，协助落实构件吊装，审核装配式施工方案，复核相应现场施工措施。

（3）建设方工程部负责组织各单位对重要工程阶段的验收，审核驻构件厂监理的验收记录、驻施工现场监理工程师现场会议记录、工程项目管理报告和其他文件资料。根据工程项目生产合同和施工总预算书，严格监督控制构件生产中的整改、运输、堆放和装配式施工等工程项目施工成本，负责监督落实验收后的整改维修情况。

（4）建设方工程部及时监督检查土建、安装、装修等分部工程质量进度安全、文明施工的综合管理及技术指导等工作。参与项目监理实施细则的审批。参与因设计原因产生的变更并进行中间协调工作。

7.3.2　装配式吊装作业管控

预制构件的吊装需要根据不同的构件采用专业的吊具来进行吊装工作，在进行吊装作业时需通过严格的测量定位方法确定构件的重心点，防止在吊装过程中出现侧翻、倾覆等问题，但因为当前采用的吊装定位方式具有精确度不够、空位定位失误多、组装技术差、高层控制不严格等问题，导致装配式构件的吊装定位不但在质量方面存在明显不足，在安全方面也具有一定的风险性。当前构件吊装过程中主要存在以下问题：

（1）测量精度不够，误差太大，装配困难。

测量精度不够，误差太大导致的装配困难是当前影响构件吊装质量的主要因素。在当前的装配式构件吊装施工过程中，通常采用的测量方式为人工测量，但由于施工环境具有复杂性，仪器及操作人员的测量误差等问题影响，构件安装容易出现精度不够、装配困难的问题。

（2）构件定位失误，主体无法“立正”。

在进行预制构件吊装施工时，需要对其进行定位，以保证构件主体能够立正吊装到合适位置，再进行下一步施工，否则需要人工校正构件主体的姿态，而这种校正对于工人来讲存在较大的难度，采用人工校正的方法，在安全性和可操作性上都存在问题。

（3）组装技术差，板缝间误差太大，后期弥补困难。

由于装配式构件的组装通常由工人利用吊装工具完成，组装的质量在很大程度上取决于工人的技术水平。在组装的过程中，经常出现构件间隙误差大等情况，导致整体的构件组装效果较差，而由于构件的组装采用一次成型的方法，在组装完成之后，很难再做出调整，操作复杂，产生额外的成本和风险。

（4）高程控制不严格，楼层偏差大。

高程控制不严格也是当前预制构件吊装施工的问题之一，忽略楼层差异的控制会导致不同楼层之间的吊装施工差异较大。

（5）施工机械选择不合理。

施工机械的使用常常超出其荷载范围，为了节约塔式起重机等设备的相关费用，本着“能省则省”的原则进行租赁或购置。在购置设备的过程中，对型号控制不严格，或者长时间对其进行超负载吊装工作，设备自身的性能会出现问题，导致其在运行过程中出现停摆、构件滞留空中，对施工人员还是现场其他设施都是巨大的威胁。

针对当前构件吊装过程中主要存在的问题，在装配式构件吊装定位的过程中，可采用以下措施提高装配式构件的吊装质量：

（1）提高测量的精度，减小装配误差。

测量精度直接关系到装配式构件的吊装定位效果。除采用人工测量之外，还可采用BIM技术进行三维精细化建模，解决了精细化的生产和管理问题。采用BIM技术的施工模拟，可以在拼装前，进行虚拟建造，论证现场拼装的合理性和准确性，避免了实际拼装中的返工和错误。

（2）采用标准化装配式构件施工流程。

装配式构件施工需采用标准化的吊装工艺流程。构件吊装应采用慢起、快升、缓放的操作方式。吊装前先检查预埋构件内的吊环是否完好无损，规格、型号、位置正确无误。起吊应依次逐级增加速度，不应越挡操作。构件吊装下降时，应慢速调整，调整构件到安装位置，由安装人员辅助轻推构件或采用撬棍根据定位线进行初步定位。

（3）提高组装技术，合理选择施工机械。

应加强对相关技术工人的培训措施，采取技术培训与操作考核相结合的形式。在选择吊装机械前，一定要严格按照构件尺寸、楼层高度、机械性能参数是否符合施工要求等进行筛选，并且要事先确定构件自身的质量和设备定额起重量。

7.3.3 装配式安装质量管控

1. 装配式常见施工质量问题及分析

高速公路房建工程在进行构件安装时需注意构件的安装质量，主要表现为安装精度不够、预制构件尺寸不合适、预制构件破损、接缝处理不当以及管线与预埋件等问题。

（1）安装精度不够，构件尺寸不合适。

安装精度不够是装配式建筑施工过程中常见的施工质量问题，其在施工现场主要体现在预制构件预埋件与现场连接件的位置存在误差，现场装配时无法对齐或预制部品安装出现局部偏移，安装后拼缝误差大、高度不一，有些构件需要在现场切割等。造成误差的原因除设计阶段设计人员结构拆分时考虑不充分以及在构件生产时质量把控不严外，施工阶段施工人员技术经验不足导致切割加工及安装精度不够为主要原因。

（2）预制构件破损。

预制构件破损在施工现场具体表现为构件出现缺棱吊角、裂缝甚至断裂等现象。其主要原因有除预制构件在生产时把控不严、质量差，出厂时就存在缺棱吊角以及运输过程中防护不到位外，施工阶段的主要原因有构件进场堆放时，未做好地面硬化，出现不均匀沉降，导致构件破损以及施工现场人员存在错误违规作业，如工人未使用合理机械，对预制构件进行直接翻转或使用撬棍进行移位，吊装时发生碰撞等。

（3）节点、接缝处理不当。

节点和接缝处理在现场的常见表现为：缝隙填充不够饱满、节点强度不够、连接处出现裂缝、连接不牢固以及后期渗漏严重等。造成节点、接缝处理不当的主要原因有：

1）填缝材料质量控制存在问题，如未按照配合比进行配置、放置时间过久等；

2）操作工人缺乏专业的施工经验，对连接技术和接缝的处理技术不熟练；

3）节点连接及缝隙填充完成后，未采用合规检测仪器进行检测确认其质量。

（4）管线和预埋件问题。

管线与预埋件问题在施工现场主要体现为预埋管线堵塞、移位，在穿线时遇到障碍，以及预埋件脱落、移位等问题。其主要产生原因为在构件生产时，管口防护不到位或管线连接不紧密，振捣时易导致预埋件脱落与移位或使部分材料进入管线造成堵塞。

2. 装配式施工质量控制措施

基于装配式建筑中常见施工质量问题的原因，建设方可采用以下措施对沿线房建工程中常见施工质量问题进行预防与控制。

（1）推行精益化管理。

建设单位在各个施工环节应严格依照标准化作业流程，对其质量进行评价，约束装配式建筑施工时的行为。施工人员依照标准化的施工流程规范地开展施工作业，项目管理人员依照评价体系对其进行评价，将施工过程中的具体工序正确、标准地落实到位，确保建设质量。

（2）强化从业人员专业化程度。

组织对相关施工人员进行知识、技能以及规范培训，强化从业人员的专业化程度，使装配式建筑施工更加规范化，减少其生产过程中的错误，保证沿线房建工程的施工质量。

（3）配套合格高效施工机械。

施工仪器、设备和机械等对施工的生产效率和建筑的质量有着重要的影响。要实现沿线房建工程施工的高效率与高质量，与之配套的施工机械必不可少。采用精细化、自动化和数字化的合格高效施工机械，可提高施工精度，降低施工难度与出错率。

7.3.4　施工阶段进度控制

高速公路沿线房建工程中所用建筑构件种类繁多，吊装作业、节点连接等工作任务施工要求高，而且项目的施工作业多数是穿插开展，还有部分工序需要同时进行，对于这样复杂的建设工程项目，在保证工期要求和质量的前提下，需要求参建单位高度配合各项建设任务。建设方在项目建设过程中加强进度控制的措施主要有：

（1）可推行“团队负责制”，将设计、成本、工程等专业纳入项目团队中，实现各专业无缝衔接，坚持每天开协调会，有效提高工程进展。

（2）加强项目施工安全管控，安全管理始终是项目管理过程中的重点工作，当项目实施中发生安全问题，必将导致项目的停滞影响项目进度。例如，大型构件的运输以及在施工现场堆放不规范而增加管理难度、构件吊装风险较大、高空作业等。建设方需在保证施工进度及施工安全的前提下，强化安全监督及安全教育，加强安全隐患的排除和检查，完善安全管理制度，杜绝施工现场安全问题的发生。

（3）在项目实施过程中，要针对进度计划开展各项工作的技术交底和管理培训，加强工作人员的进度管理意识，提高工作效率；需保持对施工所需材料、设备的现有库存量、后续供货时间以及供货渠道的整体把控。对于项目实施过程中所用到的设备，根据本项目总体进度计划的安排，提前做好机械、设备的组织准备工作。事先优选多家设备厂商进行考察，避免因设备操作不顺畅而影响施工进度。

（4）对于项目实施过程中所用到的材料，由于装配式建筑所需材料涉及的种类繁多且质量标准要求高，因此，在编制施工组织设计时，对材料的型号、规格和质量标准等要求要进行详细地说明；在材料进场验收时，需严格核查材料的质量，以满足沿线房建工程施工进度的需求；在项目全程开展中，对材料选购、进场验收、施工工艺等所有环节进行监督与管控，做到项目质量更好、进度更快。

7.4 EPC工程总承包模式

7.4.1 高速公路房建工程传统建造模式存在的问题

当前高速公路房建工程常采用传统设计—招标—建造模式（DBB模式），项目的建设方、设计方、施工方等单位在合同的约定下行使各自的权利，履行各自的义务。该模式下建设方将直接面对并负责所有承包商，而各承包商是平行的且无合同关系，各承包商所负责的子项目的实施严格遵照设计—招标—施工的顺序开展，一个阶段结束后才能开始下一个阶段的工作，建设方虽可通过对项目的协调和管理加大对工程实施过程的干预，但也存在着以下问题：

（1）建设方分别与设计、采购、施工方签定合同，各承包商无直接联系，建设方组织管理难度大且协调工作复杂，管理费用高。

（2）各单位因自身设计与施工、构件生产能力不匹配而导致的构件生产与施工难度增加，建设过程中易出现设计变更，将影响项目进度，造成成本增加。

（3）部品部件采购与生产能力会制约项目的实施进度与工程质量。

（4）构件的加工精度及施工安装精度不能很好地控制，易发生质量和安全问题。

（5）工程事故的责任划分不明确，各单位之间由图纸产生的问题争执多、索赔多，工期易延误。

7.4.2 EPC工程总承包模式的优势

EPC工程总承包模式指一家承包商或承包商联合体负责工程项目的设计、采购、施工安装的全过程。该模式下的建设方可将项目建设内容、费用、需求等以《建设项目工程总承包合同》形式与工程总承包单位进行确立，工程总承包方根据相应目标总体协调推进从设计、采购、施工到交付的各项工作，在总价固定的前提下，总承包方对工程项目的质量、工期、造价等向建设方负责。该装配式建筑项目参与方关系如图7.3所示。

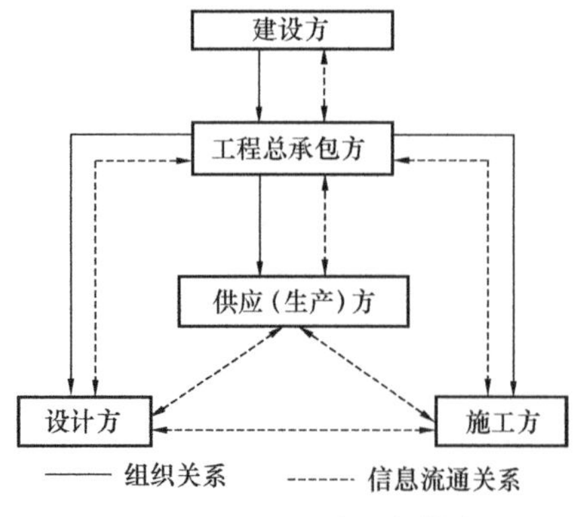

图7.3 EPC工程总承包模式下项目参与方模式

EPC工程总承包模式的特征在于：

（1）组织结构

EPC 工程总承包模式下，项目的设计、采购、施工等工作全由总承包商负责，建设方没有介入具体的工作中，可减少管理人员的数量，有利于项目管理工作的开展与进行。

（2）成本造价

EPC 工程总承包模式下，建设方仅需通过招标投标确定总承包商，负责工程变更及施工文件的审查等工作，无须与各承包商进行协调，尤其对于单体数量多、人员需求大的高速公路房建工程可大大减少相应的管理工作，让工程造价得到有效控制。

（3）适用范围

传统设计—招标—建造模式采用先设计再施工的招标投标形式，适用于情况并不复杂的工程建设项目。当遇到的项目规模大、标段众多、技术复杂时，EPC 工程总承包模式中的总承包商对项目能起到全局控制，方便建设方的管理和监控，双方职责比较明确，便于责任的划清。

7.4.3　EPC 工程总承包模式在高速公路房建工程中的应用分析

高速公路房建工程多点位、工期紧、人员需求大的复杂性和特殊性使得建设方对于项目的建造管理存在一定的难度。在 EPC 工程总承包模式下，建设方只与总承包商签订合同，使得建设方的组织管理难度减小，而总承包商能发挥其主观能动性，对整个项目起到全面的控制，能提高其工作效率，缩短工期，减少工作量。且该模式采用的是总价合同，有利于业主控制工程造价，减少投资风险。EPC 工程总承包模式应用于高速公路房建工程中可解决以下问题：

（1）在策划设计阶段，对于传统模式下各单位因自身设计与施工、构件生产能力不匹配而导致的构件生产与施工难度增加、建设方组织管理难度大、协调工作复杂、建设过程中反复出现设计变更，影响项目进度，造成成本增加的情况，EPC 工程总承包模式下承包方对工程的合同、分包商、整体设计、实施方案等进行统一管理，可制定项目整个阶段的管理策划以及具体管理责任制度，工程总承包方可根据建设方的要求，统筹设计、采购与施工阶段的资源和能力进行设计方案的综合考量。

（2）在采购生产阶段，装配式钢结构建筑不仅涉及其主体钢结构部品部件的采购生产，与其配套形成整体的外墙板、内墙板、楼承板等也需要同步进行采购和生产。部品部件采购与生产能力会制约项目的实施进度与工程质量。在 EPC 工程总承包模式下，总承包方可直接选择其自有的生产工厂进行部品部件加工生产，或在了解当地部品部件加工生产能力和质量后择优选择合作供应商，统一调度生产、沟通协调和质量追溯，能够较好地确保产品供应和产品质量，各部品部件间的采购量能够相互匹配，实现采购成本的有效控制。

（3）在施工阶段，装配式建筑施工现场吊装作业多，对构件加工精度要求较高，尤其对于高速公路房建工程所用的装配式钢结构建筑，其涉及的节点连接多采用螺栓连接或者栓焊连接，若构件的加工精度及施工安装精度不能很好地控制，则产生的误差叠加后可能引发严重的质量和安全问题。EPC 工程总承包方在施工阶段对于装配式钢结构建筑项目现场管理及施工方与设计方、供应（生产）方的信息沟通具有重要的统筹联系和衔接作用，可有效避免项目建设过程因部件质量、安装误差、沟通不及时等原因造成的工程返工、成本增加、推诿扯皮等不良后果。

7.5 数字化管理

数字化管理是一种可用于工程设计、资料管理、施工管理、成本核算、可视化等的数字化方法，可为项目的参与方提供实时、动态的数据信息。其是通过对建筑信息模型、物联网、项目信息门户等数字化技术进行有机结合形成的一种系统的解决方案。例如，在生产、物流、物业管理过程中应用物联网技术，可将构件信息通过 RFID 芯片储存在构件中，便于快速跟踪检查构件，以便在构件出现问题时快速查找，而且在后期运维过程中，物联网的技术手段可有效减少成本、提升效率。此外，借助智慧工地平台将 BIM 技术、物联网技术与建筑施工过程相融合，可实现互联协同、智能生产、科学管理的施工项目信息化管理，提高工程管理信息化水平。

7.5.1 数字化管理的方法

装配式钢结构建筑具有显著的系统性特征，须采用一体化的建造方式，即在工程建设全过程中，主体结构系统、外围护系统、机电设备系统、装饰装修系统通过总体技术优化、多专业协同，按照一定的技术接口和协同原则组装而成。而采用数字化技术进行管理是推行装配式钢结构建筑从构件生产到装饰装修一体化建造方式的重要工具和手段。

（1）数字化设计技术

在设计阶段构建以 BIM 为基础的数字化协同设计平台，一方面，可以达成各专业、各阶段、项目各参与方信息互通与共享的目标，实现多专业横向一体化；另一方面，生产方、施工方提早介入设计阶段进行协同设计，确保设计模型达到加工与施工要求，解决各阶段信息不对称的问题，可达到设计、加工、装配的纵向一体化。

1）各专业、各参与方协同设计。在基于 BIM 技术的协同平台上，建筑、结构、机电、绿建和装修等专业间的数据可顺畅流转与衔接。建筑模型、结构模型、机电模型组装后，可自动进行碰撞检查，方便建筑、结构、机电模型同步修改。生产方、施工方可提早介入设计阶段确保最终设计模型同时达到加工与施工要求。

2）建立构件、部品等标准化族库。可建立装配式建筑标准化、系列化的构件族库和部品件库，利用族库可加强通用化设计，提高设计效率，便于构件的生产加工、运输与现场装配，实现基于建筑模型的设计信息、生产信息、装配信息的一体化。

3）关联、共享模型信息。建筑模型与装配式建造过程各阶段的信息关联，同时实现信息数据自动归并和集成，.便于后期工厂及装配现场的数据共享和共用。

（2）数字化生产技术

数字化生产技术将设计阶段完整准确的设计信息及时传递给工厂，有助于提高构件加工的精度和效率。在数字化管理模式下，构件的生产可基于数字化平台向施工单位实时传递生产进度，便于施工方安排施工进度计划。同时，各参与方还可以对构件信息进行及时反馈，方便进行构件替换和生产计划更改，也可为后期运营管理提供可靠的数据支持。

1）数字化构件加工。对于钢构件，将 BIM 技术应用于钢构件的加工过程中，通过产品工序化管理，将以批次为单位的图纸和模型信息、材料信息、进度信息转化为以工序为单位的数字化加工信息，借助数据采集手段，以钢结构 BIM 模型作为信息交流的平台进行可视化的展现，实现钢结构数字化加工，提高构件加工的精度和效率；对于预制构件，利用构件信息化加工（CAM）和 MES 技术，将构件信息直接导入工厂中央控制系统，可实现设备对设计信息的识别和自动化加工。生产线各加工设备自动识别 BIM 构件设计信息，智能化地完成定位、模具摆放、材料浇筑、养护等一系列工序，实现设计与加工一体化。

2）数字化构件管理。利用工厂生产信息化管理技术，无需人工二次录入，即可实现设计信息直接导入工厂信息管理系统，实现工厂生产自动排产，物料需求的信息化自动精准算量，关联物料采购的自动提醒及采购料量的自动推送，构件生产的优化排布和构件库存的信息化管理等。在所有构件生产制作完成后，为了促使其便于准确运输和现场安装应用，BIM 技术还可以协同 RFID 等技术手段，对所有构件进行精细化管控，促使其能够具备独有的“身份证”，有助于避免运输以及安装中出现的偏差混乱问题，确保所需要的构件被及时准确地运输到场。

（3）数字化装配技术

在现场装配阶段，基于 BIM 设计信息，融合无线射频、移动终端等信息技术，可共享设计、生产和运输等信息，实现现场装配的数字化应用。根据工艺、工料、工效定额信息库，合理制定进度计划和装配方案，可实现工程建造的信息化管理，提高现场装配效率。

1）施工平面管理。利用 BIM 技术可对现场平面的道路、塔式起重机、堆场等进行建模，有针对性地布置临时用水、用电位置，形成施工平面管理模型。结合施工平面管理模型和施工进度，对施工场地布置方案中的碰撞冲突进行量化分析，实现工程各个阶段总平面各功能区（构件及材料堆场、场内道路、临建等）的动态优化配置及可视化管理。

2）工艺工序管理及优化。以 BIM 三维模型为基础，关联施工方案和工艺的相关数据，确定最佳的施工方案和工艺，对构件吊装、支撑、连接、安装、机电以及内装等专业的现场装配方案进行工序与工艺模拟及优化，借助可视化的三维模型直观地展现施工过程，验证方案和工艺的可行性，以便指导施工，加强可控性管理，保证施工安全。

3）可实现全过程信息共享和可追溯。基于 BIM 设计信息，融合无线射频（RFID）等物联网技术，通过移动终端，共享设计、生产、运输过程等信息，实现现场装配全过程的构件质量及属性的信息共享和可追溯。

（4）数字化运营维护

数字化的管理在运营维护中的应用可理解为 BIM 模型、物联网、RFID 技术等与运营维护管理系统相结合。BIM 模型中设计、生产、施工阶段反复修改后的信息以及 BIM 平台上的所有信息都是数字化运营维护的重要信息来源，其可减少可能发生的灾害，降低运营维护的成本，实现对设施、隐蔽工程、应急工程、节能减排的管理。

1）设施管理。BIM 平台的竣工模型是运维的基础，通过生产和施工阶段的 RFID 芯片，管理人员可以对重要设备进行远程控制，通过 BIM 管理平台提供的相关建筑的使用时间、性能、设备信息等，充分了解设备的运行状况，及时发现需要维护和更新的零件。

2）隐蔽管线的管理。在数字化的管理平台上，管理人员可以查找实际工程中隐蔽的管线，通过三维立体的效果，清晰的看到管线的相应位置信息，如污水管、排水管、网线、电线及相关管井，便于维修和更换。

3）应急管理。管理人员可以基于 BIM 模型漫游功能，演示紧急情况。如遇到紧急情况，BIM 三维模型会发出警示并标识出紧急情况发生的位置，可以快速查询事故的周边环境及逃生通道，快速制定逃生计划，及时指导人群疏散，控制灾情。

4）节能减排管理。通过 BIM 结合物联网技术，电表、水表、煤气表均使用带有传感功能的，实时上传建筑能耗数据，进行数据的初步分析。还可以对室内温湿度进行监控，合理调节充分节能。及时对能源异常的地方提出警示，帮助节约能源。

7.5.2 数字化管理在高速公路房建工程中的应用分析

（1）可视化设计管理

设计过程中的数字化管理主要是基于 BIM 平台进行管理，汇集建筑设计的模型信息。设计单位各专业人员可在 BIM 平台上传输数据、通过可视化设计协同完成梁、柱、板、水暖电、装饰装修等的设计，并在平台上实时更新数据。设计单位还可在 BIM 平台上检查图纸的设计是否符合各阶段技术要求，通过 BIM 软件的分析功能，自动分析出各专业之间的设计冲突，通过软件的优化功能完成管线优化。建设方可在设计阶段通过平台审核图纸是否满足要求并组织构件生产商和施工单位提前介入项目。生产商和施工单位在平台的协助参与可避免生产与施工阶段因设计图纸错误而造成更大损失。

（2）构件生产管理

生产阶段的管理是设计和施工的中间环节，建设方需组织设计人员和施工人员参与协助和监督生产环节，设计人员关注的重点是构件的拆分是否符合设计要求，和设计图纸保持一致，施工人员监督构件的质量有没有达到施工标准，同时关注构件的生产进度是否满足工期要求，根据构件厂商的进度调整自己的施工进度。

在数字化的管理模式下，构件的生产可基于 BIM 平台向施工单位实时传递生产进度，便于施工方的施工计划安排。构件厂家生产时使用 BIM 以及 RFID 技术，RFID 芯片记录构件的相关信息，信息可通过建筑信息化在数字化平台显示出来，包含构件的参数、质量和生产全过程信息，实现信息共享。这样在进行构件的生产和管理时，就能够从数据库中直接获取信息，同时还可以对构件信息进行及时反馈，方便进行构件替换和生产计划更改。

（3）施工质量、成本、进度管理

施工阶段的管理主要包括质量、成本和进度三部分，施工阶段对接设计和生产阶段，与传统施工不同，数字化管理需要建设方选择的施工团队了解数字化技术，会应用各种软件终端，管理的难点是信息化全流程的掌握和分析以及现场装配的技术难题。

1）施工质量管理

施工阶段质量管理的重点就是对构件质量的验收，确保构件的质量，同时确保构件精确地按照设计图示尺寸生产。构件从工厂运输到施工现场，施工单位在现场安装时发现构件的质量出现问题，施工人员应根据 RFID 芯片，迅速查找到构件的信息，及时联系构件生产厂商，对出现问题的构件进行返修整改。

施工阶段质量管理的另一个重点就是构件的节点连接问题，构件的节点连接是构件安装的关键，必须保证构件的节点连接满足质量要求。建设方可基于数字化平台实时监控项目质量，及时发现质量问题并做出相应调整，质量责任能够落实到每个人，有助于建设方把控每个环节的施工质量。

2）施工成本管理

施工阶段是项目成本管理的难点，但是在基于数字化的项目管理模式下，施工单位在设计和生产阶段都参与配合协调，并且可以在 BIM 平台上实时查看设计图纸和构件生产信息，施工开始可对工程有足够的了解，能够合理安排构件的堆放位置和进场时间、塔式起重机的工作流程，避免安装前的准备和安装方法不合理造成的浪费。相对于传统建造方式来说，施工单位对于信息的把握较为充足，有利于对项目的成本把控。同时，BIM5D 技术能够自动生成建筑项目的工程量，便于管理人员动态调整成本，严格按照预算计划控制施工，尽可能优化施工安装方案，达到降低成本的目的。

3）施工阶段进度管理

施工单位根据建设方提出的工期要求编制施工进度计划，基于 BIM 平台，建立 4D 进度模型，根据现场的实际进度与进度模型进行比对，实时动态的监督项目的进度。施工前可以在三维模型下演示构建进场的车辆运输路线、构件的堆放、现场施工安排和构件的吊装等动画，现场施工时可以按照动画指导施工，缩短施工时间。

（4）运维阶段的应用

高速公路房建工程后期运维管理过程中可将物联网、云计算技术、BIM 模型、运维系统与移动终端等结合起来应用，基于数字化平台进行运维管理，主要体现在以下四方面：

1）对于房建工程中的设备设施，生产和施工阶段的 RFID 芯片储存着大量的构件信息，可以实现对重要设备进行远程控制。通过 BIM 管理平台提供的设备使用时间、性能、设备信息等了解设备的运行状况，管理人员能够发现需要维护和更新的零件，便于及时更换和维修。

2）对于工程中隐蔽的管线，建设方通过数字化管理平台能够清晰地看到管线的三维立体排布效果，查找需要维修和更换的管线位置信息，进行维修和更换。对于发生过维修和更换的管线，相关工作人员可及时在平台上更新，保证信息的完整和准确性。

3）对于应急管理，管理人员基于 BIM 模型漫游功能提前演示紧急情况，提前确定周边环境及逃生通道，制定逃生计划。

4）对于节能减排管理，建设方依靠 BIM 技术与物联网技术上传建筑能耗数据，进行数据的初步分析，对室内温湿度进行监控，能够合理调节能耗，达到充分节能的效果。

参 考 文 献

[1] 温立钊. 公路沿线配套建筑物的建设及管理研究[D]. 重庆：重庆交通大学，2013.

[2] 苏丽. 高速公路收费站设计研究[D]. 西安：长安大学，2012.

[3] 王靖. 湖南省高速公路收费站设计研究[D]. 长沙：中南大学，2006.

[4] 张世杰. 高速公路服务区综合服务建筑标准化设计研究[D]. 南昌：南昌大学，2011.

[5] 张剑宇. 高速公路配套收费管理用房建筑的装配式技术研究与应用[J]. 建筑施工，2020，42(4)：596-598.

[6] 中华人民共和国国家标准. 建筑抗震设计规范 GB 50011—2010[S]. 北京：中国建筑工业出版社，2010.

[7] 姜艳. 外墙外保温材料的燃烧性能及分级标准的实施探究[J]. 质量与标化，2012(4)：35-38.

[8] 中华人民共和国国家标准. 涂覆涂料前钢材表面处理 表面清洁度的目视评定 第1部分：未涂覆过的钢材表面和全面清除原有涂层后的钢材表面的锈蚀等级和处理等级 GB/T 8923.1—2011[S]. 北京：中国标准出版社，2011.

[9] 中华人民共和国国家标准. 工业建筑防腐蚀设计标准 GB/T 50046—2018[S]. 北京：中国计划出版社，2018.

[10] 中华人民共和国国家标准. 金属覆盖层 钢铁制件热浸镀锌层 技术要求及试验方法 GB/T 13912—2020[S]. 北京：中国标准出版社，2020.

[11] 中华人民共和国国家标准. 输电线路铁塔制造技术条件 GB/T 2694—2018[S]. 北京：中国标准出版社，2018.

[12] 中华人民共和国国家标准. 金属覆盖层 黑色金属材料热镀锌层 单位面积质量称量法 GB/T 13825—2008[S]. 北京：中国标准出版社，2008.

[13] 英国标准学会. 加工钢铁制品的热镀电镀层 试验方法和规范 BS EN ISO 1461[S].

[14] 中华人民共和国国家标准. 热喷涂 金属和其他无机覆盖层 锌、铝及其合金 GB/T 9793—2012[S]. 北京：中国标准出版社，2013.

[15] 白力更，马德志. 压型钢板-组合楼板防腐设计[J]. 钢结构，2006(6)：90-92.

[16] 中华人民共和国国家标准. 建筑用压型钢板 GB/T 12755—2008[S]. 北京：中国标准出版社，2009.

[17] 中国工程建设标准化协会. 组合楼板设计与施工规范 CECS 273—2010[S]. 北京：中国计划出版社，2010.

[18] 卢欢. 装配整体式钢筋桁架叠合板抗火性能研究[D]. 长沙：长沙理工大学，2019.

[19] 中华人民共和国行业标准. 预制带肋底板混凝土叠合楼板技术规程 JGJ/T 25—2011[S]. 北京：中国建筑工业出版社，2012.

[20] 庄国伟，陈幼璠，吴燕燕. 预应力空心楼板的防火设计[J]. 建筑结构，2007(8)：4546，54.

[21] 中华人民共和国行业标准. 装配式混凝土结构技术规程 JGJ 1—2014[S]. 北京：中国建筑工业出版社，2014.

[22] 中华人民共和国行业标准. 非结构构件抗震设计规范 JGJ 339—2015[S]. 北京：中国建筑工业出

版社，2015.

[23] 中华人民共和国国家标准．建筑结构荷载规范 GB 50009—2012[S]．北京：中国建筑工业出版社，2012.

[24] 中华人民共和国国家标准．装配式钢结构建筑技术标准 GB/T 51232—2016[S]．北京：中国建筑工业出版社，2017.

[25] 中华人民共和国行业标准．建筑隔墙用轻质条板通用技术要求 JG/T169—2017[S]．北京：中国标准出版社，2017.

[26] 中华人民共和国国家标准．建筑设计防火规范 GB 50016—2014[S]．北京：中国计划出版社，2015.

[27] 中华人民共和国国家标准．民用建筑隔声设计规范 GB 50118—2010[S]．北京：中国建筑工业出版社，2011.

[28] 中华人民共和国行业标准．严寒和寒冷地区居住建筑节能设计标准 JGJ 26—2018[S]．北京：中国建筑工业出版社，2019.

[29] 中华人民共和国行业标准．外墙用非承重纤维增强水泥板 JG/T 396—2012[S]．北京：中国标准出版社，2013.

[30] 中华人民共和国标准图集．装配式建筑蒸压加气混凝土板围护系统 19CJ85-1.

[31] 中华人民共和国标准图集．蒸压加气混凝土砌块、板材构造 13J104．北京：中国计划出版社，2014.

[32] 中华人民共和国标准图集．纤维增强水泥挤出成型中空墙板建筑构造—恒通墙板 18CJ60-2．北京：中国计划出版社.

[33] 中华人民共和国行业标准．预制混凝土外挂墙板应用技术标准 JGJ/T 458—2018[S]．北京：中国建筑工业出版社，2019.

[34] 中华人民共和国标准图集．钢丝网架珍珠岩复合保温外墙板建筑构造 J17J177.

[35] 中华人民共和国标准图集．钢结构镶嵌 ASA 板节能建筑构造 08CJ13．北京：中国计划出版社，2008.

[36] 中国建筑标准设计研究院有限公司．现浇泡沫混凝土轻钢龙骨复合墙体 应用技术规程 CECS 406—2015[S]．北京：中国计划出版社，2015.

[37] 中华人民共和国标准图集．预制及拼装式轻型板—轻型兼强板(JANQNG)16CG27．北京：中国计划出版社.

[38] 中华人民共和国标准图集．蒸压轻质砂加气混凝土(AAC)砌块和板材结构构造 06CG01.

[39] 赵文浩．钢结构住宅外围护墙体构造设计研究[D]．北京：北京交通大学，2020.

[40] 中华人民共和国国家标准．装配式建筑评价标准 GB/T 51129—2017[S]．北京：中国建筑工业出版社，2018.

[41] 中华人民共和国标准图集．内隔墙—轻质条板 10J113-1．北京：中国计划出版社，2010.

[42] 张楠．装配式钢结构住宅中轻质隔墙的设计研究——以新乡守拙园项目为例[D]．郑州：郑州大学，2019.

[43] 中华人民共和国标准图集．轻钢龙骨内隔墙 03J111-1.

[44] 中华人民共和国标准图集．预制轻钢龙骨内隔墙 03J111-2.

[45] 张和平．预制轻钢龙骨内隔墙的技术特点[J]．新型建筑材料，2004(12)：23-24.

[46] 中华人民共和国标准图集．轻钢龙骨内隔墙 03J111-1.

[47] 黄鑫. 装配式装修技术在公寓产品中的创新应用[D]. 长沙：中南林业科技大学，2020.

[48] 杜丽娟. 装配式快装墙面系统研究[J]. 建筑技艺，2021(S1)：141-146.

[49] 中华人民共和国国家标准. 装配式钢结构建筑技术标准 GB/T 51232—2016[S]. 北京：中国建筑工业出版社，2017.

[50] 中华人民共和国标准图集. 内装修—室内吊顶 12J502-2.

[51] 中华人民共和国行业标准. 装配式整体卫生间应用技术标准 JGJ/T 467—2018[S]. 北京：中国建筑工业出版社，2019.

[52] 俞丽华. 大型公共建筑机电深化设计与各专业设计的配合[J]. 施工技术，2017，46(S2)：1483-1485.

[53] 中华人民共和国行业标准. 装配式内装修技术标准 JGJ/T 491—2021[S]. 北京：中国建筑工业出版社，2021.

[54] 郑敏权. 建筑机电设备安装工程管线综合布置技术的应用分析[J]. 建材与装饰，2019(12)：237-238.

[55] 中国建筑标准设计研究院. 装配式建筑系列标准应用实施指南 装配式钢结构建筑[M]. 北京：中国计划出版社，2016.